ALLGEMEINE THEORIE

DER

ZWEI- UND DREI-TEILIGEN ASTRONOMISCHEN

FERNROR-OBJECTIVE.

VON

AUG. KRAMER,
OBERLEHRER, DR. PHIL.

MIT ZWEI FIGUREN-TAFELN.

BERLIN.
DRUCK UND VERLAG VON GEORG REIMER.
1885.

Vorwort.

Anfänglich nur zum Zwecke des wissenschaftlichen Zeitvertreibes und der eigenen Belehrung geschah es, dass ich mich mit den optischen Eigentümlichkeiten der Linsengläser und Zusammenstellung der letzteren zu Doppel-objectiven beschäftigte. Ich hatte die Freude, dass es mir gelang zunächst das erste und zweite, sodann auch das dritte Glied der Reihenentwickelung für die Distanz des vierten Bildes und ferner die Grundbedingungsgleichung des Achromatismus — und zwar alles exact, d. h. ohne alle und jede Vernachlässigung irgend welcher, wenn auch noch so kleinen Gröfsen in geschlossenen Formeln darzustellen. Die hieran sich anschliefsende Untersuchung, an welche ich mich heran wagte, über den Gang der seitlichen Strahlen, d. h. solcher, welche ursprünglich von einem nicht in der Axe gelegenen Punkte ausgehen, führte zu der Aufstellung einer neuen Bedingnngsgleichung. Kurz es wuchs die kleine Abhandlung allmählich zu einer förmlichen Theorie der zweiteiligen, endlich auch der dreiteiligen Objective und einer auf ihr beruhenden Berechnungs-methode heran. Und wie die Diatribe an Ausdehnung und Vertiefung gewann, so entstand und erstarkte in mir mehr und mehr die Ueberzeugung, dass die Schrift wohl der ursprünglich gar nicht beabsichtigten Veröffentlichung nicht unwert sein dürfte, wäre es auch nur um den Lernenden den mühsamen Weg möglichst zu ebnen und sie auf einen Standpunkt hin zu geleiten, von welchem sie im Stande sein möchten den Inhalt der in Betracht kommenden Hauptfragen zu überschauen und seiner Bedeutung nach zu würdigen. Diese didaktische Rücksichtnahme möge es entschuldigen, dass die Darstellung hin und da wohl ein zu lehrhaftes Gepräge aufweist.

*

Den beiden Herren Astronomen und Professoren Dr. Galle zu Breslau und Dr. Abbe zu Jena fühle ich mich verpflichtet meinen Dank auszusprechen für den erst von ihnen mir zuteil gewordenen Hinweis auf die gegenwärtig brennendsten Fragen, sowie für die große Gefälligkeit, mit welcher sie schriftlich und mündlich Auskunft und Aufklärung, ja selbst Mitteilung über eigenste Forschungen und praktische Erfolge mir zukommen ließen.

Nordhausen im Januar 1885.

Der Verfasser,
(vormals Lehrer der Mathem. u. Physik
am Gymn. zu Nordhausen.)

Bedeutung der Buchstaben.

(Vgl. § 10.) (Vgl. § 79.)

A als **Punkt**: Ausgangspunkt der Strahlen, Ort des Objectes. — A', B', ... H': siehe § 68.
als **Winkel**: der erste Strahl-axenwinkel § 21, Fig. 1 und Fig. 4.

B als **Punkt**: Ort des vierten Bildes; als **Winkel**: der 5. Strahl-axenw. § 21.

C der Coefficient der zweiten Potenz der Elongation (e) in der Entwickelung der unendlichen Reihe $\frac{1}{b} = \frac{1}{b_0} + Ce^2 + De^4 + Ee^6 + \ldots$

C_n, C_v, siehe § 62, S. 152.

D, E.. resp. die Coefficienten von e^4, e^6 in derselben Reihen-entwickelung.

F, die Brennweite der Flintglaslinse.

H besteht aus zwei Teilen. $H = H^* + H_*$, deren Bedeutung aus § 47, Gleichung (99.) zu ersehen ist.

H_1, H_2, H_3, H_4 sind die sphärischen (Horizontal-)katheten des § 45. Siehe Gl. (91.).

L ist das, was in § 46, Gleichung (95.) zweite Zeile in $\{\}$ steht. Siehe auch Gleichung (99.).

L' und M' Abkürzungen siehe Gleichung (18.).

M, der Coefficient von q^2 in der Entwickelung von $\triangle \frac{1}{b_0}$. § 46, Gleichung (95.) dritte Zeile.

N, das Brechungsverhältniss des Flintglases.

O, O_1, O_2, ... Flächencentra (Pole) der brechenden Flächen (verschieden von m_1 m_2 ...).

P Abkürzungszeichen, siehe Gleichungen (28.) (85.) (87.) (88.).

Q ein dergl., siehe Gleichung (102.).

R_1, R_2, R_3, R_4 sind Einfallswinkel; siehe § 21.

$\left.\begin{matrix} R \\ V \end{matrix}\right\}$ Brechungs-indices des Flintglases für $\left\{\begin{matrix}\text{rote} \\ \text{violette}\end{matrix}\right.$ Strahlen §§ 59, 68, 71.

V_1, V_2, V_3, V_4 sind sphärische (Vertikal-)Katheten, § 45, Gl. (91.).

X, Y, Z, als **Punkte**: Oerter des ersten, zweiten, dritten Bildes.
als **Winkel**: Strahl-axenwinkel § 21.

a Entfernung des Objectspunktes A von der ersten Linse. — a', b', ... h': siehe § 68.

b Entfernung des 4. Bildes von der 4. brechenden Fläche (4. Bildweite).

c, c', constante Zahlencoefficienten in § 76, § 78, § 91.

c_1, c_3 Coefficienten in § 54, Gleichung (116.) und § 58. Desgleichen h_1, h_3.

ch, Zwischenraum (Hiatus) zwischen der zweiten und dritten Linse in Teil V.

e und e_1, e_2, e_3, e_4: Linear-entfernung (Sehne) des ersten, zweiten, dritten, vierten Incidenzpunktes von dem Pole der zugehörigen brechenden Fläche.

f Brennweite der Kronglas-linse. Aber in Teil IV ist f die combinierte Brennweite der ersten und dritten Linse.

f_1, f_2, f_3 in Teil IV und V § 83, § 90 Brennweite der ersten, zweiten, dritten Linse.

g, Abkürzungszeichen in der Farbengleichung (44.), § 18.

g_1, g_2, g_3 Abkürzungen § 43, Gleichung (84.); § 45, Gleichung (92.).

h Zwischenraum (Hiatus) zwischen der zweiten und dritten brechenden Fläche, (in der Axe gemessen). Aber in Teil IV ist es die Dicke der mittleren Linse. — h', Abkürzung, Gleichung (92.).

h_1, h_3 siehe c_1 c_3.

$\angle i$ auf S. 78 oben, ist ein kleiner Winkel in einer Figur.

$\angle i$ an anderen Stellen z. B. § 33 ist der objectsseitig bezogene scheinbare Halbmesser einer Aberration, und zwar:

$\angle i\beta$ der Beugungs-aberration, § 33,

$\angle i\varkappa$ der Kugelabweichung, § 33,

$\angle ii$ der chromatischen Aberration, § 67, S. 165. —

$\angle j$, scheinbarer Halbmesser einer Aberration, vom Orte des Oculares aus gesehen § 32, S. 80, uud zwar:

$j\beta$, $j\varkappa$, jj beziehungsweise der diffractorischen, sphärischen, chromatischen Aberration.

k, k', constante Zahlencoefficienten in § 76, § 78, § 91.

kd, $k'd'$ Längen; sind Halbmesser von Abweichungskreisen in § 31, Fig. 5* und 5**; § 37, Fig. 6* und 6**; auch Fig. 11.

l Abkürzungszeichen, Gleichungen (3.), (5.)..., (23.). — l' nur in Gleichung (4.).

m im 1. Teile ein Abkürzungszeichen, Gleichungen (3.), (5.), (6.), (8.); nur in §§ 5, 7, 12.

m im IV. und V. Teile Brechungs-index der Glasart für die dritte Linse.

m', die Vergröfserungszahl des Fernrores; $m' = \frac{\Phi}{\varphi}$ bei Gleichung (71.), § 32.

m_1, m_2, m_3, m_4, Punkte in den Figuren, Kugelcentra der brechenden Flächen.

n, das Brechungsverhältniss des Crownglases.

n_1, n_2, n_3, n_4: Brechungsverhältnisse bei der 1., 2., 3., 4. Brechung.

p Seite eines sphärischen Dreieckes und zwar sphärische Entfernung des Incidenzpunktes von dem (Oberflächen-) Centrum O_1 der ersten brechenden Fläche. § 45.

p_1, p_2: von dem ersten, zweiten Incidenzpunkte auf die Axe gefällte Perpendikel Figuren 3*, 3**, 4. — Gleichung (64.).

q, Seite eines sphärischen Dreieckes, § 45.

r, Brechungsverhältniss des Crownglases für rote Strahlen §§ 59, 68, 71.

r_1, r_2, r_3, r_4: die vier Kugelradien der brechenden Flächen.

s_1, s_2, s_3, s_4 Punkte in Figuren.

$\angle s$ ist der Abweichungswinkel, unter welchem ein nicht in der Hauptaxe (sondern seitlich) befindlicher Objectspunkt von dem Hauptpole der betreffenden Fläche aus gesehen wird, § 50. Fig. 10.

t Entfernung des 5. Bildes von der 5. brechenden Fläche. Teil V.

u „ „ 6. „ „ „ 6. „ „ desgl.

u und v Längen in Figg. 3* und 3**, desgl. in § 21, Gl. (64.).

v als Zahl: Brechungsverhältniss des Crownglases für violette Strahlen, § 59 etc.

$\angle w$, ein zur Positionsbestimmung des Incidenzpunktes dienender (Flächen-)Winkel eines sphär. Dreieckes, § 45.

x: Entfernung des 1. Bildes von der 1. brechenden Fläche.
y: „ „ 2. „ „ „ 2. „ „
z: „ „ 3. „ „ „ 3. „ „
$\mathfrak{G}$, Abkürzungszeichen für eine Constante (Gaufs-Correction), eingeführt § 64; vgl. §§ 67, 68. Gll. (128.), (130).
$\mathfrak{H}$, Abkürzungszeichen § 20, Gleichung (60.).
$\mathfrak{P}$ ist die ganze Apertur des Objectives. (ziemlich $= 2\mathfrak{e}$). § 22.
$\angle\,\mathfrak{S}$, Winkel des ganzen Gesichtsfeldes (scheinb. Durchmesser desselben). § 50.
$\mathfrak{R}$, eine Abkürzung, siehe § 61. $\frac{1}{\mathfrak{R}} = \frac{1}{r_3} - \frac{1}{r_4}$.
$\mathfrak{a}$, ein Teil des Coefficienten C. — $C = \mathfrak{a} + \mathfrak{x} + \mathfrak{y} + \mathfrak{z}$, Gl. (24.) § 13, und in Teil V $C = \mathfrak{a} + \mathfrak{x} + \mathfrak{y} + \mathfrak{z} + \mathfrak{b} + \mathfrak{t}$, Gl. (143.) § 90.
$\mathfrak{b}$ siehe $\mathfrak{a}$.
$\mathfrak{d}$, Differenz- und Differential-zeichen.
$\mathfrak{d}_1$, $\mathfrak{d}_3$, abgekürzt statt $\mathfrak{d}\frac{1}{r_1}$, $\mathfrak{d}\frac{1}{r_3}$.
$\mathfrak{e}$, Bezeichnung des Maximalwertes der Elongation e.
$\mathfrak{p}$, ziemlich gleich $\mathfrak{e}$, ist die halbe Apertur des Objectives $= \frac{\mathfrak{P}}{2}$. § 22.
$\mathfrak{r}$, Abkürzungszeichen § 61. $\frac{1}{\mathfrak{r}} = \frac{1}{r_1} - \frac{1}{r_2}$,
$\angle\,\mathfrak{s}$, Winkel des halben Gesichtsfeldes $= \frac{1}{2}\mathfrak{S}$, (scheinbar Halbmesser desselben). § 50.
$\mathfrak{t}$ siehe $\mathfrak{a}$.
$\mathfrak{x}$, $\mathfrak{y}$, $\mathfrak{z}$: Teile des Coefficienten C, siehe Gleichung (24.) § 13.
Θ Abkürzung, s. Gleichung (88.), § 44, § 48.
P_1, P_2, P_3, P_4 sind die gebrochenen Winkel § 21.
Φ, Brennweite des Doppel-objectives § 18, Zus.; in Teil IV und V des dreifachen.
α, β, Abkürzungen in § 4, (vorübergehend). — β_0, β_1 Abkürzungszeichen § 90.
γ_1, γ_2, γ_3, γ_4: Abkürzungszeichen für Coefficienten, § 79.
δ, Dicke der Crownglas-linse (in der Axe gemessen).
δ', ε' Abkürzungszeichen in Gl. (92.) § 45.
ε im I., II., III., V. Teile: Dicke der zweiten Linse.
ε im IV. Teile: Dicke der dritten Linse, § 84.
ζ_0, ζ_1, η_0, η_1, Abkürzungszeichen, s. § 10.
ϑ Abkürzungszeichen, Gleichung (102).
ϑ in Teil V, Dicke der dritten Linse, § 90.
$\left.\begin{matrix}\lambda\\ \mu\end{matrix}\right\}$ Abkürzungen § 7, § 11, Gleichung (12.). Ein anderes λ Abkürz. in § 62, Gl. (125.).
ν Abkürzung § 54, Gleichung (116.) — auch in § (58.)
ξ_0, ξ_1, Abkürzungen, siehe § 10.
ϱ, Halbmesser des Abweichungskreises im Maximum der sphärischen oder chromatischen Aberration $=$ Max. kd oder $k'd'$.
τ, Abkürzungszeichen für einen echten Bruch. § 31, und auch sonst.
τ_0, τ_1, siehe § 90.
φ, Brennweite des Oculares. § 32.
ω, das Zerstreuungsverhältniss, § 18, Gleichung (49.)
χ, ist der Differentialquotient $\frac{\partial \frac{1}{b_0}}{\partial n}$, § 81, 2).

Einige andere Zeichen.

$\mp$ heiſst: nahezu gleich. S. § 18 hinter Gleichung (44.).

$\sim$, siehe § 6.

$\overline{9.514}$, ein Strich über einem Decimalbruche zeigt an, dass der letzte ein Logarithmus sei, z. B. in Gleichung (77.) heiſst $\overline{9.514}$ soviel wie num. log. 9.514.

$\dot{-}$ Ueber den Gebrauch dieses Zeichens vor einem log siehe § 24, Anm.

0.00784– Das Minuszeichen am Ende eines Decimalbruches zeigt an, dass die decadische Ergänzung genommen werden solle oder vielmehr gemeint sei. In § 27 auf S. 64 steht z. B. 784– und beigeschrieben $\zeta_1^2 \xi_0^2$; dies heiſst: $\log \zeta_1^2 \xi_0^2 = 9.99\,216$.

; Steht ein ; anstatt eines , in einem Decimalbruche, so ist es ein Scheidungszeichen zwischen der fünften und sechsten Decimalstelle. Z. B. kommt in der Tabelle des § 78 vor: $\triangle n^2 = 4;98$, das heiſst eigentlich: $\triangle n^2 = 0.00\,00498$.

Inhalts-verzeichniss.

I. Teil.

Von den axononomen Strahlen.

Brechung der Strahlen durch ein Linsenglas.

Hinzutritt einer zweiten Linse.

Fehlergrenzen und einzelne Anwendungen.

III. Teil.

Die Gaufs'-ische Bedingung.

Ein Zahlenbeispiel.

IV. Teil.
Das secundäre Spectrum.

V. Teil.
Das dreifache Objectiv im allgemeinen.

Berichtigungen.

Seite 6, Zeile 7. Anstatt $\frac{a+1}{a}$ lies $\frac{n+1}{a}$.

Seite 36, Zeile 2 v. u. anstatt $N\xi_1^2$ lies $n\xi_1^2$.

Seite 39 in der Gruppe (50.) müssen die 4. und 6. Gleichung, da sie nur Näherungsgleichungen sind, so geschrieben werden:

$$\frac{1}{\varphi} \mathrel{=\!\!\!\!\mid} (1-\omega)\frac{1}{f}, \quad \frac{1}{b_0} \mathrel{=\!\!\!\!\mid} \frac{1}{a} + (1-\omega)\frac{1}{f}.$$

Seite 74 ist anstatt der Gleichungsnummer (68.) zu schreiben (68a.)

Seite 164, Zeile 14
Seite 165, Zeile 1
Seite 165, Zeile 2
} ist anstatt G zu schreiben $\mathfrak{G}$.

I. Teil.

Von den axononomen Strahlen.

§ 1.

Gesetz der Brechung.

Wenn ein Lichtstrahl $A'J$ (Fig. 1), von dem Punkte A' ausgehend, auf einen durchsichtigen Körper — etwa Glas — trifft, so dringt er in den letzteren zwar ein, geht jedoch innerhalb desselben keineswegs in derselben Richtung $A'JA$ weiter, sondern wird nach einem gewissen Gesetze abgelenkt, welches folgendermaſsen lautet:

Geht ein Lichtstrahl $A'J$ aus einem durchsichtigen Mittel in ein anderes, ebenfalls durchsichtiges über, so wird er bei seinem Durchgange durch die beide Mittel trennende Berührungsebene (— angedeutet durch BD —) dergestalt gebrochen, dass, wenn man in dem Treffpunkte J auf derselben ein Perpendikel (— Einfallslot —) $M'JM$ errichtet, der einfallende Strahl $A'J$ und der gebrochene JX sammt dem Einfallslote in einer und derselben Ebene (— Brechungsebene, hier die Ebene des Papieres —) liegen, und dass die Sinus der Winkel, welche sie mit dem Einfallslote bilden, (— des Einfallswinkels AJM und des Brechungswinkels XJM —) in einem für dieselben Mittel constanten Verhältnisse (— Brechungsverhältniss —) stehen. Und zwar wird der Strahl, wenn er aus einem dünneren in ein dichteres Mittel übergeht, (zumal bei gleichem Aggregatzustande der Mittel), allermeist nach dem Einfallslote JM hin, und wenn er aus einem dichteren in ein dünneres tritt, von dem Einfallslote weg gebrochen, so dass also im ersteren Falle der Einfallswinkel AJM gröſser ist als der Brechungswinkel XJM; im letzteren umgekehrt. Immer aber ist bei Umkehrung der Mittel auch das Brechungsverhältniss das umgekehrte.

§ 2.
Ablenkung eines aus Luft in eine Glaskugel eindringenden Strahles.

Sei M (Fig. 1) der Mittelpunkt einer gläsernen Kugel; MO und MJ Radien der Kugel; A ein leuchtender Punkt, d. h. ein solcher, von welchem eine unendliche Anzahl Strahlen divergierend ausgehend auf die Kugelfläche trifft, oder — wie hier in unserer Figur — nach welchem hin unendlich viele, die Kugelfläche treffende Strahlen (z. B. $A'J$, $A''O$, $A'''K$) zu convergieren streben (— in welchem letzteren Falle man den Punkt A ein geometrisches, eingebildetes, imaginäres Object zu nennen pflegt —): so zeichnet sich vor den unendlich vielen primären (— d. i. von A kommenden, oder dahin gerichteten —) Strahlen einer (— nämlich $A''MA$ —) dadurch aus, dass er durch den Mittelpunkt M geht. Wir nennen die unbegrenzt gedachte Linie AM die Axe; ihren Durchschnitt mit der Kugelfläche (— nämlich O —) den Pol; jenen ausgezeichneten Strahl $A''O$ den Polarstrahl bezüglich des Objectes A. — Andere ganz nahe bei dem Pole O auftreffende primäre Strahlen heissen Circumpolarstrahlen; entfernter einfallende (— wie $A'J$, $A'''K$ —) heissen Zonenstrahlen.

Es ist ersichtlich, dass alle solche primären Strahlen, welche in gleichen Entfernungen von dem Pole O auf die Glaskugel treffen (— also welche einer und derselben Zone angehören —), nach erlittener Brechung, — genugsam vorwärts oder rückwärts fortgesetzt —, sich in einem und demselben Punkte der Axe durchschneiden müssen.

Betrachten wir nun näher den in der Ebene des Papieres befindlichen Zonenstrahl $A'J$. Die Brechungsebene ist eben die des Papieres. MJ ist das Einfallslot; $A'JM$ der Einfallswinkel; XJM der Brechungswinkel; $n:1$ das Brechungsverhältniss aus Luft in Glas, und so ist dem Gesetze der Brechung gemäfs:

$$\sin A'JM' : \sin XJM = n : 1,$$

wo n für verschiedene Glassorten von verschiedener Gröfse, bei allen aber bekanntlich ohngefähr $\frac{3}{2}$, oder ein weniges gröfser ist. — Der Zonenstrahl $A'J$ also, welcher von A' bis J seiner Richtung nach A hin treu blieb, wird in dem Punkte J geknickt, so dass er die Axe nicht in A, sondern in X durchschneidet. Dasselbe thun alle ihm gleichwertigen Zonenstrahlen. — Von allen primären Strahlen überhaupt dringt nur ein einziger, der Polarstrahl $A''O$, ungebrochen in die Glaskugel ein, und er allein erreicht wirklich den Punkt A, vorausgesetzt, dass der Glaskörper so weit reicht.

§ 3.
Gleichung für die Bildweite.

Unsere nächste Aufgabe ist nun die, die Entfernung des Punktes X (Fig. 1) von dem Kugelcentrum M, resp. dem Pole O genau zu bestimmen. — Es sei die Distanz des leuchtenden (in dem Falle der Figur eingebildeten) Objectes A von dem Pole O, also die Linie $OA = a$; die Länge der Kugelsehne $OJ = e$; der Radius der Kugel $MO = MJ = r$; — die gesuchte Entfernung $OX = x$. Diese letztere soll ausgedrückt werden durch a, r, n, e, und zwar entwickelt nach steigenden Potenzen von e.

Man denke sich von dem Kugelcentrum M auf $A'A$ und JX Perpendikel gefällt. Ihre Längen müssen notwendig in dem Verhältnisse $n:1$ stehen. Von diesen Perpendikeln ist aber ersteres gleich $MA.\sin A$; und letzteres $= MX.\sin X$. Demnach ist also:

$$MA.\sin A : MX.\sin X = n : 1,$$

$$n\cdot\frac{MX}{MA} = \frac{\sin A}{\sin X}, \quad \text{und auch} \quad = \frac{JX}{JA},$$

letzteres aus Betrachtung des Dreieckes JXA. Da nun $MX = x-r$, $MA = a-r$ ist; ferner JX^2 sich aus JM, d. i. r, aus MX, d. i. $x-r$, und dem Winkel JMX, d. i. 180^0-c, — und da endlich JA^2 sich aus MA, dem Radius JM und demselben Winkel $JMA = 180^0-c$ bestimmen lässt: so gelangt man zu der Gleichung

$$n^2\frac{(x-r)^2}{(a-r)^2} = \frac{(x-r)^2+r^2+2r(x-r)\cos c}{(a-r)^2+r^2+2r(a-r)\cos c},$$

oder auch

$$n^2\frac{(x-r)^2}{(a-r)^2} = \frac{x^2-4(x-r)r.\sin^2\frac{c}{2}}{a^2-4(a-r)r.\sin^2\frac{c}{2}}.$$

Nun ist aber $2r.\sin\frac{c}{2} = e$, also

$$n^2\frac{(x-r)^2}{(a-r)^2} = \frac{x^2-\frac{x-r}{r}e^2}{a^2-\frac{a-r}{r}e^2};$$

oder was d. i.

$$(1.)\qquad n^2\frac{\left(\frac{1}{r}-\frac{1}{x}\right)^2}{\left(\frac{1}{r}-\frac{1}{a}\right)^2} = \frac{1-\frac{1}{x}\left(\frac{1}{r}-\frac{1}{x}\right)e^2}{1-\frac{1}{a}\left(\frac{1}{r}-\frac{1}{a}\right)e^2}.$$

Die erste der letzten vier Gleichungen bildet die Grundlage eines der wichtigsten Abschnitte der ganzen Dioptrik überhaupt. Deswegen sollte niemand, der sich mit letzterer Disciplin ernstlich zu beschäftigen gedenkt, die kleine Mühe scheuen, sich von ihrer strengen Richtigkeit für alle möglicherweise eintretenden Fälle durch Einzeluntersuchung auf das unzweideutigste zu überzeugen. Bezüglich der Vorzeichen liegt die Sache nicht gerade so ganz einfach, dass auf den ersten Blick vollkommene Ueberzeugung zu erlangen wäre. Die Einzeluntersuchung zeigt, dass jene Gleichung — und also auch die letzte mit (1.) bezeichnete — für alle denkbaren Fälle Gültigkeit besitzt unter folgenden Festsetzungen:

Wir denken uns den Weg des Lichtstrahles stets von der Linken nach der Rechten gerichtet (hier $A'J$, dann JX). Wir denken uns den Pol O als Abscissenanfang für die Entfernungen OA und OX, und zwar ist die Entfernung OA $\begin{Bmatrix}\text{positiv}\\\text{negativ}\end{Bmatrix}$ aufzufassen, je nachdem der Punkt A $\begin{Bmatrix}\text{rechts}\\\text{links}\end{Bmatrix}$ von O gelegen ist; ebenso bezüglich der Entfernung OX.

Der Kugelradius r gilt als $\begin{Bmatrix}\text{positiv}\\\text{negativ}\end{Bmatrix}$, je nachdem das Kugelcentrum $\begin{Bmatrix}\text{rechts}\\\text{links}\end{Bmatrix}$ von O liegt, d. h. je nachdem die die Mittel trennende Kugelfläche dem stets von links kommenden primären Strahle ihre $\begin{Bmatrix}\text{convexe}\\\text{concave}\end{Bmatrix}$ Seite zukehrt.

Endlich ist beim Uebergange aus Luft in Glas das Brechungsverhältniss $n:1$, dagegen aus Glas in Luft $\frac{1}{n}:1$ zu nehmen.

Dieser allgemeinen Gültigkeit entsprechend hätte die Ueberschrift dieses Paragraphen eigentlich lauten sollen: Ablenkung des Strahles und Bestimmung der Bildweite (x nach der Gleichung (1.)) für den Fall, dass die die Mittel trennende Fläche kugelförmig ist.

§ 4.

Reihenentwickelung der Bildweite; die drei Anfangsglieder.

Durch Auflösung der quadratischen Gleichung (1.), welche aufser x nur die als bekannt vorausgesetzten Gröfsen a, r, n, e enthält, könnten wir leicht einen geschlossenen Ausdruck für x entwickeln, wenn uns daran gelegen wäre. Allein wir bedürfen vielmehr einer nach Potenzen von e fortschreitenden Reihenentwickelung, zu welcher wir ziemlich einfach in folgender Weise gelangen.

Setzen wir der Abkürzung wegen (vorübergehend) $\frac{1}{r}-\frac{1}{x}=\frac{1}{\beta}$; $\frac{1}{r}-\frac{1}{a}=\frac{1}{\gamma}$, so dass also $\frac{1}{x}=\frac{1}{r}-\frac{1}{\beta}$ ist, so erhalten wir aus (1.) durch eine leichte Umformung

$$n^2=\frac{\beta^2-\frac{e^2}{r}\beta+e^2}{\gamma^2-\frac{e^2}{r}\gamma+e^2}, \quad \text{oder auch} \quad \beta^2-\frac{\beta}{r}e^2=n^2\gamma^2-\left(\frac{n^2\gamma}{a}+1\right)e^2,$$

und bedienen uns zur weiteren Entwickelung der Methode der unbestimmten Coefficienten, indem wir, da ja nur die geraden Potenzen von e auftreten können,

$$\beta=C_0+C_1e^2+C_2e^4+\cdots$$

setzen. Also:

$$\left.\begin{aligned}\beta^2&=C_0^2+2C_0C_1e^2+(C_1^2+2C_0C_2)e^4+\cdots\\ -\frac{\beta}{r}e^2&=\quad -\frac{C_0}{r}\,e^2-\quad\frac{C_1}{r}\quad e^4+\cdots\end{aligned}\right\}$$

folglich:

$$n^2\gamma^2-\left(\frac{n^2\gamma}{a}+1\right)e^2=C_0^2+C_0\left(2C_1-\frac{1}{r}\right)e^2+\left(C_1\left(C_1-\frac{1}{r}\right)+2C_0C_2\right)e^4+\cdots,$$

woraus durch Vergleichung und Wiedereinsetzung von a, r, x anstatt der Hülfsgröfsen γ und β zunächst folgt: $C_0=\pm\frac{n}{\frac{1}{r}-\frac{1}{a}}$. Wir werden weiter unten sehen, dass nur das obere Vorzeichen + gelten kann. So erhalten wir:

$$C_0=\frac{n}{\frac{1}{r}-\frac{1}{a}};\quad C_1=\tfrac{1}{2}\,\frac{n-1}{n}\left(\frac{1}{r}-\frac{n+1}{a}\right);$$

$$C_2=\frac{(n-1)(n+1)}{8n^3}\left(\frac{1}{r}-\frac{1}{a}\right)\left(\frac{1}{r}-\frac{n+1}{a}\right)\left(\frac{1}{r}+\frac{n-1}{a}\right),$$

oder auch

$$=\frac{n+1}{4n^2}\left(\frac{1}{r}-\frac{1}{a}\right)\left(\frac{1}{r}+\frac{n-1}{a}\right)\cdot C_1;$$

$$C_3=\frac{(n-1)(n+1)}{16n^5}\left(\frac{1}{r}-\frac{1}{a}\right)^2\left(\frac{1}{r}-\frac{n+1}{a}\right)\left(\frac{1}{r}+\frac{n-1}{a}\right)\left(\frac{1}{r}+\frac{n^2-1}{a}\right);\ \ldots$$

Hieraus:

$$\frac{1}{\frac{1}{r}-\frac{1}{x}}=\frac{n}{\frac{1}{r}-\frac{1}{a}}+\frac{n-1}{2n}\left(\frac{1}{r}-\frac{n+1}{a}\right)e^2+$$
$$+\frac{n^2-1}{8n^3}\left(\frac{1}{r}-\frac{1}{a}\right)\left(\frac{1}{r}-\frac{n+1}{a}\right)\left(\frac{1}{r}+\frac{n-1}{a}\right)e^4+\cdots.$$

Sodann nach geschehener Umkehrung und entsprechender Umformung:

$$(2.)\quad \begin{cases} \frac{1}{x} = \left(1-\frac{1}{n}\right)\frac{1}{r}+\frac{1}{n}\frac{1}{a}+e^2\left[\frac{n-1}{2n^3}\left(\frac{1}{r}-\frac{1}{a}\right)^2\left(\frac{1}{r}-\frac{n+1}{a}\right)\right]+ \\ \qquad +e^4\left\{l\cdot\frac{1}{4n^2}\left(\frac{1}{r}-\frac{1}{a}\right)\left(\frac{3-n}{r}+\frac{3n^2-3}{a}\right)\right\}+\cdots \end{cases}$$

Das l, welches einen Factor des Coefficienten von e^4 ausmacht, ist eine Abkürzung, welche bedeuten soll:

$$l=\frac{n-1}{2n^3}\left(\frac{1}{r}-\frac{1}{a}\right)^2\left(\frac{1}{r}-\frac{a+1}{a}\right),$$

d. i. den Coefficienten von e^2.

Es blieb vorhin noch unentschieden, ob der aus der Gleichung

$$\beta^2-\frac{\beta}{r}e^2=n^2\gamma^2-\left(\frac{n^2\gamma}{a}+1\right)e^2$$

für $e=0$ erlangte Wert von β gleich $+n\gamma$ oder gleich $-n\gamma$ zu setzen sei, also

$$\frac{1}{\frac{1}{r}-\frac{1}{x}}=\pm\frac{n}{\frac{1}{r}-\frac{1}{a}}.$$

Bedenken wir, dass in dem Falle: $n=1$, d. h. wenn bei dem Uebergange aus einem Mittel in ein anderes passend gewähltes eine Brechung überhaupt nicht stattfindet, der Durchschnitt des nicht gebrochenen Strahles $A'J$ mit dem unbegrenzten Polarstrahle nirgends anderswo sein kann, als in dem Punkte A, — also unter dieser Voraussetzung $x=a$ sein muss, und zwar für jedes e, also auch für $e=0$ —: so erkennt man, dass nur das obere Vorzeichen $+$ Gültigkeit besitzt. (Beiläufig mag man sich auch überzeugen, dass in obiger Gleichung der vollständige Coefficient von e^2, nämlich $\frac{n^2\gamma}{a}+1-\frac{\beta}{r}$, gleich Null wird für $n=1$ und $x=a$.)

Die Gleichung (2.) lehrt uns, in welcher Entfernung x von dem Polpunkte O derjenige Punkt X zu finden sei, nach welchem hin die zu einer und derselben Elongation e (— einer und derselben Zone —) gehörigen Strahlen nach erlittener Brechung gerichtet sind, (resp. von welchem Punkt der Axe sie alsdann herzukommen scheinen). Träfen dieselben auf ihrem Wege dahin überall nur dasselbe Mittel an, so würden sie in der That nach X gelangen, hier ein sogenanntes physisches Bild machen, und über X hinaus in ähnlicher Weise weiter gehen, als wäre X selbst ein leuchtendes Object. Die Anzahl der in X sich durchschneidenden Strahlen ist allerdings eine unendlich grofse, aber dessenungeachtet im Vergleiche mit der Anzahl der gesammten primären Strahlen überhaupt doch nur eine unendlich geringe, da ja zu jeder anderen Elongation ein anderes x gehört. Woraus zugleich erhellt, dass eine Wiedervereinigung **aller** von dem leuchtenden Object A ursprünglich ausgegangenen (— oder dahin gerichtet gewesenen —) Strahlen im allgemeinen ein Ding der Unmöglichkeit ist. Dass dem so und nicht anders ist, das liegt an der Kugelgestalt der brechenden Fläche. Sollten sämmtliche Circumpolar- und Zonenstrahlen nach der Brechung wieder in einen einzigen Punkt zusammenlaufen, so dürfte die die Mittel scheidende Fläche eben nicht eine sphärische, sondern müsste eine anders gestaltete (etwa ellipsoïdische, paraboloïdische) sein.

§ 5.
Kugelabweichung.

Die **Bildweite** der dem Pole allernächsten Circumpolarstrahlen, welche wir mit x_0 bezeichnen wollen, findet sich aus Gleichung (2.), wenn wir daselbst den Wert des e uns bis zu Null abnehmend vorstellen. Durch Einführung der von e unabhängigen Constante x_0 lässt sich Gleichung (2.) auch so schreiben:

$$(3.)\quad \left\{ \begin{aligned} \frac{1}{x} &= \frac{1}{x_0} + l.e^2 + m.e^4 + \cdots, \quad \text{worin} \\ \frac{1}{x_0} &= \left(1 - \frac{1}{n}\right)\frac{1}{r} + \frac{1}{n}\frac{1}{a}, \\ l &= \frac{n-1}{2n^3}\left(\frac{1}{r} - \frac{1}{a}\right)^2\left(\frac{1}{r} - \frac{n+1}{a}\right), \\ m &= l \cdot \frac{1}{4n^2}\left(\frac{1}{r} - \frac{1}{a}\right)\left(\frac{3-n}{r} + \frac{3n^2-3}{a}\right). \end{aligned} \right.$$

Diejenige Gröfse, um welche eine zu einer bestimmten Elongation e gehörige Bildweite x von der Bildweite x_0 der allernächsten Circumpolarstrahlen verschieden ist, bezeichnet man mit dem Namen **sphärische Aberration, Kugelabweichung**; wir werden auch gebrauchen **Sphärismus**. Je gröfser der Unterschied zwischen x und x_0, desto gröfser wird auch der Unterschied zwischen $\frac{1}{x}$ und $\frac{1}{x_0}$ sein; daher kommt alles auf die Gröfse von $le^2 + me^4 + \cdots$ an. Und da in allen von uns in Betracht zu ziehenden Fällen die Elongation immer verhältnissmäfsig geringfügig sein wird, so handelt es sich vorzugsweise um die Gröfse von le^2.

Brechung der Strahlen durch ein Linsenglas. (§§ 6—11.)

§ 6.
Aufstellung einer Gleichung.

Es ist von höchstem Interesse, den Weg eines schon einmal durch eine Kugeloberfläche gebrochenen Strahles weiter zu verfolgen für den Fall, dass die Stelle des Glaskörpers, wo der Strahl aus demselben aus-, und wieder in das Medium der Luft eintritt, ebenfalls kugelförmig ist; also wenn der von dem Lichtstrahle durchwanderte Glaskörper eine sogenannte Linse (— in der allgemeinsten Bedeutung —) ist.

Die beiden Radien der Kugelflächen bezeichnen wir mit r_1 und r_2, und bleiben bei der obigen Regel (§ 3, gegen Ende), nach welcher wir einen Radius für positiv oder negativ ansehen, je nachdem die convexe oder die concave Seite der Kugeloberfläche von dem (von links her kommenden) Strahle getroffen wird. — Es wird hieran aus dem Grunde hier nochmals erinnert, weil in den Lehrbüchern meist nach einer andern Festsetzung verfahren wird.

Die (unbegrenzt gedachte) Verbindungslinie der beiden Kugelmittelpunkte heisst die Axe der Linse.

Zuvörderst werden wir uns nur mit den axononomen Strahlen, d. i. solchen befassen, welche primär von einem in der Axe selbst gelegenen Punkte ausgehen, oder nach einem solchen hin gerichtet sind.

Sei $A'J_1$ in Fig. 2 der primäre Strahl, dessen Weg wir speciell untersuchen wollen. Von Haus aus nach einem (in der Fig. gar nicht angegebenen) Punkte der Axe hin strebend, nimmt er nach der ersten Brechung in dem Punkt J_1 eine solche Richtung innerhalb des Glaskörpers an, als wollte er nach dem Punkt X hin gehen. Er kann jedoch diese Richtung nur von dem Punkt J_1 bis zu dem Punkt J_2 verfolgen, weil er hier bei seinem Austritte aus dem Glase und Wiedereintritte in die Luft eine abermalige Brechung erleidet, so dass er die Axe nicht in dem Punkt X, sondern in einem anderen Punkt Y erreicht, dessen Entfernung $O_2 Y$ von der zweiten brechenden Fläche mit Hülfe der Gleichung (3.) durch entsprechende Buchstabenvertauschung gefunden werden kann. — Das durch die erste Brechung intendierte Zonenstrahlenbild in X dient nämlich bei der zweiten Brechung als leuchtendes Object für eine auf der zweiten krummen Fläche liegende Zone, deren Sehnenabstand von dem Pole O_2 (— nämlich die Kugelsehne $O_2 J_2$ —) durch einen einfachen Buchstaben e_2 bezeichnet werden soll. — Man sieht leicht ein, dass man, wenn man die Dicke des Glases in der Mitte (— also $O_1 O_2$ —) gleich δ setzt in der Gleichung (3.), um sie für den Zweck der zweiten Brechungsberechnung umzuformen, anstatt a wird schreiben müssen $O_1 X — O_1 O_2$, oder $x—\delta$, welche Vertauschung wir so andeuten wollen: $a \backsim x-\delta$. — Ferner wird man anstatt $r \backsim r_2$ setzen müssen. — Die Entfernung des neuen oder zweiten (— in dem speciellen Falle der Figur wirklich in der Luft zustande kommenden —) Bildes Y von der neuen brechenden Fläche, also die Länge $O_2 Y$, wollen wir mit y bezeichnen; demnach wird man zu setzen haben $x \backsim y$. — Ferner anstatt $e \backsim e_2$; und schliefslich anstatt des Brechungswertes $n \backsim \frac{1}{n}$. — Also sind folgende Vertauschungen nötig:

$$\frac{1}{x} \backsim \frac{1}{y}; \quad n \backsim \frac{1}{n}; \quad \frac{1}{r} \backsim \frac{1}{r_2}; \quad \frac{1}{a} \backsim \frac{1}{x-\delta}; \quad e \backsim e_2.$$

Wir werden jedoch in einem Punkte etwas allgemeiner verfahren, und zwar anstatt n nicht $\frac{1}{n}$, sondern lieber n_2 setzen; so wie wir auch in dem weiteren Verlaufe unserer zunächst bis zu vier Brechungen sich erstreckenden Untersuchung die folgenden Brechungs-indices durch n_3 und n_4 ausdrücken werden, teils weil bei dieser Bezeichnungsweise gewisse Regelmäfsigkeiten der Formeln leichter entdeckt werden, teils auch um die Ergebnisse auf den Fall anwenden zu können, dass etwa der Strahl nach jeder stattgehabten Brechung in ein neues, von allen vorhergegangenen verschiedenes Mittel gelangte.

So erhalten wir:

$$(4.) \quad \begin{cases} \frac{1}{y} = \left(1-\frac{1}{n_2}\right)\frac{1}{r_2} + \frac{1}{n_2}\,\frac{1}{x-\delta} + \\ \qquad + e_2^2 \left\{\frac{n_2-1}{2n_2^3}\left(\frac{1}{r_2}-\frac{1}{x-\delta}\right)^2\left(\frac{1}{r_2}-\frac{n_2+1}{x-\delta}\right)\right\} + \\ \qquad + e_2^4 \left(l' \cdot \frac{1}{4n_2^2}\left(\frac{1}{r_2}-\frac{1}{x-\delta}\right)\left(\frac{3-n_2}{r_2}+\frac{3n_2^2-3}{x-\delta}\right)\right) + \cdots, \end{cases}$$

wo l' der Abkürzung wegen den in {} eingeschlossenen Coefficienten von e_2^2 bedeutet.

§ 7.
Weitere Umgestaltung der Gleichung (4.).

So ist denn nun allerdings eine Gleichung für $\frac{1}{y}$ aufgestellt, aber sie ist noch weit von derjenigen Form entfernt, welche unseren Zwecken genügen könnte; denn wir bedürfen einer Gleichung von folgender

Beschaffenheit:

$$\frac{1}{y} = \frac{1}{y_0} + \lambda e_1^2 + \mu e_1^4 + \cdots,$$

in welcher die Gröfsen $\frac{1}{y_0}$, λ, μ Constanten, d. h. von der Elongation unabhängig sind, und in welcher die Hauptgröfse nach deren Potenzen die Reihe fortschreitet, dieselbe ist, wie in Gleichung (3.), nämlich e, und nicht e_2. — Keiner von diesen vier Nebenbedingungen entspricht die an sich ganz richtige Gleichung (4.). Denn in derselben ist das von der Elongation gänzlich Freie noch nicht gehörig abgesondert, insofern als $\frac{1}{x-\delta}$ einer Entwickelung nach Potenzen der ersten Elongation e (— die wir von jetzt an mit e_1 bezeichnen wollen, ebenso wie der Radius der ersten Kugelfläche fortan durch r_1 dargestellt werden soll —) fähig ist. Dieselbe Gröfse $\frac{1}{x-\delta}$ erscheint wiederholt, sowohl in dem Coefficienten von e_2^2, als auch von e_2^4. Endlich ist die zweite Elongation e_2 eine andere als die erste e_1, wenn sie auch in der Mehrzahl der Fälle nicht allzusehr von ihr abweicht. — Unser nächstes Geschäft wird also sein müssen, die Gleichung (4.) so umzuformen, dass die angegebenen Bedingungen erfüllt werden. — Erste Frage ist: Wie gestaltet sich die Entwickelung von $\frac{1}{x-\delta}$, wenn, wie Gleichung (3.) lehrt,

$$\frac{1}{x} = \frac{1}{x_0} + le_1^2 + me_1^4 + \cdots \text{ ist?}$$

Aus der Gleichung (3.) folgt zunächst durch Reversion, jedoch mit Uebergehung der die vierte übersteigenden Potenzen von e_1:

$$x = x_0 - x_0^2 le_1^2 - (x_0^2 m - x_0^3 l^2)\, e_1^4,$$

folglich

$$x - \delta = x_0 - \delta - x_0^2 le_1^2 - (x_0^2 m - x_0^3 l^2) e_1^4,$$

ferner

$$x - \delta = (x_0 - \delta)\left[1 - \frac{x_0}{x_0-\delta} x_0 l . e_1^2 - \frac{x_0}{x_0-\delta} x_0 (m - x_0 l^2) . e_1^4\right];$$

hieraus

$$\frac{1}{x-\delta} = \frac{1}{x_0-\delta}\left[1 + \frac{x_0}{x_0-\delta} x_0 l . e_1^2 + \right.$$
$$\left. + \left(\frac{x_0}{x_0-\delta} x_0 (m - x_0 l^2) + \frac{x_0^2}{(x_0-\delta)^2} x_0^2 l^2\right) e_1^4\right];$$

und nach einer geringfügigen Transformation, da namentlich

$$\frac{x_0}{x_0-\delta}-1=\frac{\delta}{x_0-\delta}, \quad \text{und} \quad x_0\left(\frac{x_0}{x_0-\delta}-1\right)=\frac{x_0}{x_0-\delta}\cdot\delta \quad \text{ist:}$$

$$(5.) \quad \frac{1}{x-\delta}=\frac{1}{x_0-\delta}+\left(\frac{x_0}{x_0-\delta}\right)^2 l.e_1^2+\left(\left(\frac{x_0}{x_0-\delta}\right)^2 m+\delta\left(\frac{x_0}{x_0-\delta}\right)^3 l^2\right).e_1^4.$$

Für die Constante $x_0-\delta$, welche sehr häufig auftreten wird, setzen wir ein einfaches Zeichen x_1; desgleichen für den Bruch $\frac{x_0}{x_0-\delta}$ oder $\frac{x_0}{x_1}$ das einfache Zeichen ξ_1; endlich für den umgekehrten Wert $\frac{x_1}{x_0}$ das Zeichen ξ_0, also:

$$x_0-\delta=x_1; \quad \frac{x_0}{x_0-\delta}=\frac{x_0}{x_1}=\xi_1; \quad \frac{x_0-\delta}{x_0}=\frac{x_1}{x_0}=\xi_0.$$

Es bedeutet demnach ein einfaches x ohne Marke die variable, d. h. die von der Elongation abhängige Entfernung des ersten Bildes (O_1X in Fig. 1). Dagegen x_0 mit der Marke o ist die Entfernung desjenigen Bildes, welches der Elongation Null entspricht, also derjenige Grenzwert, welchem sich die Bildweite ohne Ende nähert, wenn die Elongation bis auf Null abnimmt. x_1 aber $= x_0-\delta$, d. i. die Constante x_0, vermindert um die Dicke des Glases; also ebenfalls constant. Desgleichen sind die Quotienten $\frac{x_0}{x_1}$ und $\frac{x_1}{x_0}$, die wir durch ξ_1 und ξ_0 bezeichnen, constant. Die Marke des ξ stimmt jedesmal mit der Marke des Nenners in dem gleichwertigen Bruche. ξ_1 und ξ_0 sind einander reciprok, ihr Product $\xi_1\xi_0$ also genau $=1$; jedes einzelne von ihnen ist, da δ in der Regel eine gegen x_0 verhältnissmäſsig sehr kleine Gröſse ist, gewöhnlich nahezu gleich 1. Absolut genommen ist ξ_1 das gröſsere, also ein unechter Bruch, wenn nämlich x_0 positiv ist; umgekehrt, wenn x_0 negativ ist. — So schreibt sich die Gleichung:

$$(6.) \quad \frac{1}{x-\delta}=\frac{1}{x_1}+\xi_1^2 l.e_1^2+(\xi_1^2 m+\delta\xi_1^3 l^2).e_1^4,$$

wo l und m die in Gleichung (3.) angegebene Bedeutung haben. —

Um die Gleichung (4.) in die gehörige Form zu bringen, bedürfen wir ferner der Entwickelung von

$$\left(\frac{1}{r_2}-\frac{1}{x-\delta}\right)^2\left(\frac{1}{r_2}-\frac{n_2+1}{x-\delta}\right)$$

nach Potenzen von e_1, jedoch blos bis zu der Potenz e_1^2 einschlieſslich, da die eben genannte Function in Gleichung (4.) bereits mit e_2^2 multipliciert erscheint. Mit Hülfe von Gleichung (5.) und unter Weglassung der die zweite (— nämlich e_1^2 —) übersteigenden Potenzen erhält man leicht

$$(7.)\quad \begin{cases} \left(\frac{1}{r_2}-\frac{1}{x-\delta}\right)^2\left(\frac{1}{r_2}-\frac{n_2+1}{x-\delta}\right)= \\ =\left[\frac{1}{r_2}-\frac{1}{x_1}\right]^2\left(\frac{1}{r_2}-\frac{n_2+1}{x_1}\right)+\left[\frac{1}{r_2}-\frac{1}{x_1}\right]\left(\frac{3n_2+3}{x_1}-\frac{n_2+3}{r_2}\right)\xi_1^2 l e_1^2. \end{cases}$$

Was nun den Coefficienten von e_2^4 in Gleichung (4.) anbetrifft, so müssen wir innerhalb desselben für $\frac{1}{x-\delta}$ geradezu schreiben $\frac{1}{x_0-\delta}$, d. i. $\frac{1}{x_1}$, da wir doch nur höchstens noch die vierte Potenz der Elongation in Betracht ziehen wollen.

So gestaltet sich denn die Gleichung für $\frac{1}{y}$ zunächst wie folgt:

$$(8.)\quad \begin{cases} \frac{1}{y}=\left(1-\frac{1}{n_2}\right)\frac{1}{r_2}+\frac{1}{n_2}\frac{1}{x_1}+\frac{1}{n_2}\xi_1^2 l.e_1^2+\frac{1}{n_2}(\xi_1^2 m+\delta\xi_1^3 l^2).e_1^4+ \\ \quad +\frac{n_2-1}{2n_2^3}\left[\frac{1}{r_2}-\frac{1}{x_1}\right]^2\left(\frac{1}{r_2}-\frac{n_2+1}{x_1}\right)\cdot e_2^2+ \\ \quad +\frac{n_2-1}{2n_2^3}\left[\frac{1}{r_2}-\frac{1}{x_1}\right]\left(\frac{3n_2+3}{x_1}-\frac{n_2+3}{r_2}\right)\xi_1^2 l.\, e_1^2 e_2^2+ \\ \quad +\frac{n_2-1}{2n_2^3}\left[\frac{1}{r_2}+\frac{1}{x_1}\right]^2\left(\frac{1}{r_2}-\frac{n_2+1}{x_1}\right)\times \\ \qquad \times\frac{1}{4n_2^2}\left[\frac{1}{r_2}-\frac{1}{x_1}\right]\left(\frac{3-n_2}{r_2}+\frac{3n^2-3}{x_1}\right)\cdot e_2^4+\cdots \end{cases}$$

§ 8.

Relation zwischen der ersten und zweiten Elongation.

Es erübrigt noch e_2 auszudrücken in einer Entwickelung nach Potenzen von e_1. Es ist in Fig. 3*:

$$O_1X=x;\quad O_1O_2=\delta \quad \text{und} \quad p_1:p_2=x-u:x-\delta-v.$$

Indess ist diese Gleichung nur dann gültig, wenn die zweite brechende Kugelfläche J_2O_2 nicht allzuweit von der ersten J_1O_1 entfernt ist, so dass der gebrochene Strahl J_1J_2 schon die zweite brechende Fläche trifft, ehe er die Axe O_1O_2X wirklich durchschnitten hat. Der entgegengesetzte Fall ist in Fig. 3** dargestellt, wo sich zeigt:

$$p_1:p_2=x-u:\delta-x+v;$$

also in beiden Fällen:

$$p_1^2:p_2^2=(x-u)^2:(x-\delta-v)^2,\quad \text{oder}\quad =\left(1-\frac{1}{x}u\right)^2:\left(1-\frac{\delta}{x}-\frac{v}{x}\right)^2.$$

Nun ist nach einer bekannten Eigenschaft des Kreises

$$u=\frac{e_1^2}{2r_1}\quad \text{und}\quad v=\frac{e_2^2}{2r_2};$$

ferner wegen der rechtwinkeligen Dreiecke

$$p_1^2 = e_1^2 - \frac{e_1^4}{4r_1^2} \quad \text{und} \quad p_2^2 = e_2^2 - \frac{e_2^4}{4r_2^2}.$$

Und nach Gleichung (3.)

$$\frac{1}{x} = \frac{1}{x_0} - l.e_1^2 + \cdots$$

Demnach:

$$\left(e_1^2 - \frac{e_1^4}{4r_1^2}\right)\left[1 - \frac{\delta}{x_0} - \delta l e_1^2 - \frac{1}{x_0}\frac{e_2^2}{2r_2} - \cdots\right]^2 =$$

$$= \left(e_2^2 - \frac{e_2^4}{4r_2^2}\right)\left[1 - \frac{1}{x_0}\frac{e_1^2}{2r_1} - \cdots\right]^2,$$

welche Gleichung uns dazu verhelfen wird e_2 auszudrücken durch e_1, dessen wir bedürfen. Wir setzen (Meth. d. unb. Coeff.):

$$e_2 = A e_1 + B e_1^2 + C e_1^3 + \cdots$$

Nämlich ein absolutes Glied kann die Reihe nicht enthalten, weil für $e_1 = o$ (bei axononomen Strahlen) stets auch $e_2 = o$ werden muss. Durch Quadrierung:

$$e_2^2 = A^2 e_1^2 + 2AB e_1^3 + (2AC + B^2) e_1^4 + \cdots$$

Setzen wir dies für e_2^2 in die obige Gleichung (indem wir gleichzeitig für $1 - \frac{\delta}{x_0}$, d. i. $\frac{x_0 - \delta}{x_0}$ schreiben ξ_0), so erlangen wir:

$$\left(e_1^2 - \frac{e_1^4}{4r_1^2}\right)\left[\xi_0 - \left(\delta l + \frac{1}{x_0}\frac{A^2}{2r_2}\right)e_1 - \cdots\right]^2 =$$

$$= \left(A^2 e_1^2 + 2AB e_1^3 + \left(2AC + B^2 - \frac{A^4}{4r_2^2}\right)e_1^4 \pm \cdots\right)\left[1 - \frac{1}{x_0}\frac{e_1^2}{2r_1} - \cdots\right]^2.$$

Die niedrigste Potenz von e_1, welche linker Hand auftritt, ist e_1^2 Wir würden bei wirklicher Entwickelung und Darstellung der einzelnen Glieder erhalten links $\xi_0^2 e_1^2$, rechts $A^2 e_1^2$, woraus wir folgern $A^2 = \xi_0^2$, $A = \pm \xi_0$; Vorzeichen unentschieden.

Die dritte Potenz von e_1 tritt links gar nicht auf, aber rechts erhalten wir $2ABe_1^3$, woraus da A nicht Null ist, mit Notwendigkeit folgt $B = 0$.

Gehen wir weiter zur vierten Potenz von e_1, deren Coefficienten (in Berücksichtigung des so eben Gefundenen) sind

links $-\xi_0^2 \frac{1}{4r_1^2} - 2\xi_0 \delta l - \xi_0 \frac{1}{x_0}\frac{A^2}{r_2}$; rechts $-\frac{1}{x_0}\frac{1}{r_1}A^2 + 2AC - \frac{A^4}{4r_2^2}$.

Lösen wir die Gleichung für $2AC$ auf, indem wir im übrigen ξ_0^2 anstatt A^2 schreiben, so erlangen wir:

$$2AC = -2\xi_0 \delta l + \xi_0^2 \left\{\frac{1}{r_1}\frac{1}{x_0} - \xi_0 \frac{1}{r_2}\frac{1}{x_0} - \left(\frac{1}{4r_1^2} - \xi_0^2 \frac{1}{4r_2^2}\right)\right\}.$$

Dieses Resultat überhebt uns der Mühe, wegen des vorhin unbestimmt gebliebenen Vorzeichens eine Untersuchung anzustellen, da $2AC$ — welcher Grösse wir allein bedürfen — sich unzweideutig darstellt. — Das in {} Enthaltene lässt sich in die Form eines Productes bringen, so dass die obige Gleichung für e_2^2 sich schliefslich so gestaltet:

$$(9.)\quad e_2^2 = \xi_0^2 . e_1^2 + \left(-2\xi_0 \delta l + \xi_0^2 \left(\frac{1}{r_1} - \xi_0 \frac{1}{r_2}\right)\left(\frac{1}{x_0} - \frac{1}{4r_1} - \xi_0 \frac{1}{4r_2}\right)\right) . e_1^4 + \cdots$$

§ 9.

Fertigstellung der Gleichung für die zweite Bildweite.

Nun endlich sind wir in den Stand gesetzt, die Gleichung für $\frac{1}{y}$ in derjenigen Form zu erlangen, welche wir begehren (siehe Anf. v. § 7). Wir setzen den in Gleichung (9.) stehenden Ausdruck für e_2^2 in die Gleichung (8.) ein, und erhalten so:

$$(10.)\quad \frac{1}{y} = \left(1 - \frac{1}{n_2}\right)\frac{1}{r_2} + \frac{1}{n_2}\frac{1}{x_1} + \\ + e_1^2 \left(\frac{1}{n_2} \xi_1^2 l + \frac{n_2 - 1}{2n_2^3}\left[\frac{1}{r_2} - \frac{1}{x_1}\right]^2 \left(\frac{1}{r_1} - \frac{n_2+1}{x_1}\right)\xi_0^2\right) + \\ + e_1^4 . \left\{ \begin{array}{l} \frac{1}{n_2}\xi_1^2 m + \delta \frac{1}{n_2}\xi_1^3 l^2 + \\ + \frac{n_2-1}{2n_2^3}\left[\frac{1}{r_2} - \frac{1}{x_1}\right]^2 \left(\frac{1}{r_2} - \frac{n_2+1}{x_1}\right) \xi_0^2 \left[\left(\frac{1}{r_1} - \xi_0 \frac{1}{r_2}\right)\left(\frac{1}{x_0} - \frac{1}{4r_1} - \xi_0 \frac{1}{4r_2}\right) - \delta . 2\xi_1 l\right] + \\ + \frac{n_2-1}{2n_2^3}\left[\frac{1}{r_2} - \frac{1}{x_1}\right]\left(\frac{3n_2+3}{x_1} - \frac{n_2+3}{r_2}\right) l + \\ + \xi_0^4 \frac{n_2-1}{2n_2^3}\left[\frac{1}{r_2} - \frac{1}{x_1}\right]^2 \left(\frac{1}{r_2} - \frac{n_2+1}{x_1}\right)\frac{1}{4n_2^2}\left[\frac{1}{r_2} - \frac{1}{x_1}\right]\left(\frac{3-n_2}{r_2} + \frac{3n_2-3}{x_1}\right). \end{array} \right.$$

Wegen der Bedeutung von l und m siehe Gleichung (3.).

§. 10.

Einführung kurzer Zeichen für zusammengesetzte Functionen.

Um nicht den Gang der Untersuchung auch noch an späteren Stellen zu oft unterbrechen zu müssen, sollen gleich jetzt auch die Abkürzungszeichen für solche Functionen mit aufgeführt werden, welche bis jetzt noch gar nicht vorgekommen sind. — Da unsere Untersuchung sich bis zu vier Brechungen ausdehnen wird, so setzen wir gleich hier folgendes fest:

Die vier Radien der brechenden Flächen seien der Reihe nach r_1, r_2, r_3, r_4; die vier Brechungsindices n_1, n_2, n_3, n_4.

Der Zwischenraum zwischen der ersten und zweiten brechenden Fläche (d. i. $O_1 O_2$ in Fig. 2, Dicke der ersten Linse) sei δ.

Der Zwischenraum zwischen der zweiten und dritten brechenden Fläche (d. i. der Zwischenraum oder Hiatus zwischen den zwei hinter einander aufgestellten Linsengläsern) sei h.

Der Zwischenraum zwischen der dritten und vierten brechenden Fläche (— die Dicke der zweiten Linse —) sei ε. —

Die Entfernung des ersten Bildes von der ersten brechenden Fläche ($O_1 X$), oder die erste Bildweite, sei x.

Die zweite Bildweite (von der zweiten brechenden Fläche an gerechnet, d. i. $O_2 Y$) sei y.

Die dritte Bildweite (von der dritten brechenden Fläche an gerechnet) sei z.

Die Entfernung des vierten Bildes von der vierten brechenden Fläche, also die vierte Bildweite sei b.

Die Entfernung des leuchtenden Objectes A von der ersten brechenden Fläche (OA in Fig. 1.) sei a.

Die vier Bildweiten, insoweit sie von der Elongation unabhängig sind (d. h. also für $e = o$), seien x_0, y_0, z_0, b_0.

Die Abkürzungen x_1, y_1, z_1 bedeuten:

$$x_1 = x_0 - \delta; \quad y_1 = y_0 - h; \quad z_1 = z_0 - \varepsilon.$$

Weitere Abkürzungen sind:

$$\frac{x_0-\delta}{x_0} = \frac{x_1}{x_0} = \xi_0 \qquad \frac{y_0-h}{y_0} = \frac{y_1}{y_0} = \eta_0 \qquad \frac{z_0-\varepsilon}{z_0} = \frac{z_1}{z_0} = \zeta_0$$

$$\frac{x_0}{x_0-\delta} = \frac{x_0}{x_1} = \xi_1 \qquad \frac{y_0}{y_0-h} = \frac{y_0}{y_1} = \eta_1 \qquad \frac{z_0}{z_0-\varepsilon} = \frac{z_0}{z_1} = \zeta_1.$$

Es sei ferner:

$$(ra) = \frac{n_1-1}{2n_1^2}\left[\frac{1}{r_1}-\frac{1}{a}\right]\left(\frac{1}{r_1}-\frac{n_1+1}{a}\right) \qquad \overline{ra} = \frac{n_1-1}{2n_1^2}\left[\frac{1}{r_1}-\frac{1}{a}\right]^2\left(\frac{1}{r_1}-\frac{n_1+1}{a}\right)$$

$$(rx) = \frac{n_2-1}{2n_2^2}\left[\frac{1}{r_2}-\frac{1}{x_1}\right]\left(\frac{1}{r_2}-\frac{n_2+1}{x_1}\right) \qquad \overline{rx} = \frac{n_2-1}{2n_2^2}\left[\frac{1}{r_2}-\frac{1}{x_1}\right]^2\left(\frac{1}{r_2}-\frac{n_2+1}{x_1}\right)$$

$$(ry) = \frac{n_3-1}{2n_3^2}\left[\frac{1}{r_3}-\frac{1}{y_1}\right]\left(\frac{1}{r_3}-\frac{n_3+1}{y_1}\right) \qquad \overline{ry} = \frac{n_3-1}{2n_3^2}\left[\frac{1}{r_3}-\frac{1}{y_1}\right]^2\left(\frac{1}{r_3}-\frac{n_3+1}{y_1}\right)$$

$$(rz) = \frac{n_4-1}{2n_4^2}\left[\frac{1}{r_4}-\frac{1}{z_1}\right]\left(\frac{1}{r_4}-\frac{n_4+1}{z_1}\right) \qquad \overline{rz} = \frac{n_4-1}{2n_4^2}\left[\frac{1}{r_4}-\frac{1}{z_1}\right]^2\left(\frac{1}{r_4}-\frac{n_4+1}{z_1}\right)$$

Ferner:

$$(nan) = \frac{1}{4n_1^2}\left[\frac{1}{r_1}-\frac{1}{a}\right]\left(\frac{3-n_1}{r_1}+\frac{3n_1^2-3}{a}\right)$$

$$(nxn) = \frac{1}{4n_2^2}\left[\frac{1}{r_2}-\frac{1}{x_1}\right]\left(\frac{3-n_2}{r_2}+\frac{3n_2^2-3}{x_1}\right)$$

$$(nyn) = \frac{1}{4n_3^2}\left[\frac{1}{r_3} - \frac{1}{y_1}\right]\left(\frac{3-n_3}{r_3} + \frac{3n_3^2-3}{y_1}\right)$$

$$(nzn) = \frac{1}{4n_4^2}\left[\frac{1}{r_4} - \frac{1}{z_1}\right]\left(\frac{3-n_4}{r_4} + \frac{3n_4^2-3}{z_1}\right)$$

Weiter:

$$(an) = \frac{n_1-1}{2n_1^2}\left[\frac{1}{r_1} - \frac{1}{a}\right]\left(\frac{3n_1+3}{a} - \frac{n_1+3}{r_1}\right)$$

$$(xn) = \frac{n_2-1}{2n_2^2}\left[\frac{1}{r_2} - \frac{1}{x_1}\right]\left(\frac{3n_2+3}{x_1} - \frac{n_2+3}{r_2}\right)$$

$$(yn) = \frac{n_3-1}{2n_3^2}\left[\frac{1}{r_3} - \frac{1}{y_1}\right]\left(\frac{3n_3+3}{y_1} - \frac{n_3+3}{r_3}\right)$$

$$(zn) = \frac{n_4-1}{2n_4^2}\left[\frac{1}{r_4} - \frac{1}{z_1}\right]\left(\frac{3n_4+3}{z_1} - \frac{n_4+3}{r_4}\right).$$

Die erste Function (an) tritt in unseren Rechnungen gar nicht auf, wohl aber die folgenden. Uebrigens ist, wie ja auch aus der Entstehung hervorgeht:

$$(an) = \frac{\partial \overline{ra}}{\partial \frac{1}{a}}; \qquad (xn) = \frac{\partial \overline{rx}}{\partial \frac{1}{x_1}}; \qquad (yn) = \frac{\partial \overline{ry}}{\partial \frac{1}{y_1}}; \qquad (zn) = \frac{\partial \overline{rz}}{\partial \frac{1}{z_1}}.$$

Endlich noch:

$$\xi_0^2(r_1 r_2 x) = \left(\frac{1}{r_1} - \xi_0 \frac{1}{r_2}\right)\left(\frac{1}{x_0} - \frac{1}{4r_1} - \xi_0 \frac{1}{4r_2}\right)$$

$$\text{d. i. } (r_1 r_2 x) = \left(\frac{\xi_1}{r_1} - \frac{1}{r_2}\right)\left\{\frac{1}{x_1} - \frac{1}{4}\left[\frac{\xi_1}{r_1} + \frac{1}{r_2}\right]\right\}$$

$$\eta_0^2(r_2 r_3 y) = \left(\frac{1}{r_2} - \eta_0 \frac{1}{r_3}\right)\left(\frac{1}{y_0} - \frac{1}{4r_2} - \eta_0 \frac{1}{4r_3}\right)$$

$$\text{d. i. } (r_2 r_3 y) = \left(\frac{\eta_1}{r_2} - \frac{1}{r_3}\right)\left\{\frac{1}{y_1} - \frac{1}{4}\left[\frac{\eta_1}{r_2} + \frac{1}{r_3}\right]\right\}$$

$$\zeta_0^2(r_3 r_4 z) = \left(\frac{1}{r_3} - \zeta_0 \frac{1}{r_4}\right)\left(\frac{1}{z_0} - \frac{1}{4r_3} - \zeta_0 \frac{1}{4r_4}\right)$$

$$\text{d. i. } (r_3 r_4 z) = \left(\frac{\zeta_1}{r_3} - \frac{1}{r_4}\right)\left\{\frac{1}{z_1} - \frac{1}{4}\left[\frac{\zeta_1}{r_3} + \frac{1}{r_4}\right]\right\}.$$

Den ganzen Complex der in diesem Paragraphen 10 enthaltenen Definitionsgleichungen bezeichnen wir mit (11.).

Vgl. auch die in §§ 79 und 90 später hinzukommenden Abkürzungen.

§ 11.
Einsetzung der Functionszeichen in die Gleichung der zweiten Bildweite.

Durch Einführung der Abkürzungen in die Gleichung (10.), ferner durch Einsetzen von $\frac{1}{n_1}\overline{ra}$ anstatt l, und von $\frac{1}{n_1}\overline{ra}(nan)$ statt m (vgl. Gleichung (3.)) und eine geringfügige Gliederversetzung erhalten wir

$$(12.)\quad \begin{cases} \frac{1}{y} = \left(1-\frac{1}{n_2}\right)\frac{1}{r_2}+\frac{1}{n_2}\frac{1}{x_1}+e_1^2\left[\frac{\xi_1^2}{n_2 n_1}\overline{ra}+\frac{\xi_0^2}{n_2}\overline{rx}\right]+ \\ +e_1^4\left\{\frac{\xi_1^2}{n_2 n_1}\overline{ra}(nan)+\frac{\xi_0^4}{n_2}\overline{rx}(r_1 r_2 x)+\frac{1}{n_2 n_1}\overline{ra}(xn)+\frac{\xi_0^4}{n_2}\overline{rx}(nxn)+\right. \\ \left. +\delta\left(\frac{1}{n_2}\xi_1^3\frac{\overline{ra}^2}{n_1^2}-2\xi_0\frac{\overline{ra}}{n_1}\frac{\overline{rx}}{n_2}\right)\right\}+\cdots \end{cases}$$

Abermals abgekürzte Schreibung dieser Gleichung:

$$\frac{1}{y} = \frac{1}{y_0}+\lambda . e_1^2+\mu . e_1^4+\cdots$$

wo

$$\frac{1}{y_0} = \left(1-\frac{1}{n_2}\right)\frac{1}{r_2}+\frac{1}{n_2}\frac{1}{x_1}; \quad \lambda = [\,]; \quad \mu = \{\,\}.$$

Es entspricht unserem Zwecke zur Genüge, dass die Entwickelung eben nur in der angegebenen Ausdehnung, d. h. bis zur 4. Potenz von e_1 durchgeführt worden ist. Ja in den meisten Fällen wird uns schon die Kenntniss des Coefficienten von e_1^2 vollständig genügen. Später wird gezeigt werden, wie man auf trigonometrischem Wege die Vereinigungsweite für die einer beliebigen Sehne e entsprechenden Zonenstrahlen ganz exact berechnen kann. Die dazu dienlichen Formeln reichen jedoch zur Erlangung unseres Zieles keineswegs aus, welches dahin geht, anzugeben, welche Krümmungshalbmesser (r_1, r_2, r_3, r_4) die beiden Linsengläser, aus welchen man achromatische Objective zusammenzusetzen pflegt, erhalten müssen, damit die sphärische Abweichung so gering als möglich ausfalle, und aufserdem die bei jeder Strahlenbrechung eintretende Farbenzerstreuung bis zu einem für das Auge nicht mehr bemerkbaren Grade ermäfsigt werde. Hierzu bedürfen wir der Reihenentwickelung nach Potenzen von e_1, und vorzugsweise des Coefficienten der niedrigsten vorkommenden Potenz e_1^2.

Hinzutritt einer zweiten Linse. (§§ 12—13.)

§. 12.

Gleichung für die dritte Bildweite.

Lässt man den aus der ersten Linse heraustretenden, bereits zweimal gebrochenen Strahl nunmehr auf eine in der Regel nicht weit hinter der ersten auf dieselbe Axe „aufgezogene“ zweite Linse treffen, so wird er noch eine dritte und vierte Brechung erleiden, und es werden, wie bisher, die gleichwertigen Zonenstrahlen (d. h. alle diejenigen, welche einer und derselben ursprünglichen Elongation entsprechen) auch nach der dritten und vierten Brechung jedesmal nach einem und demselben Punkt der Axe hinzielen, oder — wenn sie etwa divergent weiter gehen — von einem und demselben Punkte der Axe herzukommen scheinen.

Zunächst die dritte Brechung anlangend, so dient das zweite Bild, dessen Entfernung von dem Pole der zweiten brechenden Fläche gleich y ist, als Object. Da wir nun (siehe die Gleichung (11.)) den Zwischenraum oder Hiatus zwischen den beiden (— gewöhnlich so dicht als möglich hinter einander aufgestellten —) Linsen mit h bezeichnen, so ist die Entfernung des zweiten Bildes Y von dem Pole der dritten brechenden Fläche gleich $y—h$; das neue Brechungsverhältniss $n_3:1$; der neue Radius r_3; die neue, jetzt in Rechnung zu nehmende Elongation e_3; die gesuchte Entfernung des dritten Bildes Z von dem Pole der dritten brechenden Fläche bezeichnen wir mit z.

Nach diesen Festsetzungen wird es uns leicht, die Unbekannte z, oder deren Reciprocum $\frac{1}{z}$ zunächst wenigstens in eine Gleichung zu fassen, deren weitere Umformung dann freilich etwas beschwerlicher werden wird. Wir bilden die Gleichung nach dem Vorbilde von (3.) wie folgt:

$$(13.)\quad \left\{\begin{aligned} \frac{1}{z} &= \left(1-\frac{1}{n_3}\right)\frac{1}{r_3}+\frac{1}{n_3}\frac{1}{y-h}+e_3^2\left\{\frac{n_3-1}{2n_3^3}\left(\frac{1}{r_3}-\frac{1}{y-h}\right)^2\left(\frac{1}{r_3}-\frac{n_3+1}{y-h}\right)\right\}+\\ &\quad +e_3^4\cdot\left(J\cdot\frac{1}{4n_3^2}\left(\frac{1}{r_3}-\frac{1}{y-h}\right)\left(\frac{3-n_3}{r_3}+\frac{3n_3^2-3}{y-h}\right)\right)+\cdots \end{aligned}\right.$$

worin J soviel bedeutet wie den in $\{\}$ eingeschlossenen Coefficienten von e_3^2.

Wir bilden nun die Gleichung für $\frac{1}{y-h}$ nach dem Muster der

Gleichung (6.), und mit Benutzung der Abkürzungszeichen in (11.):

$$(14.)\qquad \frac{1}{y-h}=\frac{1}{y_1}+\eta_1^2\lambda e_1^2+(\eta_1^2\mu+h.\eta_1^3\lambda^2)e_1^4+\cdots,$$

worin λ den Coefficienten von e_1^2, und μ den von e_1^4 in Gleichung (12.) bedeutet.

Ferner ist nach dem Vorbilde von Gleichung (7.):

$$(15.)\qquad \begin{cases} \left(\frac{1}{r_3}-\frac{1}{y-h}\right)^2\left(\frac{1}{r_3}-\frac{n_3+1}{y-h}\right)= \\ =\left[\frac{1}{r_3}-\frac{1}{y_1}\right]^2\left(\frac{1}{r_3}-\frac{n_3+1}{y_1}\right)+\left[\frac{1}{r_3}-\frac{1}{y_1}\right]\left(\frac{3n_3+3}{y_1}-\frac{n_3+3}{r_3}\right)\eta_1^2\lambda.e_1^2. \end{cases}$$

In dem Coefficienten von e_3^4 in Gleichung (13.) haben wir an Stelle von $\frac{1}{y-h}$ ohne weiteres zu schreiben $\frac{1}{y_0-h}$, d. i. $\frac{1}{y_1}$, da wir doch die Entwickelung nur bis zu dem mit e_1^4 behafteten Gliede ausführen.

So erhalten wir unter Benutzung der Abkürzungen in (11.):

$$(16.)\qquad \begin{cases} \frac{1}{z}=\left(1-\frac{1}{n_3}\right)\frac{1}{r_3}+\frac{1}{n_3}\frac{1}{y_1}+\frac{1}{n_3}\eta_1^2\lambda e_1^2+\frac{1}{n_3}(\eta_1^2\mu+h.\eta_1^3\lambda^2)e_1^4+ \\ \quad +\frac{1}{n_3}\overline{ry}e_3^2+\frac{1}{n_3}(yn)\eta_1^2\lambda e_1^2e_3^2+\frac{1}{n_3}\overline{ry}(nyn)e_3^4+\cdots. \end{cases}$$

Aus dieser Gleichung muss zunächst noch e_3 weggeschafft, d. h. schliefslich durch e_1 ausgedrückt werden. Wir führen zunächst e_3 auf e_2 zurück, ähnlich wie wir oben durch die Gleichung (9.) e_2 auf e_1 zurückgeführt haben. Hier ist die Stelle — und eine ähnliche kehrt später wieder —, an welcher man leicht ein kleines Versehen begehen kann. Denn wenn man nach Analogie von (9.) eine Gleichung für e_3^2 bildet, erhält man:

$$\eta_0^2.e_2^2+\left(-2\eta_0h\lambda+\eta_0^2\left(\frac{1}{r_2}-\eta_0\frac{1}{r_3}\right)\left(\frac{1}{y_0}-\frac{1}{4r_2}-\eta_0\frac{1}{4r_3}\right)\right).e_2^4.$$

Und doch ist dies fehlerhaft, denn die Gleichung (9.) entsprang aus der nach Potenzen von e_1 entwickelten Gleichung für $\frac{1}{x}$, welche war

$$\frac{1}{x}=\frac{1}{x_0}+l.e_1^2+me_1^4+\cdots.$$

Ebenso müssen wir jetzt aus einer nach Potenzen von e_2 (nicht e_1) geordneten Gleichung für $\frac{1}{y}$ die gewünschte Gleichung für e_3^2 herleiten. Es ist nach Potenzen von e_1:

$$\frac{1}{y}=\frac{1}{y_0}+\lambda e_1^2+\mu e_1^4+\cdots$$

und nach Potenzen von e_2:

$$\frac{1}{y} = \frac{1}{y_0} + \lambda \xi_1^2 e_2^2 + \cdots,$$

(weil nämlich nach Gleichung (9.) $e_2^2 = \xi_0^2 e_1^2 + \cdots$, folglich $e_1^2 = \xi_1^2 e_2^2 + \cdots$ ist).

Hieraus ersieht man, dass in obigem Ausdrucke, damit er richtig werde, zu λ noch der Factor ξ_1^2 hinzugefügt werden muss. Es ist also mit Rücksicht auf (11.):

$$e_3^2 = \eta_0^2 e_2^2 + (-h.2\eta_0 \xi_1^2 \lambda + \eta_0^4 (r_2 r_3 y)) e_2^4 + \cdots$$

Daher nach Gleichung (9.)

$$(17.) \quad \begin{cases} e_3^2 = \eta_0^2 \xi_0^2 . e_1^2 + (\eta_0^2 \xi_0^4 (r_1 r_2 x) + \eta_0^4 \xi_0^4 (r_2 r_3 y)) . e_1^4 - \\ \qquad - 2\delta \eta_0^2 \xi_0 l e_1^4 - 2h \eta_0 \xi_0^2 \lambda e_1^4 + \cdots \\ \text{und} \qquad e_3^4 = \eta_0^4 \xi_0^4 e_1^4 + \cdots \end{cases}$$

Setzen wir diese Werte in die Gleichung (16.) ein, so verwandelt sich dieselbe nach einigen geringfügigen Reductionen und teilweiser Beseitigung von l, λ, μ nach Maßgabe der Gleichungen (3.) und (12.) (— denn an einigen Stellen trägt es zur leichteren Uebersicht bei, wenigstens l und λ vorläufig noch beizubehalten —) in die folgende:

$$(18.) \quad \frac{1}{z} = \frac{1}{z_0} + L' e_1^2 + M' e_1^4 + \cdots$$

worin

$$\frac{1}{z_0} = \left(1 - \frac{1}{n_3}\right) \frac{1}{r_3} + \frac{1}{n_3} \frac{1}{y_1},$$

$$L' = \frac{\eta_1^2 \xi_1^2}{n_3 n_2 n_1} \overline{ra} + \frac{\eta_1^2 \xi_0^2}{n_3 n_2} \overline{rx} + \frac{\eta_0^2 \xi_0^2}{n_3} \overline{ry},$$

$$M' = \begin{cases} \frac{\eta_1^2 \xi_1^2}{n_3 n_2 n_1} \overline{ra}(nan) + \frac{\eta_1^2 \xi_0^4}{n_3 n_2} \overline{rx}(nxn) + \frac{\eta_0^4 \xi_0^4}{n_3} \overline{ry}(nyn) + \\ + \left(\frac{\eta_1^2 \xi_0^4}{n_3 n_2} \overline{rx} + \frac{\eta_0^2 \xi_0^4}{n_3} \overline{ry} \right) (r_1 r_2 x) + \frac{\eta_0^4 \xi_0^4}{n_3} \overline{ry} (r_2 r_3 y) + \\ + \frac{\eta_1^2}{n_3 n_2 n_1} \overline{ra}(xn) + \frac{\xi_0^2}{n_3} \left(\frac{\xi_1^2}{n_2 n_1} \overline{ra} + \frac{\xi_0^2}{n_2} \overline{rx} \right) (yn) + \\ + \delta \left(\frac{\eta_1^2 \xi_1^3}{n_3 n_2} l^2 - 2 \frac{\eta_1^2 \xi_0}{n_3 n_2} l \overline{rx} - 2 \frac{\eta_0^2 \xi_0}{n_3} l \overline{ry} \right) + \\ + h \left(\frac{\eta_1^3}{n_3} \lambda^2 - 2 \frac{\eta_0 \xi_0^2}{n_3} \lambda \overline{ry} \right). \end{cases}$$

§ 13.
Gleichung für die vierte Bildweite.

Wir gehen nun über zu der Entwickelung der Gleichung für $\frac{1}{b}$.

Nach dem Muster von (3.) bilden wir:

$$(19.)\quad \begin{cases} \dfrac{1}{b} = \left(1-\dfrac{1}{n_4}\right)\dfrac{1}{r_4}+\dfrac{1}{n_4}\,\dfrac{1}{z-\varepsilon}+ \\ +\dfrac{1}{n_4}\left(\dfrac{n_4-1}{2n_4^2}\left(\dfrac{1}{r_4}-\dfrac{1}{z-\varepsilon}\right)^2\left(\dfrac{1}{r_4}-\dfrac{n_4+1}{z-\varepsilon}\right)\right)\cdot e_4^2+\dfrac{1}{n_4}\overline{rz}(nzn).e_4^4+\cdots \end{cases}$$

In dem Coefficienten von e_4^4 ist gleich anstatt z gesetzt z_0, also $z_0-\varepsilon$ anstatt $z-\varepsilon$ (vgl. das zu Gleichung (15.) Gesagte).

Ferner bilden wir nach dem Muster von (6.):

$$(20.)\quad \begin{cases} \dfrac{1}{z-\varepsilon} = \dfrac{1}{z_1}+\zeta_1^2 L'e_1^2+(\zeta_1^2 M'+\varepsilon.\zeta_1^3 L'^2)e_1^4+\cdots, \\ \text{und nach dem Muster von (7.):} \\ \dfrac{n_4-1}{2n_4^2}\left(\dfrac{1}{r_4}-\dfrac{1}{z-\varepsilon}\right)^2\left(\dfrac{1}{r_4}-\dfrac{n_4+1}{z-\varepsilon}\right) = \overline{rz}+\zeta_1^2 L'(zn).e_1^2+\cdots. \end{cases}$$

Hieraus erhalten wir:

$$(21.)\quad \begin{cases} \dfrac{1}{b} = \left(1-\dfrac{1}{n_4}\right)\dfrac{1}{r_4}+\dfrac{1}{n_4}\,\dfrac{1}{z_1}+\dfrac{1}{n_4}\zeta_1^2 L'.e_1^2+\dfrac{1}{n_4}(\zeta_1^2 M'+\varepsilon\zeta_1^3 L'^2)e_1^4+ \\ \qquad +\dfrac{1}{n_4}\overline{rz}.e_4^2+\dfrac{1}{n_4}\zeta_1^2 L'(zn).e_1^2 e_4^2+\dfrac{1}{n_4}\overline{rz}(nzn).e_4^4+\cdots. \end{cases}$$

Und nun muss zunächst e_4 durch e_3 ausgedrückt werden, wobei wir von der Gleichung

$$\frac{1}{z} = \frac{1}{z_0}+\xi_1^2\eta_1^2 L'e_3^2+\cdots$$

auszugehen haben, da nämlich $e_1^2 = \xi_1^2.e_2^2+\cdots$; $e_2^2 = \eta_1^2.e_3^2+\cdots$, folglich $e_1^2 = \xi_1^2\eta_1^2.e_3^2$ ist. — So erhalten wir nach dem Muster von (9.):

$$e_4^2 = \zeta_0^2 e_3^2+(-\varepsilon.2\zeta_0\xi_1^2\eta_1^2 L'+\zeta_0^4(r_3 r_4 z))e_3^4+\cdots,$$

und setzen hier hinein die in Gleichung (17.) schon nach Potenzen von e_1 entwickelten Werte für e_3^2 und e_3^4, wornach folgt:

$$(22.)\quad \begin{cases} e_4^2 = \zeta_0^2\eta_0^2\xi_0^2 e_1^2+(\zeta_0^2\eta_0^2\xi_0^4(r_1 r_2 x)+\zeta_0^2\eta_0^4\xi_0^4(r_2 r_3 y)+\zeta_0^4\eta_0^4\xi_0^4(r_3 r_4 z))e_1^4- \\ \qquad -2\delta\zeta_0^2\eta_0^2\xi_0 l e_1^4-2h\zeta_0^2\eta_0\xi_0^2\lambda e_1^4-2\varepsilon\zeta_0\eta_0^2\xi_0^2 L'e_1^4\pm\cdots, \\ \text{so wie auch} \\ e_4^4 = \zeta_0^4\eta_0^4\xi_0^4 e_1^4+\cdots. \end{cases}$$

So erhält man schliefslich nach gehöriger Substitution, Reduction und Anordnung, jedoch unter Beibehaltung von l, λ und L' in denjenigen Ausdrücken, welche in δ, h oder ε multipliciert erscheinen, für die vierte Bildweite b, oder vielmehr deren Reciprocum die folgende Gleichung:

$$\text{(23.)} \qquad \frac{1}{b} = \frac{1}{b_0} + C.e_1^2 + D.e_1^4 + \cdots,$$

worin

$$\frac{1}{b_0} = \left(1 - \frac{1}{n_4}\right)\frac{1}{r_4} + \frac{1}{n_4}\,\frac{1}{z_1},$$

ferner

$$C = \frac{\zeta_1^2\eta_1^2\xi_1^2}{n_4 n_3 n_2 n_1}\,\overline{ra} + \frac{\zeta_1^2\eta_1^2\xi_0^2}{n_4 n_3 n_2}\,\overline{rx} + \frac{\zeta_1^2\eta_0^2\xi_0^2}{n_4 n_3}\,\overline{ry} + \frac{\zeta_0^2\eta_0^2\xi_0^2}{n_4}\,\overline{rz}.$$

Und ferner:

$$D = \left\{\begin{aligned}
&\frac{\zeta_1^2\eta_1^2\xi_1^2}{n_4 n_3 n_2 n_1}\,\overline{ra}(nan) + \frac{\zeta_1^2\eta_1^2\xi_0^2}{n_4 n_3 n_2}\,\overline{rx}\,\xi_0^2(nxn) + \frac{\zeta_1^2\eta_0^2\xi_0^2}{n_4 n_3}\,\overline{ry}\,\eta_0^2\xi_0^2(nyn) + \\
&\qquad\qquad + \frac{\zeta_0^2\eta_0^2\xi_0^2}{n_4}(rz)\zeta_0^2\eta_0^2\xi_0^2(nzn) + \\
&+ \xi_0^2\left(\frac{\zeta_1^2\eta_1^2\xi_0^2}{n_4 n_3 n_2}\,\overline{rx} + \frac{\zeta_1^2\eta_0^2\xi_0^2}{n_4 n_3}\,\overline{ry} + \frac{\zeta_0^2\eta_0^2\xi_0^2}{n_4}\,\overline{rz}\right)(r_1 r_2 x) + \\
&+ \eta_0^2\xi_0^2\left(\frac{\zeta_1^2\eta_0^2\xi_0^2}{n_4 n_3}\,\overline{ry} + \frac{\zeta_0^2\eta_0^2\xi_0^2}{n_4}\,\overline{rz}\right)(r_2 r_3 y) + \\
&+ \zeta_0^2\eta_0^2\xi_0^2\,\frac{\zeta_0^2\eta_0^2\xi_0^2}{n_4}\,\overline{rz}(r_3 r_4 z) + \\
&+ \xi_0^2\,\frac{\zeta_1^2\eta_1^2\xi_1^2}{n_4 n_3 n_2 n_1}\,\overline{ra}(xn) + \\
&+ \eta_0^2\xi_0^2\left(\frac{\zeta_1^2\eta_1^2\xi_1^2}{n_4 n_3 n_2 n_1}\,\overline{ra} + \frac{\zeta_1^2\eta_1^2\xi_0^2}{n_4 n_3 n_2}\,\overline{rx}\right)(yn) + \\
&+ \zeta_0^2\eta_0^2\xi_0^2\left(\frac{\zeta_1^2\eta_1^2\xi_1^2}{n_4 n_3 n_2 n_1}\,\overline{ra} + \frac{\zeta_1^2\eta_1^2\xi_0^2}{n_4 n_3 n_2}\,\overline{rx} + \frac{\zeta_1^2\eta_0^2\xi_0^2}{n_4 n_3}\,\overline{ry}\right)(zn) + \\
&+ \delta\cdot\left(\frac{\zeta_1^2\eta_1^2\xi_1^3}{n_4 n_3 n_2}\,l^2 - 2\,\frac{\zeta_1^2\eta_1^2\xi_0}{n_4 n_3 n_2}\,l.\overline{rx} - 2\,\frac{\zeta_1^2\eta_0^2\xi_0}{n_4 n_3}\,l.\overline{ry} - 2\,\frac{\zeta_0^2\eta_0^2\xi_0}{n_4}\,l.\overline{rz}\right) + \\
&+ h\cdot\left(\frac{\zeta_1^2\eta_1^3}{n_4 n_3}\,\lambda^2 - 2\,\frac{\zeta_1^2\eta_0\xi_0^2}{n_4 n_3}\,\lambda.\overline{ry} - 2\,\frac{\zeta_0^2\eta_0\xi_0^2}{n_4}\,\lambda.\overline{rz}\right) + \\
&+ \varepsilon\cdot\left(\frac{\zeta_1^3}{n_4}\,L'^2 - 2\,\frac{\zeta_0\eta_0^2\xi_0^2}{n_4}\,L'.\overline{rz}\right).
\end{aligned}\right.$$

Somit sind denn die Oerter der vier Bilder in der von uns gewünschten Weise in Gleichungen dargestellt. Die Herleitung aus der ersten Fundamentalgleichung (1.) ist allerdings nicht eben einfach zu nennen, indessen durften wir von vorn herein auf eine leichte Entwickelung und auf einfache, handliche Formeln kaum rechnen, wenn wir bedachten, dass in den Schlussgleichungen notwendigerweise alle die Constanten

$$a \quad r_1 \quad r_2 \quad r_3 \quad r_4 \quad \delta \quad h \quad \varepsilon \quad n_1 \quad n_2 \quad n_3 \quad n_4,$$

der Anzahl nach zwölf, und außerdem die Potenzen der Elongation erscheinen mussten. Die Verschlingung, ja Ineinanderwirrung aller dieser Gröfsen ist eine so hochgradige, dass ohne Einführung der Funtionszeichen des § 10 man kaum im Stande sein würde, einige Ordnung und Regelmäfsigkeit in den vielgliederigen Ausdrücken aufzufinden. Einen nicht geringen Teil der Schuld tragen die drei in der Regel kleinen (— und darum so gern und so oft vernachlässigten —) Gröfsen δ, h, ε; die Mafse der Glasdicken und des Hiatus. Denn von ihnen rüren die Coefficienten ξ, η, ζ her, welche sich überall eindrängen, und deren beständige Beachtung während der ganzen Herleitung die meiste Aufmerksamkeit in Anspruch nahm. Einen in die Augen springenden praktischen Nutzen der strengen Rücksichtnahme auf die Coefficienten ξ, η, ζ werden wir wenigstens bezüglich der beiden Anfangsglieder $\left(\frac{1}{b_0} \text{ und } C.e_1^2\right)$ kennen zu lernen weiter unten durchweg Gelegenheit haben, was von dem Coefficienten D in etwas geringerem Mafse gilt. Vor allem war das theoretische Interesse für eine vollkommen exacte Darstellung auch des Coefficienten D ein so hervorragendes, dass die aus der genauen Beachtung jener zudringlichen Coefficienten entspringende Mühe nicht gescheut werden durfte. — Auch haben wir uns sonst in keiner Weise irgend welche Auslassung oder Nichtbeachtung kleiner Gröfsen (— selbstverständlich, so weit es sich eben nur um höchstens die vierte Potenz der Elongation handelt —) erlaubt, vielmehr bieten die dargestellten Schlussgleichungen (3.), (12.), (18.), (23.) für $\frac{1}{x}, \frac{1}{y}, \frac{1}{z}, \frac{1}{b}$ die ganz streng richtigen Ausdrücke für die drei Anfangsglieder der nach geraden Potenzen von e_1 fortschreitenden unendlichen Reihen. Ja dies gilt auch noch für den Fall, wenn etwa eine oder mehrere der Gröfsen δ, h, ε so grofs angenommen würden, dass man sie nicht mehr als relativ klein ansehen könnte, was z. B. bei den dialytischen Objectiven bezüglich des h eintritt. —

Natürlich wäre die ganze Entwickelung bei weitem kürzer und einfacher ausgefallen, wenn wir gleich von vorn herein auf die Kenntniss des Coefficienten D hätten Verzicht leisten wollen. Wir könnten eine solche abgekürzte Entwickelung, ganz von vorn anfangend, auf einigen wenigen Seiten darstellen, unterlassen es aber, da es nunmehr doch nur auf eine teilweise Wiederholung des schon Abgemachten hinauskommen würde.

Uebrigens wollen wir die zuletzt gefundene Gleichung (23.) nicht verlassen, ohne sie auf eine für die numerische Berechnung möglichst bequeme Form gebracht zu haben. Zu dem Ende bezeichnen wir die vier einzelnen Bestandteile des Coefficienten C der Reihe nach mit $\mathfrak{a}$, $\mathfrak{x}$, $\mathfrak{y}$, $\mathfrak{z}$, so dass:

$$(24.)\quad \frac{\zeta_1^2\eta_1^2\xi_1^2}{n_4n_3n_2n_1}\overline{r}a=\mathfrak{a};\quad \frac{\zeta_1^2\eta_1^2\xi_0^2}{n_4n_3n_2}\overline{r}x=\mathfrak{x};\quad \frac{\zeta_1^2\eta_0^2\xi_0^2}{n_4n_3}\overline{r}y=\mathfrak{y};\quad \frac{\zeta_0^2\eta_0^2\xi_0^2}{n_4}\overline{r}z=\mathfrak{z}$$

ist; und

$$C=\mathfrak{a}+\mathfrak{x}+\mathfrak{y}+\mathfrak{z}.$$

In (23.) ist der nächst höhere Coefficient D dargestellt in zehn Zeilen, von denen die erste durch Einführung von $\mathfrak{a}$, $\mathfrak{x}$, $\mathfrak{y}$, $\mathfrak{z}$ sich kürzer schreiben lässt. — Die zweite und fünfte Zeile lassen sich zusammenfassen und geben $+\mathfrak{a}\xi_0^2\{(xn)-(r_1r_2x)\}+C(r_1r_2x)\xi_0^2$. So ähnlich auch die dritte mit der sechsten, und die vierte mit der siebenten. — Bei der achten, neunten und zehnten Zeile muss man auf die Bedeutungen von l, λ, L', welche in (3.), (12.), (18.) angegeben sind, zurückgehen*), überall aber möglichst häufig C einzuführen suchen. So erhalten wir die Gleichung in folgender neuen Gestalt

$$(25.)\quad \frac{1}{b}=\frac{1}{b_0}+C.e_1^2+D.e_1^4+\cdots,$$

worin

$$\frac{1}{b_0}=\left(1-\frac{1}{n_4}\right)\frac{1}{r_4}+\frac{1}{n_4}\frac{1}{z_1}$$

$$C=\frac{\zeta_1^2\eta_1^2\xi_1^2}{n_4n_3n_2n_1}\overline{r}a+\frac{\zeta_1^2\eta_1^2\xi_0^2}{n_4n_3n_2}\overline{r}x+\frac{\zeta_1^2\eta_0^2\xi_0^2}{n_4n_3}\overline{r}y+\frac{\zeta_0^2\eta_0^2\xi_0^2}{n_4}\overline{r}z$$

$$\text{d. i.}\quad \mathfrak{a}\quad+\quad\mathfrak{x}\quad+\quad\mathfrak{y}\quad+\quad\mathfrak{z}.$$

Ferner

$$D=\begin{cases}\mathfrak{a}.(nan)+\mathfrak{x}.\xi_0^2(nxn)+\mathfrak{y}.\eta_0^2\xi_0^2(nyn)+\mathfrak{z}.\zeta_0^2\eta_0^2\xi_0^2(nzn)+ \\ +\mathfrak{a}\{\xi_0^2(xn)-\xi_0^2(r_1r_2x)\} \qquad +C\xi_0^2(r_1r_2x)+ \\ +(\mathfrak{a}+\mathfrak{x})\{\eta_0^2\xi_0^2(yn)-\eta_0^2\xi_0^2(r_2r_3y)\} \qquad +C\eta_0^2\xi_0^2(r_2r_3y)+ \\ +\mathfrak{z}\{\zeta_0^2\eta_0^2\xi_0^2(r_3r_4z)-\zeta_0^2\eta_0^2\xi_0^2(zn)\} \qquad +C.\zeta_0^2\eta_0^2\xi_0^2(zn)+ \\ +\delta.\zeta_0^2\eta_0^2\xi_0n_4n_3n_2.3\mathfrak{a}^2 \qquad -C.\delta.\zeta_0^2\eta_0^2\xi_0n_4n_3n_2.2\mathfrak{a}+ \\ +h.\zeta_0^2\eta_0n_4n_3.3(\mathfrak{a}+\mathfrak{x})^2 \qquad -C.h.\zeta_0^2\eta_0n_4n_3.2(\mathfrak{a}+\mathfrak{x})+ \\ +\varepsilon.\zeta_0n_4.3\mathfrak{z}^2 \qquad -C.\varepsilon\zeta_0n_4.4\mathfrak{z}+C^2.\varepsilon.\zeta_0n_4.\end{cases}$$

Da in den von uns zu betrachtenden Fällen die drei untersten Zeilen in D wegen relativer Kleinheit von δ, h und ε beinahe immer vernachlässigt werden können, da ferner in der Regel $C=0$ sein wird, so gestaltet sich, wie man sieht, die numerische Berechnung des D schließlich doch noch ziemlich einfach.

---

*) $l=n_4n_3n_2\zeta_0^2\eta_0^2\xi_0^2\mathfrak{a}$; $\lambda=n_4n_3\zeta_0^2\eta_0^2(\mathfrak{a}+\mathfrak{x})$; $L'=\zeta_0^2n_4(C-\mathfrak{z})$.

§ 14.
Uebersichtliche Zusammenstellung

unter Beschränkung auf die niedrigste Potenz der Elongation, sodann auch auf das absolute (d. i. Anfangs-) Glied.

Nach dem Muster der Gleichung (3.) ist

$$
(26.)\quad \begin{cases}
\dfrac{1}{x} = \left(1-\dfrac{1}{n_1}\right)\dfrac{1}{r_1}+\dfrac{1}{n_1}\,\dfrac{1}{a} \quad + \dfrac{\overline{ra}}{n_1}\cdot e_1^2+\cdots \\[2ex]
\dfrac{1}{y} = \left(1-\dfrac{1}{n_2}\right)\dfrac{1}{r_2}+\dfrac{1}{n_2}\,\dfrac{1}{x-\delta} \quad + \dfrac{\overline{rx}}{n_2}\cdot e_2^2+\cdots \\[2ex]
\dfrac{1}{z} = \left(1-\dfrac{1}{n_3}\right)\dfrac{1}{r_3}+\dfrac{1}{n_3}\,\dfrac{1}{y-h} \quad + \dfrac{\overline{ry}}{n_3}\cdot e_3^2+\cdots \\[2ex]
\dfrac{1}{b} = \left(1-\dfrac{1}{n_4}\right)\dfrac{1}{r_4}+\dfrac{1}{n_4}\,\dfrac{1}{z-\varepsilon} \quad + \dfrac{\overline{rz}}{n_4}\cdot e_4^2+\cdots
\end{cases}
$$

Oder, was dasselbe ist:

$$
(27.)\quad \begin{cases}
n_1\dfrac{\dfrac{1}{r_1}-\dfrac{1}{x}}{\dfrac{1}{r_1}-\dfrac{1}{a}} = 1-\dfrac{\overline{ra}}{\dfrac{1}{r_1}-\dfrac{1}{a}}\cdot e_1^2+\cdots = 1-(ra)e_1^2+\cdots \\[4ex]
n_2\dfrac{\dfrac{1}{r_2}-\dfrac{1}{y}}{\dfrac{1}{r_2}-\dfrac{1}{x-\delta}} = 1-\dfrac{\overline{rx}}{\dfrac{1}{r_2}-\dfrac{1}{x_0-\delta}}\cdot e_2^2+\cdots = 1-(rx)e_2^2+\cdots \\[4ex]
n_3\dfrac{\dfrac{1}{r_3}-\dfrac{1}{z}}{\dfrac{1}{r_3}-\dfrac{1}{y-h}} = 1-\dfrac{\overline{ry}}{\dfrac{1}{r_3}-\dfrac{1}{y_0-h}}\cdot e_3^2+\cdots = 1-(ry)e_3^2+\cdots \\[4ex]
n_4\dfrac{\dfrac{1}{r_4}-\dfrac{1}{b}}{\dfrac{1}{r_4}-\dfrac{1}{z-\varepsilon}} = 1-\dfrac{\overline{rz}}{\dfrac{1}{r_4}-\dfrac{1}{z_0-\varepsilon}}\cdot e_4^2+\cdots = 1-(rz)e_4^2+\cdots
\end{cases}
$$

Aus (27.) folgt durch Zusammenmultiplicieren und unter Auslassung der höheren Potenzen der Elongationen:

rechts $1-(ra)e_1^2-(rx)e_2^2-(ry)e_3^2-(rz)e_4^2\mp\cdots$, und wenn

$$
(28.)\quad \begin{cases}
(ra)e_1^2+(rx)e_2^2+(ry)e_3^2+(rz)e_4^2 = P \text{ gesetzt wird, erlangt man:} \\[2ex]
\dfrac{\dfrac{1}{r_1}-\dfrac{1}{x}}{\dfrac{1}{r_2}-\dfrac{1}{x-\delta}}\,\dfrac{\dfrac{1}{r_2}-\dfrac{1}{y}}{\dfrac{1}{r_3}-\dfrac{1}{y-h}}\,\dfrac{\dfrac{1}{r_3}-\dfrac{1}{z}}{\dfrac{1}{r_3}-\dfrac{1}{z-\varepsilon}}\,\dfrac{\dfrac{1}{r_4}-\dfrac{1}{b}}{\dfrac{1}{r_1}-\dfrac{1}{a}} = \dfrac{1-P}{n_1n_2n_3n_4}\pm\cdots,
\end{cases}
$$

wovon im zweiten Teile Anwendung gemacht werden wird.

Auch in folgender Gestalt werden die Gleichungen angewandt:

$$
(29.)\quad\left\{\begin{aligned}
\frac{1}{x} &= \frac{1}{x_0} + \frac{\overline{ra}}{n_1} e_1^2 + \cdots, \quad \text{auch so bezeichnet: } = \frac{1}{x_0} + \varDelta \frac{1}{x_0} \\
\frac{1}{y} &= \frac{1}{y_0} + \frac{\xi_1^2}{n_2 n_1} \overline{ra}\, e_1^2 + \frac{1}{n_2} \overline{rx}\, e_2^2 + \cdots = \frac{1}{y_0} + \varDelta \frac{1}{y_0} \\
\frac{1}{z} &= \frac{1}{z_0} + \frac{\eta_1^2 \xi_1^2}{n_3 n_2 n_1} \overline{ra}\, e_1^2 + \frac{\eta_1^2}{n_3 n_2} \overline{rx}\, e_2^2 + \frac{1}{n_3} \overline{ry}\, e_3^2 + \cdots \\
&= \frac{1}{z_0} + \varDelta \frac{1}{z_0} \\
\frac{1}{b} &= \frac{1}{b_0} + \frac{\zeta_1^2 \eta_1^2 \xi_1^2}{n_4 n_3 n_2 n_1} \overline{ra}\, e_1^2 + \frac{\zeta_1^2 \eta_1^2}{n_4 n_3 n_2} \overline{rx}\, e_2^2 + \frac{\zeta_1^2}{n_4 n_3} \overline{ry}\, e_3^2 + \frac{1}{n_4} \overline{rz}\, e_4^2 + \cdots \\
&\text{oder } = \frac{1}{b_0} + \varDelta \frac{1}{b_0}.
\end{aligned}\right.
$$

Bei den Gleichungen (26.) bis (29.) ist wohl darauf zu achten, dass x, y, z, b überall, wo sie ohne Marke stehen, nicht constant, sondern von den Elongationen abhängig sind. Die Gleichungen der Gruppe (29.) sind aus Gruppe (26.) in der Weise hergeleitet, dass ganz unentschieden geblieben ist, wie die successiven Elongationen e_1, e_2, e_3, e_4 von einander abhängen.

Führt man aber vermöge der Relationen in (9.), (17.) und (22.)

$$e_2^2 = \xi_0^2 e_1^2 + \cdots;\; e_3^2 = \eta_0^2 e_2^2 + \cdots = \eta_0^2 \xi_0^2 e_1^2 + \cdots;\; e_4^2 = \zeta_0^2 e_3^2 + \cdots = \zeta_0^2 \eta_0^2 \xi_0^2 e_1^2 + \cdots$$

überall e_1^2 ein, so gestalten sich die Gleichungen folgendermaſsen:

$$
(30.)\quad\left\{\begin{aligned}
\frac{1}{x} &= \left(1 - \frac{1}{n_1}\right) \frac{1}{r_1} + \frac{1}{n_1} \frac{1}{a} \quad + \frac{\overline{ra}}{n_1} e_1^2 + \cdots \\
\frac{1}{y} &= \left(1 - \frac{1}{n_2}\right) \frac{1}{r_2} + \frac{1}{n_2} \frac{1}{x_1} \quad + \left(\xi_1^2 \frac{\overline{ra}}{n_2 n_1} + \xi_0^2 \frac{\overline{rx}}{n_2}\right) e_1^2 + \cdots \\
\frac{1}{z} &= \left(1 - \frac{1}{n_3}\right) \frac{1}{r_3} + \frac{1}{n_3} \frac{1}{y_1} + \\
&\qquad + \left(\eta_1^2 \xi_1^2 \frac{\overline{ra}}{n_3 n_2 n_1} + \eta_1^2 \xi_0^2 \frac{\overline{rx}}{n_3 n_2} + \eta_0^2 \xi_0^2 \frac{\overline{ry}}{n_3}\right) e_1^2 + \cdots \\
\frac{1}{b} &= \left(1 - \frac{1}{n_4}\right) \frac{1}{r_4} + \frac{1}{n_4} \frac{1}{z_1} + \\
&+ \left(\zeta_1^2 \eta_1^2 \xi_1^2 \frac{\overline{ra}}{n_4 n_3 n_2 n_1} + \zeta_1^2 \eta_1^2 \xi_0^2 \frac{\overline{rx}}{n_4 n_3 n_2} + \zeta_1^2 \eta_0^2 \xi_0^2 \frac{\overline{ry}}{n_4 n_3} + \zeta_0^2 \eta_0^2 \xi_0^2 \frac{\overline{rz}}{n_4}\right) e_1^2 + \cdots
\end{aligned}\right.
$$

Stellen wir uns die Elongationen als bis auf Null abnehmend vor, so gehen die Werte x, y, z, b in x_0, y_0, z_0, b_0 über. Diese letzteren geben uns an, in welchen Entfernungen beziehungsweise von der ersten, zweiten, dritten, vierten brechenden Fläche die Oerter der Centralstrahlen-bilder zu suchen sind. Sie sind uns von besonderer Wichtigkeit, denn sie zeigen uns, an welchen Stellen die Bilder sämmtlicher Zonen zusammenfallen müssten, wenn die Gläser von der sphärischen Abweichung vollständig frei wären, so dass sie uns einen zuverlässigen Maſsstab in die Hand geben für die Gröſse des in jedem einzelnen Falle noch vorhandenen Fehlers. Bei Berechnung und Herstellung der Fernröre ist es nämlich bekanntlich Aufgabe der Wissenschaft und Technik, den vier einzelnen brechenden Flächen solche (sphärischen) Krümmungen zu erteilen, dass nach der vierten Brechung die Kugelabweichung auf den denkbar geringsten Betrag zurückgeführt werde, da es, wie wir sehen werden, doch einmal nicht möglich ist, sie ganz vollständig zu beseitigen.

Für unendlich kleine Elongationen folgt aus (30.):

$$\frac{1}{x_0} = \frac{n_1-1}{n_1}\frac{1}{r_1} + \frac{1}{n_1}\frac{1}{a} \quad \Big| \quad \frac{1}{y_0} = \frac{n_2-1}{n_2}\frac{1}{r_2} + \frac{1}{n_2}\frac{1}{x_1}$$
$$\frac{1}{z_0} = \frac{n_3-1}{n_3}\frac{1}{r_3} + \frac{1}{n_3}\frac{1}{y_1} \quad \Big| \quad \frac{1}{b_0} = \frac{n_4-1}{n_4}\frac{1}{r_4} + \frac{1}{n_4}\frac{1}{z_1}$$

(31.) welche Gleichungen sich auch folgendermaſsen schreiben lassen:

$$\frac{1}{r_1} - \frac{1}{x_0} = \frac{1}{n_1}\left[\frac{1}{r_1} - \frac{1}{a}\right] \quad \Big| \quad \frac{1}{r_2} - \frac{1}{y_0} = \frac{1}{n_2}\left[\frac{1}{r_2} - \frac{1}{x_1}\right]$$
$$\frac{1}{r_3} - \frac{1}{z_0} = \frac{1}{n_3}\left[\frac{1}{r_3} - \frac{1}{y_1}\right] \quad \Big| \quad \frac{1}{r_4} - \frac{1}{b_0} = \frac{1}{n_4}\left[\frac{1}{r_4} - \frac{1}{z_1}\right].$$

Auch lassen sie sich in die gleich folgenden, sehr oft anwendbaren Formen umgestalten.

Ganz allgemein gilt die Gleichung

$$\frac{1}{u-c} = \frac{1}{u} + \frac{c}{u(u-c)}.$$

Daher haben wir:

$$\frac{1}{x_1} = \frac{1}{x_0} + \frac{\delta}{x_0 x_1} \quad \Big| \quad \frac{1}{y_1} = \frac{1}{y_0} + \frac{h}{y_0 y_1} \quad \Big| \quad \frac{1}{z_1} = \frac{1}{z_0} + \frac{\varepsilon}{z_0 z_1}$$

und können nun $\frac{1}{x_0}$, $\frac{1}{y_0}$, $\frac{1}{z_0}$, $\frac{1}{b_0}$ ohne irgend welche Vernachlässigung streng richtig, wie folgt, ausdrücken. Zunächst

$$\frac{1}{x_0} = \frac{1}{n_1}\frac{1}{a} + \frac{n_1-1}{n_1}\frac{1}{r_1} \quad \Big| \quad \frac{1}{y_0} = \frac{1}{n_2}\frac{1}{x_0} + \frac{n_2-1}{n_2}\frac{1}{r_2} + \frac{1}{n_2}\frac{\delta}{x_0 x_1}$$
$$\frac{1}{z_0} = \frac{1}{n_3}\frac{1}{y_0} + \frac{n_3-1}{n_3}\frac{1}{r_3} + \frac{1}{n_3}\frac{h}{y_0 y_1} \quad \Big| \quad \frac{1}{b_0} = \frac{1}{n_4}\frac{1}{z_0} + \frac{n_4-1}{n_4}\frac{1}{r_4} + \frac{1}{n_4}\frac{\varepsilon}{z_0 z_1};$$

sodann:

$$
(32.)\quad\left\{\begin{aligned}
\frac{1}{x_0} &= \frac{1}{n_1}\frac{1}{a}+\frac{n_1-1}{n_1}\frac{1}{r_1}\\
\frac{1}{y_0} &= \frac{1}{n_2n_1}\frac{1}{a}+\frac{n_1-1}{n_2n_1}\frac{1}{r_1}+\frac{n_2-1}{n_2}\frac{1}{r_2}+\frac{1}{n_2}\frac{\delta}{x_0x_1}\\
\frac{1}{z_0} &= \frac{1}{n_3n_2n_1}\frac{1}{a}+\frac{n_1-1}{n_3n_2n_1}\frac{1}{r_1}+\frac{n_2-1}{n_3n_2}\frac{1}{r_2}+\frac{n_3-1}{n_3}\frac{1}{r_3}+\\
&\qquad+\frac{1}{n_3n_2}\frac{\delta}{x_0x_1}+\frac{1}{n_3}\frac{h}{y_0y_1}\\
\frac{1}{b_0} &= \frac{1}{n_4n_3n_2n_1}\frac{1}{a}+\frac{n_1-1}{n_4n_3n_2n_1}\frac{1}{r_1}+\frac{n_2-1}{n_4n_3n_2}\frac{1}{r_2}+\\
&\quad+\frac{n_3-1}{n_4n_3}\frac{1}{r_3}+\frac{n_4-1}{n_4}\frac{1}{r_4}+\frac{1}{n_4n_3n_2}\frac{\delta}{x_0x_1}+\frac{1}{n_4n_3}\frac{h}{y_0y_1}+\frac{1}{n_4}\frac{\varepsilon}{z_0z_1}.
\end{aligned}\right.
$$

Auch Kettenbruch-entwickelung ist in mehr als einer Weise möglich, z. B.

$$
(33.)\quad
\begin{aligned}
\frac{1}{b} &= \frac{n_4-1}{n_4.r_4}+\frac{1}{n_4z_1}\\
n_4z_1 &= \cdots -n_4\varepsilon+\frac{1}{\frac{1}{n_4n_3}\frac{1}{z_0}}\\
\frac{1}{n_4n_3}\frac{1}{z_0} &= \cdots \frac{n_3-1}{n_4n_3.r_3}+\frac{1}{n_4n_3y_1}\\
n_4n_3y_1 &= \cdots -n_4n_3h+\frac{1}{\frac{1}{n_4n_3n_2}\frac{1}{y_0}}\\
\frac{1}{n_4n_3n_2}\frac{1}{y_0} &= \cdots \frac{n_2-1}{n_4n_3n_2.r_2}+\frac{1}{n_4n_3n_2x_1}\\
n_4n_3n_2x_1 &= \cdots -n_4n_3n_2\delta+\frac{1}{\frac{1}{n_4n_3n_2n_1}\frac{1}{x_0}}\\
\frac{1}{n_4n_3n_2n_1}\frac{1}{x_0} &= \cdots \frac{n_1-1}{n_4n_3n_2n_1.r_1}+\frac{1}{n_4n_3n_2n_1.a}.
\end{aligned}
$$

§ 15.
Die beiden Anfangsglieder speciell für zwei Glaslinsen.

Bisher betrachteten wir n_1, n_2, n_3, n_4 als untereinander beziehungslose Constanten; allein bei einem Doppel-objective, dessen Linsen aus zwei verschiedenen Glassorten gefertigt werden, sind n_1 und n_2 einerseits — und n_3 und n_4 andrerseits von einander abhängig. — Gewöhnlich ist die vorangestellte Linse (— die mit den Radien r_1 und r_2 —) aus Crownglas (Kronglas, Spiegelglas), die dahintergestellte dagegen (— die mit den Radien r_3 und r_4 —) aus bleihaltigem Glase, Flintglas genannt, hergestellt.

Der Strahl geht also der Reihe nach

aus Luft in Kronglas; Brechungsverhältniss $n:1$,

aus Kronglas in Luft; „ $\frac{1}{n}:1$,

aus Luft in Flintglas; Brechungsverhältniss $N:1$,

aus Flintglas in Luft; „ $\frac{1}{N}:1$,

und es ist demnach

$$n_1 = n, \quad n_2 = \frac{1}{n}, \quad n_3 = N, \quad n_4 = \frac{1}{N}, \tag{34.}$$

zu setzen; und so gestalten sich die Gleichungen der Gruppe (30.) so:

$$\text{(35.)}\quad\left\{\begin{aligned}
\frac{1}{x} &= \frac{n-1}{n}\frac{1}{r_1} + \frac{1}{n}\frac{1}{a} \quad + \frac{1}{n}\overline{ra}\,e_1^2 + \cdots \\
\frac{1}{y} &= -(n-1)\frac{1}{r_2} + \frac{1}{n}\frac{1}{x_1} \quad + (\xi_1^2\overline{ra} + \xi_0^2.n.\overline{rx})e_1^2 + \cdots \\
\frac{1}{z} &= \frac{N-1}{N}\frac{1}{r_3} + \frac{1}{N}\frac{1}{y_1} + \\
&\qquad + \left(\eta_1^2\xi_1^2\frac{1}{N}\overline{ra} + \eta_1^2\xi_0^2\frac{n}{N}\overline{rx} + \eta_0^2\xi_0^2\frac{1}{N}\overline{ry}\right)e_1^2 + \cdots \\
\frac{1}{b} &= -(N-1)\frac{1}{r_4} + N\frac{1}{z_1} + \\
&\quad + (\zeta_1^2\eta_1^2\xi_1^2\overline{ra} + \zeta_1^2\eta_1^2\xi_0^2 n.\overline{rx} + \zeta_1^2\eta_0^2\xi_0^2\overline{ry} + \zeta_0^2\eta_0^2\xi_0^2 N\overline{rz})e_1^2 + \cdots.
\end{aligned}\right.$$

Und die in § 10 aufgeführten Definitionsgleichungen für $(ra)\ldots(rz)$ und $\overline{ra}\ldots\overline{rz}$ folgendermaſsen:

$$\text{(35a.)}\left\{\begin{aligned}
(ra) &= \frac{n-1}{2n^2}\left[\frac{1}{r_1} - \frac{1}{a}\right]\left(\frac{1}{r_1} - \frac{n+1}{a}\right) &\Big|\quad \overline{ra} &= \frac{n-1}{2n^2}\left[\frac{1}{r_1} - \frac{1}{a}\right]^2\left(\frac{1}{r_1} - \frac{n+1}{a}\right) \\
(rx) &= -\frac{n-1}{2}\left[\frac{1}{r_2} - \frac{1}{x_1}\right]\left(\frac{n}{r_2} - \frac{n+1}{x_1}\right) &\Big|\quad \overline{rx} &= -\frac{n-1}{2}\left[\frac{1}{r_2} - \frac{1}{x_1}\right]^2\left(\frac{n}{r_2} - \frac{n+1}{x_1}\right) \\
(ry) &= \frac{N-1}{2N^2}\left[\frac{1}{r_3} - \frac{1}{y_1}\right]\left(\frac{1}{r_3} - \frac{N+1}{y_1}\right) &\Big|\quad \overline{ry} &= \frac{N-1}{2N^2}\left[\frac{1}{r_3} - \frac{1}{y_1}\right]^2\left(\frac{1}{r_3} - \frac{N+1}{y_1}\right) \\
(rz) &= -\frac{N-1}{2}\left[\frac{1}{r_4} - \frac{1}{z_1}\right]\left(\frac{N}{r_4} - \frac{N+1}{z_1}\right) &\Big|\quad \overline{rz} &= -\frac{N-1}{2}\left[\frac{1}{r_4} - \frac{1}{z_1}\right]^2\left(\frac{N}{r_4} - \frac{N+1}{z_1}\right).
\end{aligned}\right.$$

§ 16.

Die Nullwerte für zwei Glaslinsen.

Aus Gleichung (31.)

$$\text{(36.)}\quad\left\{\begin{aligned}
\frac{1}{x_0} &= \frac{n-1}{n}\frac{1}{r_1} + \frac{1}{n}\frac{1}{a} &\Big|\quad \frac{1}{y_0} &= -\frac{n-1}{r_2} + \frac{n}{x_1} \\
\frac{1}{z_0} &= \frac{N-1}{N}\frac{1}{r_3} + \frac{1}{N}\frac{1}{y_1} &\Big|\quad \frac{1}{b_0} &= -\frac{N-1}{r_4} + \frac{N}{z_1}
\end{aligned}\right.$$

oder auch

$$(37.)\quad\begin{cases}\dfrac{1}{r_1}-\dfrac{1}{x_0}=\dfrac{1}{n}\left[\dfrac{1}{r_1}-\dfrac{1}{a}\right] & \Big|\quad \dfrac{1}{r_2}-\dfrac{1}{y_0}=n\left[\dfrac{1}{r_2}-\dfrac{1}{x_1}\right]\\ \dfrac{1}{r_3}-\dfrac{1}{z_0}=\dfrac{1}{N}\left[\dfrac{1}{r_3}-\dfrac{1}{y_1}\right] & \Big|\quad \dfrac{1}{r_4}-\dfrac{1}{b_0}=N\left[\dfrac{1}{r_4}-\dfrac{1}{z_1}\right].\\ \text{Auch} & \\ \dfrac{1}{b_0}=\dfrac{1}{r_4}-N\left[\dfrac{1}{r_4}-\dfrac{1}{z_1}\right] & \Big|\quad \dfrac{1}{z_0}=\dfrac{1}{r_3}-\dfrac{1}{N}\left[\dfrac{1}{r_3}-\dfrac{1}{y_1}\right]\\ \dfrac{1}{y_0}=\dfrac{1}{r_2}-n\left[\dfrac{1}{r_2}-\dfrac{1}{x_1}\right] & \Big|\quad \dfrac{1}{x_0}=\dfrac{1}{r_1}-\dfrac{1}{n}\left[\dfrac{1}{r_1}-\dfrac{1}{a}\right],\end{cases}$$

unter welcher Gestalt die Gleichungen uns unten § 18. von Nutzen sein werden. Ferner aus Gleichung (32.)

$$(38.)\quad\begin{cases}\dfrac{1}{x_0}=\dfrac{1}{n}\dfrac{1}{a}+\dfrac{n-1}{n}\dfrac{1}{r_1} & \Big|\quad \dfrac{1}{y_0}=\dfrac{1}{a}+\dfrac{n-1}{r_1}-\dfrac{n-1}{r_2}+\dfrac{n\delta}{x_0x_1}\\ \dfrac{1}{z_0}=\dfrac{1}{N}\dfrac{1}{a}+\dfrac{n-1}{N}\dfrac{1}{r_1}-\dfrac{n-1}{N}\dfrac{1}{r_2}+\dfrac{N-1}{N}\dfrac{1}{r_3}+ & \\ \qquad +\dfrac{n}{N}\dfrac{\delta}{x_0x_1}+\dfrac{1}{N}\dfrac{h}{y_0y_1} & \\ \dfrac{1}{b_0}=\dfrac{1}{a}+\dfrac{n-1}{r_1}-\dfrac{n-1}{r_2}+\dfrac{N-1}{r_3}-\dfrac{N-1}{r_4}+\dfrac{n\delta}{x_0x_1}+\dfrac{h}{y_0y_1}+\dfrac{N\varepsilon}{z_0z_1}. & \end{cases}$$

Siehe auch Zusatz zu § 18, Gl. (50.).

Und der Kettenbruch (33.) wandelt sich dergestalt um, dass sein Anfangsglied und die einzelnen Partialnenner (siehe (33.))

$$+\frac{n_4-1}{n_4r_4}\quad -n_4\varepsilon\quad +\frac{n_3-1}{n_4n_3r_3}\quad -n_4n_3h \text{ u. s. w,}$$

werden zu:

$$-\frac{N-1}{r_4}\quad -\frac{\varepsilon}{N}\quad +\frac{N-1}{r_3}\quad -h\quad -\frac{n-1}{r_2}\quad -\frac{\delta}{n}\quad +\frac{n-1}{r_1}+\frac{1}{a},$$

so dass wir haben:

$$(33a.)\quad\begin{aligned}\frac{1}{b_0}&=-\frac{N-1}{r_4}+\frac{1}{}\\ \frac{z_1}{N}&=\cdots-\frac{\varepsilon}{N}+\frac{1}{}\\ \frac{N}{z_0}&=\cdots\ \frac{N-1}{r_3}+\frac{1}{}\\ y_1&=\cdots-h+\frac{1}{}\\ \frac{1}{y_0}&=\cdots-\frac{n-1}{r_2}+\frac{1}{}\\ \frac{x_1}{n}&=\cdots-\frac{\delta}{n}+\frac{1}{}\\ \frac{n}{x_0}&=\cdots\ \frac{n-1}{r_1}+\frac{1}{a}.\end{aligned}$$

§ 17.
Die erste Herschel'sche Forderung.

Es ist, wie wir aus dem Bisherigen gelernt haben, die Entfernung des letzten Bildes von der Rückseite der zweiten Linse, d. i. die Gröfse b, oder ihr Reciprocum $\frac{1}{b}$ einer Entwickelung in eine unendliche Reihe fähig, die nach geraden Potenzen von e fortschreitet. Wir haben also (siehe Gleichung (25.)):

$$\frac{1}{b} = \frac{1}{b_0} + C.e_1^2 + D.e_1^4 + E.e_1^6 + \cdots,$$

und folglich

$$(39.)\quad b = b_0 - b_0^2 C.e_1^2 + (b_0^3 C^2 - b_0^2 D).e_1^4 - (b_0^4 C^3 - 2b_0^3 CD + b_0^2 E)e_1^6 + \cdots$$

Sollte die Doppellinse von Sphärismus absolut frei sein, so müsste für jeden beliebigen Wert von e_1 die unendliche Reihe $Ce_1^2 + De_1^4 + \cdots$ gleich Null sein. Dies könnte nur geschehen, wenn der Coefficient jeder einzelnen Potenz Null würde, d. h. es müssten die unendlich vielen Gleichungen

$$C = 0, \quad D = 0, \quad E = 0, \quad \ldots \quad \text{infin.}$$

erfüllt werden. Nach Lage der Sache sind wir aber von der Erreichung dieses idealen Zieles gar weit entfernt, da der ausführende Künstler nichts weiter in seiner Macht hat, als die vier Krümmungsradien so oder so zu wählen.

Hieraus geht hervor, dass wir **überhaupt nur vier** Bedingungsgleichungen alles in allem werden erfüllen können; ja sogar eigentlich nur drei. Letzteres kommt daher, dass wir uns bei Anfertigung eines Objectives doch zunächst darüber entscheiden müssen, wie grofs das Fernror werden soll; d. h. anders ausgedrückt, wie grofs die Entfernung des vierten Bildes für ein unendlich entferntes Object sein soll. Nach Gleichung (37.) ist für $a = -\infty$, und wegen der Kleinheit von δ, h, ε

$$\frac{1}{b_0} \text{ sehr nahe} = \frac{n-1}{r_1} - \frac{n-1}{r_2} + \frac{N-1}{r_3} - \frac{N-1}{r_4},$$

welcher Ausdruck, wenn die Länge des Fernrores (b_0) von vornherein vorgeschrieben ist, einen ganz bestimmten Wert haben muss. Hierin ist somit schon **eine** Bedingung, welche die 4 Radien r_1, r_2, r_3, r_4 erfüllen müssen, ausgesprochen. Daher sind wir zur Erreichung anderweiter Zwecke nur noch drei Bedingungsgleichungen zu erfüllen im Stande.

Es gereicht der numerischen Berechnung zur Erleichterung, wenn man den reciproken Wert von $\frac{n-1}{r_1} - \frac{n-1}{r_2} + \frac{N-1}{r_3} - \frac{N-1}{r_4}$ als Einheit der Längen ansieht, wie ja auch viele Schriftsteller thun. Wir unsrerseits werden nach Littrow's Beispiele das Reciprokum von $\frac{n-1}{r_1} - \frac{n-1}{r_2}$ (— die ungefähre Länge von y_0, oder die Brennweite der Kronglaslinse —) mit gleichem Erfolge, und häufig zu gröfserer Bequemlichkeit als Längeneinheit ansehen, und demnach als erste von den Radien zu erfüllende Bedingung folgende Einheitsgleichung festsetzen:

$$(40.) \quad \frac{n-1}{r_1} - \frac{n-1}{r_2} = \frac{1}{1} = 1.$$

Von der oben angezeigten unendlichen Anzahl von Gleichungen würden wir nunmehr die drei $C = 0$, $D = 0$, $E = 0$ zu verificieren im Stande sein; und dies würden wir auch zu bewerkstelligen suchen, wenn einzig und allein die sphärische Abweichung zu beseitigen, und sonst weiter nichts zu beachten wäre. Aber wir müssen notwendig Mittel in der Hand behalten, um auch die chromatische Abweichung (Chromatismus), von welcher in dem nächstfolgenden Paragraphen die Rede sein wird, beseitigen, oder wenigstens mildern zu können. Das Geringste, was für den letzteren Zweck geschehen kann, ist die Erfüllung einer Bedingungsgleichung, die später aufgestellt werden wird. Zum Glück hat die Praxis gelehrt, dass dieses geringste Mafs von Concession in der That genügend ist, die störenden Wirkungen der Farbenzerstreuung fast unmerklich zu machen. Vgl. Dioptrik von J. J. Littrow. Wien 1830. wo es zu Anfang des § 11 auf pag. 126 heifst: „Wenn man aber, wie es in der That bey allen Fernröhren von nicht zu grofsen Oeffnungen der Fall ist, voraussetzen darf, dass durch die genaue Vernichtung der Farbenzerstreuung bei den Centralstrahlen ... auch zugleich die Farbenabweichung der Randstrahlen bis auf einen für unsere Sinne nicht mehr merkbaren Grad mit aufgehoben wird, so ...“ u. s. w.

Nachdem also der geforderten Länge des Rores, sowie dem Zerstreuungsvermögen Berücksichtigung zuteil geworden, vermögen wir noch zwei Bedingungsgleichungen zu verificieren. Und da erscheint es auf den ersten Blick als zweckmäfsig, die beiden Gleichungen $C = 0$ und $D = 0$ zu erfüllen, wenn nicht etwa tiefer eingehende Untersuchungen und eine noch verfeinerte Theorie ein anderweites Erforderniss (zum Zwecke höherer Vollkommenheit und Brauchbarkeit des Objectives) noch wünschenswerter erscheinen lassen.

Indessen leuchtet schon jetzt ein, dass (— wenn überhaupt von

Vernichtung oder möglichster Abschwächung des Sphärismus, als des erfahrungsmäfsig verderblichsten aller Hindernisse die Rede sein soll —) die Gleichung $C = 0$, als eine conditio sine qua non wahr gemacht werden muss; und zwar mit noch höherer Notwendigkeit, als die später noch aufzustellende chromatische Gleichung, weil man eben gar häufig beobachtet hat, dass Objective, die nur ziemlich unvollkommen achromatisiert waren, sich doch noch gut brauchbar zeigten, wenn sie nur von Sphärismus möglichst frei waren. Bei allen vorzüglichen, noch von Fraunhofer selbst gefertigten Fernrören findet man jene Bedingung $C = 0$ ganz oder äufserst nahe erfüllt, ohne dass wohl jener hervorragende Entdecker und Künstler anfänglich sich der theoretischen Begründung bewusst war. Letztere verdanken wir J. F. W. Herschel, der die Gleichung (Philos. Transact. 1821) als unerlässliche Vorschrift hinstellte, wenn auch ohne Berücksichtigung der Glasdicken δ, ε und des Zwischenraumes h. In unserer Bezeichnungsweise gestaltet sich die exacte (— nicht blos angenäherte —) sphäristische Bedingungsgleichung (vgl. Gleichung (35.))

$$(41.)\qquad C = \zeta_1^2\eta_1^2\xi_1^2\overline{ra} + \zeta_1^2\eta_1^2\xi_0^2 n\,\overline{rx} + \zeta_1^2\eta_0^2\xi_0^2\overline{ry} + \zeta_0^2\eta_0^2\xi_0^2 N\overline{rz} = 0,$$

dahingegen die Herschel'sche erste Forderung, in unseren Zeichen ausgedrückt, lauten würde $\overline{ra} + n\overline{rx} + \overline{ry} + N\overline{rz} = 0$, ohne die Factoren ξ, η, ζ, wozu noch kommt, dass dasjenige, was wir mit den Zeichen $\overline{ra}$, $\overline{rx}$, $\overline{ry}$, $\overline{rz}$ bezeichnen, bei Herschel nur näherungsweise berechnet wird, gerade so, als wenn wir in den Gleichungen (31.) rechts anstatt $\frac{1}{x_1}, \frac{1}{y_1}, \frac{1}{z_1}$ überall nur schreiben wollten $\frac{1}{x_0}, \frac{1}{y_0}, \frac{1}{z_0}$.

Hieraus ersieht man, dass selbst die genaueste Erfüllung der von Herschel selbst aufgestellten ersten Forderung nur erst eine Annäherung an die theoretisch exacte Bedingungsgleichung (41.) zu bieten geeignet ist.

Freilich sind Andere, z. B. Littrow, anderer Ansicht als Herschel, und zwar (— worauf ja die gewöhnlichen Berechnungsmethoden beruhen —) dass es weniger auf die genaue Erfüllung der Gleichung $C = 0$, als vielmehr darauf ankomme, in der Gleichung

$$\frac{1}{b} = \frac{1}{b_0} + Ce^2 + De^4 + Ee^6 + \cdots$$

die ganze mit e behaftete Partie (— welche doch für $e = 0$ verschwindet —) auch für den gröfstmöglichen Wert von e, d. h. wenn e der halben Apertur gleich ist, zum Verschwinden zu bringen. Wir wollen diesen gröfstmöglichen Wert von e durch den Buchstaben $\mathfrak{e}$ bezeichnen. Jene verlangen demnach, es solle

$$Ce^2+De^4+Ee^6+\cdots=0$$

gemacht werden, so dass also die Central- und die äufsersten Marginalstrahlen nach der vierten Brechung wieder zusammenträfen. Dies wird etwa auf dasselbe hinauskommen, als wenn (mit Weglassung der noch höheren Glieder) $Ce^2+De^4+Ee^6=0$ gesetzt wird.

Für die zwischen $e=0$ und $e=\mathfrak{e}$ liegenden Werte der Elongationen wird natürlich dieses Zusammentreffen nach der vierten Brechung nicht stattfinden; vielmehr wird die Abweichung von $e=0$ an bis zu einem gewissen mittleren Werte wachsen, und von da an bis zu $e=\mathfrak{e}$ wieder bis auf Null abnehmen. — In wieweit diese Berechnungs- und Anfertigungsweise des Doppelobjectives von Nutzen sein könne, das wird im zweiten Teile § 55 erörtert werden.

Beiläufig ist zu sehen, dass, wenn man bei einem nach diesem Principe angefertigten Doppel-objective durch Bedeckung eines Teiles seiner Oberfläche (— also unter Aufopferung eines Teiles der Lichtstärke —) ein schärferes Bild erzielen wollte, man nicht etwa die äufserste Zone mit einem Papierstreifen überdecken dürfte (— denn so würde man gerade einen grofsen Teil der am genauesten gebrochenen Strahlen hinwegnehmen, und somit den Fehler der mangelnden Schärfe noch vergröfsern —), sondern vielmehr eine schmale, an denjenigen Parallelkreis (aufsen und innen) angrenzende Zone, für welchen

$$Ce^2+De^4+Ee^6$$

seinen gröfsten Wert hat.

§ 18.
Farbenabweichung.

Nachdem wir so die Gleichung $C=0$ als die oberste Bedingung für die Beseitigung des Sphärismus erkannt haben, wenden wir uns zur Präcisierung derjenigen Postulate, welche geeignet sind, den Chromatismus unschädlich zu machen.

Alle bisherigen Betrachtungen beschränkten sich auf sogenanntes homogenes Licht, d. h. es wurden bestimmte unveränderliche Zahlen n und N als Brechungsindices angenommen. In der Wirklichkeit liegt jedoch die Sache nicht so einfach, denn bekanntlich ist, um es so auszudrücken, der weifse Lichtstrahl aus einer Anzahl farbiger Strahlen zusammengesetzt, und jeder Farbe entspricht ein anderes Brechungsverhältniss. Die roten Strahlen sind die am wenigsten, — die violetten die am meisten brechbaren.

Wir wollen von jetzt an unter n und N die mittleren Brechungsindices beziehungsweise des Kron- und Flintglases verstehen, d. h.

diejenigen, welche ungefähr der Mitte der Spectra und nicht zu fern von dem Maximum der Lichtstärke, etwa den grünen Strahlen entsprechen. Einer genaueren Bestimmung bedarf es (— das Theoretische anlangend —) vorläufig nicht; wir kommen später in §§ 59, 68 auf diesen Gegenstand zurück.

Im allgemeinen werden sich also die beiden Indices darstellen lassen durch $n+\gamma.k$ und $N+\Gamma.K$, worin n, k, N, K Constanten sind, wohingegen γ und Γ für jede Strahlengattung ihre besonderen positiven oder negativen Werte haben. Zur Vereinfachung unserer Aufgabe machen wir die Annahme, dass, wenn etwa für die blauen Strahlen bei dem Kronglase der Brechungsindex $n+\frac{1}{2}k$ wäre, denselben blauen Strahlen (d. i. den Strahlen derselben Wellenlänge) bei Flintglas der Index $N+\frac{1}{2}K$ zukomme; kurz dass überhaupt allgemein das Γ dem γ gleich sei.

Diese Annahme entspricht allerdings nur annäherungsweise der Wahrheit, doch galt die Abweichung (— von welcher das sogenannte secundäre Spectrum herrürt —), (Prechtl, p. 284—285 unter dem Texte; auch p. 66), wenn bei der Auswahl der Glassorten einige Rücksicht genommen wird, bis beinahe in die neueste Zeit für zu unbedeutend, um durch das Auge in störender Weise wahrgenommen zu werden. Seien also immerhin für Kronglas und Flintglas die Indices $n+\gamma.k$ und $N+\gamma.K$.

Somit werden unsere sämmtlichen bisherigen Gleichungen allgemeine Gültigkeit erlangen, wenn wir anstatt n und N beziehungsweise $n+\gamma.k$ und $N+\gamma.K$ schreiben. In (25.):

$$\frac{1}{b}=\frac{1}{b_0}+C.e_1^2+D.e_1^4+E.e_1^6+\cdots$$

erscheinen nun $\frac{1}{b_0}$, C, D, E, ... sammt und sonders als Functionen der Variablen γ.

Die allerhöchst gespannte Forderung des Achromatismus wäre nun die, dass keine der Gröfsen $\frac{1}{b_0}$, C, D, E, ... ihren Wert änderte, welchen Wert man auch dem γ beilegen möchte. Wir müssen uns begnügen, von diesen unzählig vielen Forderungen nur eine einzige so gut als möglich zu erfüllen. Welche diese sei, bedarf keiner Frage: wir müssen uns bemühen, das von e_1 freie (absolute) Glied $\frac{1}{b_0}$ von γ möglichst unabhängig zu machen. Zu dem Ende müssten wir etwa in der Gleichung für $\frac{1}{b_0}$ in der Gruppe (38.) anstatt n und N überall setzen $n+k.\gamma$ und $N+K.\gamma$ (— wobei nicht zu übersehen ist, dass die darin vorkommenden Gröſsen $\frac{1}{x_0 x_1}$, $\frac{1}{y_0 y_1}$, $\frac{1}{z_0 z_1}$ ebenfalls Functionen von n und N, also von γ sind —); müssten dann die rechte Seite nach Potenzen von γ entwickeln, und endlich die Coefficienten von $\gamma, \gamma^2, \gamma^3, \ldots$ jeden einzeln gleich Null machen. Leider müssen wir uns hier abermals bescheiden, nur einen einzigen, nämlich den Coefficienten von γ verschwinden zu machen.

Man sieht leicht, dass wir die dieser letzten eingeschränkten Forderung entsprechende Bedingungsgleichung erhalten werden, wenn wir die Gleichung für $\frac{1}{b_0}$ in der Weise differentiieren, dass n und N als Functionen von γ betrachtet werden, oder, was dasselbe ist, wenn wir (— differentiiert nach n und N —) $\partial \frac{1}{b_0} = 0$ setzen, jedoch so, dass ∂n und ∂N in einem constanten Verhältnisse stehen; nämlich in dem Verhältnisse von $k : K$.

Um die gewünschte Gleichung auf die bequemste Weise und doch in aller Schärfe (d. h. ohne Vernachlässigung irgendwelcher auch noch so kleinen Gröſsen) zu erlangen, gehen wir aus von den vier Gleichungen in (37.) unteres Zeilenpaar, welche wir in ihrer dort stehenden Reihenfolge nach n und N differentiieren.

Wir haben uns dabei zu erinnern, dass

$$\partial \frac{1}{z_1} = \partial \frac{1}{z_0 - \varepsilon} = -\frac{1}{(z_0-\varepsilon)^2} \partial z_0 \quad \text{und} \quad \partial z_0 = -z_0^2 \partial \frac{1}{z_0}$$

ist, woraus unter Anwendung des Abkürzungszeichens ζ_1 folgt:

$$\text{(42.)} \qquad \partial \frac{1}{z_1} = \zeta_1^2 \partial \frac{1}{z_0}; \text{ und ebenso } \partial \frac{1}{y_1} = \eta_1^2 \partial \frac{1}{y_0}; \quad \partial \frac{1}{x_1} = \xi_1^2 \partial \frac{1}{x_0}.$$

Dies vorausgeschickt, erhalten wir:

$$\partial \frac{1}{b_0} = -\partial N \cdot \left[\frac{1}{r_4} - \frac{1}{z_1}\right] + N \zeta_1^2 . \partial \frac{1}{z_0}$$

$$\partial \frac{1}{z_0} = \frac{1}{N^2} \partial N \cdot \left[\frac{1}{r_3} - \frac{1}{y_1}\right] + \frac{1}{N} \eta_1^2 . \partial \frac{1}{y_0}$$

$$\partial \frac{1}{y_0} = -\partial n \cdot \left[\frac{1}{r_2} - \frac{1}{x_1}\right] + N \xi_1^2 . \partial \frac{1}{x_0}$$

$$\partial \frac{1}{x_0} = \frac{1}{n^2} \partial n \cdot \left[\frac{1}{r_1} - \frac{1}{a}\right].$$

Und durch successive Substitution:

$$(43.)\quad \begin{cases} \partial\frac{1}{b_0} = -\left[\frac{1}{r_4}-\frac{1}{z_1}\right]\partial N + \zeta_1^2\frac{1}{N}\left[\frac{1}{r_3}-\frac{1}{y_1}\right]\partial N - \\ \quad -\zeta_1^2\eta_1^2\left[\frac{1}{r_2}-\frac{1}{x_1}\right]\partial n + \zeta_1^2\eta_1^2\xi_1^2\frac{1}{n}\left[\frac{1}{r_1}-\frac{1}{a}\right]\partial n. \end{cases}$$

Setzen wir dies gleich Null, so erhalten wir leicht:

$$(44.)\quad \begin{cases} \left[\frac{1}{r_4}-\frac{1}{z_1}\right] = \zeta_1^2\frac{1}{N}\left[\frac{1}{r_3}-\frac{1}{y_1}\right] + \zeta_1^2\eta_1^2\cdot g, \\ \text{wo}\quad g = -\frac{\partial n}{\partial N}\left\{\left[\frac{1}{r_2}-\frac{1}{x_1}\right] - \xi_1^2\frac{1}{n}\left[\frac{1}{r_1}-\frac{1}{a}\right]\right\}. \end{cases}$$

Dies ist die exacte Farbengleichung.

Dürfte man die Gröfsen δ, h, ε im Hinblicke auf ihre relative Kleinheit ganz vernachlässigen, also die Coefficienten ξ, η, ζ ganz weglassen, und nach Belieben schreiben x_1, y_1, z_1 oder auch x_0, y_0, z_0, so würde man, die rechte Seite von (43.) gleich Null setzend, als annäherungsweise richtig erhalten:

$$\left(-\left(\frac{1}{r_4}-\frac{1}{z_0}\right)+\frac{1}{N}\left(\frac{1}{r_3}-\frac{1}{y_1}\right)\right)\partial N \doteqdot \left(\left(\frac{1}{r_2}-\frac{1}{x_0}\right)-\frac{1}{n}\left(\frac{1}{r_1}-\frac{1}{a}\right)\right)\partial n.$$

Hier ist, was später öfter geschehen wird, anstatt des Gleichheitszeichens zum erstenmale das Zeichen $\doteqdot$ angewandt, welches soviel bedeuten soll wie: beinahe gleich.

Ziehen wir zu dieser Näherungsgleichung die Gruppe (37.) herzu, so nimmt sie folgende einfache Gestalt an:

$$(45.)\quad \frac{1}{r_3}-\frac{1}{r_4} \doteqdot -\left(\frac{1}{r_1}-\frac{1}{r_2}\right)\frac{\partial n}{\partial N}.$$

Dies ist die chromatische Näherungsgleichung. Wir würden dieselbe ebenfalls erhalten haben, wenn wir von der Gleichung für $\frac{1}{b_0}$ in Gruppe (38.) unter Weglassung der drei mit δ, h, ε behafteten Glieder ausgegangen wären; wir hätten zu differentiieren, und dann $\partial\frac{1}{b_0}$ gleich Null zu setzen gehabt.

Multiplicieren wir (45.) beiderseits mit $N-1$, so bekommen wir, indem wir rechts noch den Factor $\frac{n-1}{n-1}$ hinzufügen:

$$(46.)\quad (N-1)\left(\frac{1}{r_3}-\frac{1}{r_4}\right) \doteqdot -\frac{N-1}{n-1}\cdot(n-1)\left(\frac{1}{r_1}-\frac{1}{r_2}\right)\frac{\partial n}{\partial N}.$$

Unter dem Namen „Brennweite" eines Linsenglases versteht man bekanntlich die Entfernung des von einem unendlich entfernten Objecte ($a = \pm\infty$) gemachten Centralstrahlenbildes ($e = 0$) für den Grenzfall einer unendlich geringen Glasdicke ($\delta = 0$).

Nennen wir die Brennweite des Kronglases f; die des Flintglases F, so ist nach Maſsgabe der eben gegebenen Definition und unsrer obigen Gleichung für $\frac{1}{y_0}$ in Gruppe (38):

$$(47.)\quad \frac{1}{f} = (n-1)\left(\frac{1}{r_1} - \frac{1}{r_2}\right) \;\Big|\; \frac{1}{F} = (N-1)\left(\frac{1}{r_3} - \frac{1}{r_4}\right),$$

durch Einführung dieser Zeichen f und F in die vorige Gleichung:

$$(48.)\quad \frac{1}{F} \mathrel{\dot{=}} -\frac{N-1}{n-1}\frac{\partial n}{\partial N}\cdot\frac{1}{f} \;\Big|\; F \mathrel{\dot{=}} -\frac{n-1}{N-1}\frac{\partial N}{\partial n}\cdot f.$$

Nur wolle man nicht auſser Acht lassen, dass dies (— woran uns ja das Zeichen $\dot{=}$ erinnern soll —) nicht exacte, sondern nur Näherungsgleichungen sind.

Für $\frac{N-1}{n-1}\frac{\partial n}{\partial N}$, welche Gröſse wir Zerstreuungsverhältniss oder Zerstreuungsindex nennen wollen, hat man einen einfachen Buchstaben, — leider nicht durchweg denselben — eingeführt. Wir setzen (mit J. J. Prechtl, Praktische Dioptrik, Wien 1828.):

$$(49.)\quad \frac{N-1}{n-1}\frac{\partial n}{\partial N} = \omega \;\Big|\; \text{daher } \frac{1}{F} \mathrel{\dot{=}} -\omega\frac{1}{f} \;\Big|\; (N-1)\left(\frac{1}{r_3} - \frac{1}{r_4}\right) \mathrel{\dot{=}} -\omega\frac{1}{f}.$$

ω ist ein echter Bruch, dessen Wert je nach den verschiedenen Glassorten zwischen 0,55 und 0,70 liegt.

Die Gröſsen

$$\frac{\partial n}{n-1} \quad \text{und} \quad \frac{\partial N}{N-1}$$

nennt man die Zerstreuungsvermögen der beiden Glassorten, daher lässt sich Gleichung (48.) in Worten so aussprechen:

Die Brennweiten der beiden Linsen haben entgegengesetzte Vorzeichen und stehen der Gröſse nach im directen Verhältnisse der Zerstreuungsvermögen.

Gewöhnlich wird in den Lehrbüchern die Farbengleichung in der nur näherungsweise richtigen Gestalt von (48.) oder (46.), (45.) aufgestellt, und es wird die Farbenabweichung für hinreichend aufgehoben erachtet, wenn der Näherungsgleichung Genüge geschehen ist. Wir kommen später hierauf zurück.

Zusatz. Wir haben aus (47.) und (38.):

(50.)
$$\left\{\begin{aligned}
\frac{1}{y_0} &= \frac{1}{a}+\frac{1}{f}+\frac{n\delta}{x_0 x_1}. \text{ — Bezeichnen wir die Gesammtbrennweite des zusammengesetzten Objectivs mit } \Phi, \text{ so folgt aus (38.):}\\
\frac{1}{\Phi} &= (n-1)\left(\frac{1}{r_1}-\frac{1}{r_2}\right)+(N-1)\left(\frac{1}{r_3}-\frac{1}{r_4}\right). \quad \text{Hierzu (47.):}\\
&= \frac{1}{f} + \frac{1}{F}, \quad \text{Hierzu (49.):}\\
&= (1-\omega)\frac{1}{f}. \quad \text{Einführung in (38):}\\
\frac{1}{b_0} &= \frac{1}{a}+\frac{1}{f}+\frac{1}{F}+\frac{n\delta}{x_0 x_1}+\frac{h}{y_0 y_1}+\frac{N\varepsilon}{z_0 z_1}, \quad \text{oder:}\\
&= \frac{1}{a}+(1-\omega)\frac{1}{f}+\text{Correct.},\\
&= \frac{1}{a}+\frac{1}{\Phi}+\text{Correct. —}
\end{aligned}\right.$$

§ 19.
Näherungsgleichungen.

Für viele Zwecke ist es wünschenswert, anstatt gewisser verwickelten Functionen andere einfachere, wenn auch nicht vollkommen gleichwertige zu haben, die sich leichter behandeln lassen, teils um an den einfacheren gewisse Eigenschaften zu erkennen und daraus Rückschlüsse auf die complicierteren zu bilden, teils um deren relative Gröſsen und numerischen Werte zunächst annäherungsweise kennen zu lernen, und dgl. — Kommt uns z. B. der Ausdruck

$$\frac{n-1}{2n^2}\left(\frac{1}{r_1}-\frac{n+1}{a}\right)-\frac{n-1}{2n}\left(\frac{n}{r_2}-\frac{n+1}{x_1}\right)$$

vor, so können wir ihm nicht sogleich ansehen, welchen Wert er für diesen oder jenen Wert von a annehmen mag, da auch x_1 eine Function von a ist. Auch wenn x_1 bekannt wäre, würde die numerische Berechnung umständlich sein. Dagegen erkennen wir sofort aus der gleich unten folgenden Näherungsgleichung, dass jener Ausdruck nahezu gleich $\frac{1}{2}\frac{1}{f}$ d. i. $=\frac{n-1}{2}\left(\frac{1}{r_1}-\frac{1}{r_2}\right)$, dass demnach sein Wert entweder gar nicht, oder vielleicht nur in äusserst geringem Maſse von a abhängig ist. — Ihres vielfachen Nutzens wegen sollen die uns notwendigsten Näherungsgleichungen in dem Folgenden entwickelt werden.

Nach (47.) ist

$$\frac{1}{r_2} = \frac{1}{r_1} - \frac{1}{n-1}\frac{1}{f},$$

nach (35.)

$$\frac{1}{x_1} \mp \left(1 - \frac{1}{n}\right)\frac{1}{r_1} + \frac{1}{n}\frac{1}{a};$$

hieraus

$$(51.)\quad \begin{cases} \dfrac{1}{r_2} - \dfrac{1}{x_1} \mp \dfrac{1}{n}\left(\dfrac{1}{r_1} - \dfrac{1}{a} - \dfrac{n}{n-1}\dfrac{1}{f}\right), \\ \text{sowie} \\ \dfrac{n}{r_2} - \dfrac{n+1}{x_1} \mp \dfrac{1}{n}\dfrac{1}{r_1} - \dfrac{n+1}{n}\dfrac{1}{a} - \dfrac{n}{n-1}\dfrac{1}{f}. \end{cases}$$

Hier gestatten wir uns erst eine kleine Abschweifung, um ein paar an dieser Stelle leicht zu erlangende Näherungsgleichungen aufzustellen, von denen freilich erst in Teil II Anwendung gemacht werden wird. — Wir suchen also zunächst eine Näherungsgleichung für

$$\frac{\overline{ra}}{\left[\frac{1}{r_1} - \frac{1}{a}\right]^2} + \frac{1}{n}\frac{\overline{rx}}{\left[\frac{1}{r_2} - \frac{1}{x_1}\right]^2},$$

oder für

$$\frac{n-1}{2n^2}\left(\frac{1}{r_1} - \frac{n+1}{a}\right) - \frac{n-1}{2n}\left(\frac{n}{r_2} - \frac{n+1}{x_1}\right),$$

was, wie aus (35a.) erhellt, ein und dasselbe ist. Wir finden mittelst (51.):

$$(52.)\quad \frac{\overline{ra}}{\left[\frac{1}{r_1} - \frac{1}{a}\right]^2} + \frac{1}{n}\frac{\overline{rx}}{\left[\frac{1}{r_2} - \frac{1}{x_1}\right]^2} \mp \frac{1}{2}\frac{1}{f}.$$

Da nun hinsichtlich der dritten und vierten Brechung die Gröfsen

$$N \quad F \quad r_3 \quad r_4 \quad z_1 \quad y_1$$

genau den Gröfsen resp.

$$n \quad f \quad r_1 \quad r_2 \quad x_1 \quad a$$

bei der ersten und zweiten Brechung entsprechen, so erlangen wir durch diese Vertauschung:

$$(53.)\quad \frac{\overline{ry}}{\left[\frac{1}{r_3} - \frac{1}{y_1}\right]^2} + \frac{1}{N}\frac{\overline{rz}}{\left[\frac{1}{r_4} - \frac{1}{z_1}\right]^2} \mp \frac{1}{2}\frac{1}{F}.$$

Und durch Verbindung beider

$$(54.)\quad \frac{\overline{ra}}{\left[\frac{1}{r_1} - \frac{1}{a}\right]^2} + \frac{1}{n}\frac{\overline{rx}}{\left[\frac{1}{r_2} - \frac{1}{x_1}\right]^2} + \frac{\overline{ry}}{\left[\frac{1}{r_3} - \frac{1}{y_1}\right]^2} + \frac{1}{N}\frac{\overline{rz}}{\left[\frac{1}{r_4} - \frac{1}{z_1}\right]^2} \mp \frac{1}{2}\frac{1}{f} + \frac{1}{2}\frac{1}{F},$$

wofür unter Anwendung von (49.) auch gesetzt werden kann $\doteq \frac{1-\omega}{2}\frac{1}{f}$.

Wir suchen ferner eine Näherungsgleichung für

$$\frac{\overline{ra}}{\frac{1}{r_1}-\frac{1}{a}}+\frac{\overline{rx}}{\frac{1}{r_2}-\frac{1}{x_1}} \quad \text{oder} \quad (ra)+(rx)$$

oder $\frac{n-1}{2n^2}\left[\frac{1}{r_1}-\frac{1}{a}\right]\left(\frac{1}{r_1}-\frac{n+1}{a}\right)-\frac{n-1}{2}\left[\frac{1}{r_2}-\frac{1}{x_1}\right]\left(\frac{n}{r_2}-\frac{n+1}{x_1}\right)$,

was nach (35a.) alles dasselbe ist. Wir finden mittelst (51.):

$$(55.)\qquad (ra)+(rx) \doteq \tfrac{1}{2}\frac{1}{f}\left\{\frac{n+1}{n}\frac{1}{r_1}-\frac{2n+1}{n}\frac{1}{a}-\frac{n}{n-1}\frac{1}{f}\right\},$$

und durch die obige Vertauschung und Vereinigung:

$$(56.)\quad \begin{cases} (ra)+(rx)+(ry)+(rz) \doteq \tfrac{1}{2}\frac{1}{f}\left\{\frac{n+1}{n}\frac{1}{r_1}-\frac{2n+1}{n}\frac{1}{a}-\frac{n}{n-1}\frac{1}{f}\right\}+ \\ \qquad +\tfrac{1}{2}\frac{1}{F}\left\{\frac{N+1}{N}\frac{1}{r_3}-\frac{2N+1}{N}\frac{1}{y_1}-\frac{N}{N-1}\frac{1}{F}\right\}. \end{cases}$$

Soweit die vorhin angekündigte Abschweifung. Wir wenden uns nun zu

$$\overline{ra}+n.\overline{rx}$$

d. i. nach (35a.)

$$\frac{n-1}{2n^2}\left[\frac{1}{r_1}-\frac{1}{a}\right]^2\left(\frac{1}{r_1}-\frac{n+1}{a}\right)-\frac{n-1}{2}\left[\frac{1}{r_2}-\frac{1}{x_1}\right]^2\left(\frac{n}{r_2}-\frac{n+1}{x_1}\right).$$

Wir finden mit Benutzung von (51.):

$$n\overline{rx} \doteq -\frac{n-1}{2n^2}\left(\frac{1}{r_1}-\frac{1}{a}-\frac{n}{n-1}\frac{1}{f}\right)^2\left(\frac{1}{r_1}-\frac{n+1}{a}-\frac{n^2}{n-1}\frac{1}{f}\right),$$

und

$$\overline{ra}+n\overline{rx} \doteq \left[\frac{1}{r_1}-\frac{1}{a}\right]^2\frac{n^2}{n-1}\frac{1}{f}+2\left[\frac{1}{r_1}-\frac{1}{a}\right]\left(\frac{1}{r_1}-\frac{n+1}{a}\right)\frac{n}{n-1}\frac{1}{f}-$$
$$-\left(\left(\frac{1}{r_1}-\frac{n+1}{a}\right)\frac{n^2}{(n-1)^2}\frac{1}{f^2}+2\left[\frac{1}{r_1}-\frac{1}{a}\right]\frac{n^3}{(n-1)^2}\frac{1}{f^2}\right)+\frac{n^4}{(n-1)^3}\frac{1}{f^3},$$

nachdem nämlich diejenigen Glieder, welche die dritte Potenz von $\frac{1}{r_1}$ enthalten haben würden, sich gegenseitig aufgehoben haben. Es ist zu bemerken, dass dieser günstige Umstand (des Herausfallens der dritten Potenz) nur bei den Annäherungsgleichungen, und keineswegs bei den exacten eintritt. —

Nach einigen leichten Transformationen

$$\doteq \frac{1}{2f}\left\{\left[\frac{1}{r_1}-\frac{1}{a}\right]^2+\frac{2}{n}\left[\frac{1}{r_1}-\frac{1}{a}\right]\left(\frac{1}{r_1}-\frac{n+1}{a}\right)-\right.$$
$$\left.-\left(\frac{1}{r_1}-\frac{n+1}{a}\right)\frac{1}{n-1}\frac{1}{f}-2\left[\frac{1}{r_1}-\frac{1}{a}\right]\frac{n}{n-1}\frac{1}{f}+\frac{n^2}{(n-1)^2}\frac{1}{f^2}\right\},$$

und schliefslich:

$$(57.)\quad \begin{cases} \overline{ra}+n\overline{rx} \doteq \frac{1}{2f}\left[\frac{n+2}{n}\frac{1}{r_1^2}-\left(\frac{4n+4}{n}\frac{1}{a}+\frac{2n+1}{n-1}\frac{1}{f}\right)\frac{1}{r_1}+\right. \\ \qquad\qquad \left. +\frac{3n+2}{n}\frac{1}{a^2}+\frac{3n+1}{n-1}\frac{1}{a}\frac{1}{f}+\frac{n^2}{(n-1)^2}\frac{1}{f^2}\right]. \end{cases}$$

Hieraus durch obige Buchstabenvertauschung und Vereinigung:

$$(58.)\quad \begin{cases} \overline{ra}+n\overline{rx}+\overline{ry}+N\overline{rz} \doteq \\ \doteq \frac{1}{2f}\left[\frac{n+2}{n}\frac{1}{r_1^2}-\left(\frac{4n+4}{n}\frac{1}{a}+\frac{2n+1}{n-1}\frac{1}{f}\right)\frac{1}{r_1}+\right. \\ \qquad\qquad \left. +\frac{3n+2}{n}\frac{1}{a^2}+\frac{3n+1}{n-1}\frac{1}{a}\frac{1}{f}+\frac{n^2}{(n-1)^2}\frac{1}{f^2}\right]+ \\ +\frac{1}{2F}\left[\frac{N+2}{N}\frac{1}{r_3^2}-\left(\frac{4N+4}{N}\frac{1}{y_1}+\frac{2N+1}{N-1}\frac{1}{F}\right)\frac{1}{r_3}+\right. \\ \qquad\qquad \left. +\frac{3N+2}{N}\frac{1}{y_1^2}+\frac{3N+1}{N-1}\frac{1}{y_1}\frac{1}{F}+\frac{N^2}{(N-1)^2}\frac{1}{F^2}\right]. \end{cases}$$

Diese Gleichung, um deren Gewinnung es uns vor allem zu thun war, drückt einen genäherten Wert des Coefficienten C (— vgl. das in § 17 zu Gleichung (41.) Gesagte —) aus, und zwar durch r_1 und r_3, und sonst lauter bekannte Gröfsen. Denn was das y_1 betrifft, so ist nach (38.)

$$\frac{1}{y_1} \doteq \frac{1}{a}+(n-1)\left(\frac{1}{r_1}-\frac{1}{r_2}\right);$$

also mit Hülfe von (47.)

$$\frac{1}{y_1} \doteq \frac{1}{a}+\frac{1}{f},$$

folglich bekannt. —

Setzen wir nun, wie es doch bei einem Fernrore sein muss, $a=-\infty$, also $\frac{1}{a}=0$; führen wir ferner, vermöge der Einheitsgleichung (40.) anstatt $\frac{1}{f}$ vielmehr 1 ein; schreiben endlich nach (49) $-\omega\frac{1}{f}$ oder $-\omega$ anstatt $\frac{1}{F}$; so verwandelt sich die Gleichung (58.) in folgende Gestalt, die zur annähernden numerischen Berechnung gewöhnlich angewandt wird:

$$(59.)\quad \begin{cases} C \doteq \frac{n+2}{2n}\frac{1}{r_1^2}-\frac{2n+1}{2n-2}\frac{1}{r_1}- \\ \qquad -\frac{N+2}{2N}\omega\frac{1}{r_3^2}+\left(\frac{2N+2}{N}\omega-\frac{2N+1}{2N-2}\omega^2\right)\frac{1}{r_3}+ \\ \qquad +\frac{n^2}{2(n-1)^2}-\frac{3N+2}{2N}\omega+\frac{3N+1}{2N-2}\omega^2-\frac{N^2}{2(N-1)^2}\omega^3=0. \end{cases}$$

Setzt man die rechte Seite gleich 0, so hat man die nahezu richtige sphäristische Bedingungsgleichung.

Hat man sich für irgend eine bestimmte Gröſse des ersten Radius r_1 entschieden, so giebt die Auflösung der Gleichung (59.) den dritten Radius r_3, oder zunächst dessen reciproken Wert $\frac{1}{r_3}$. — Nur wolle man sich hüten, den auf diesem Wege erlangten Wert von r_3 für etwas anderes als einen Näherungswert zu halten, oder gar zu wähnen, dass man ein übriges thue, wenn man r_3, anstatt sich einer der existierenden Tafeln zu bedienen, lieber aus Gleichung (59.) selbst berechnet. So selbst Prechtl, Vorrede pag. VI. Obwohl man zugeben muss, dass gerade in derjenigen Region, in welcher sich bei der Herschel'schen Methode die Werte von r_1 bewegen, die Annäherungsgleichung (59.) verhältnissmäſsig nahe richtige Werte für r_3 liefert.

§ 20.
Zwischenbetrachtung über die **zweite** Herschel'sche, die Littrow'sche und die Gauſs'sche Forderung.

Die Aufgabe, zu den gegebenen Gröſsen n, N, ω, δ, h, ε die passendsten Krümmungsradien zu finden, wäre eine ganz bestimmte, wenn nur für einen der Radien, etwa für r_1, eine bestimmte Gröſse vorgeschrieben wäre. So lange dies nicht der Fall ist, bleibt die Aufgabe eine auf unendlich viele Arten zu lösen mögliche. Wir könnten für r_1 eine jede beliebige Gröſse willkürlich festsetzen, da nach der bis hierher vorgetragenen Theorie nicht einzusehen ist, warum der eine Wert von r_1 vor einem andern den Vorzug haben sollte. Allein was die Theorie nicht vermag, das leistet (— in gewissen Grenzen —) die Praxis, d. i. die wirkliche Anfertigung achromatischer Objective seitens der Mechaniker. Diese hat genugsam gelehrt, dass es durchaus nicht gleichgültig ist, von welchem Werte von r_1 man ausgeht, wenn man sich auch (— bei vorgeschriebener Brennweite des Kronglases oder des ganzen Doppelobjectives —) noch so viel Mühe giebt durch passende Gröſsenbestimmung für r_2, r_3, r_4 den Sphärismus und Chromatismus zu beseitigen. — Hieraus darf man wohl den Schluss ziehen, dass die Theorie noch mit irgend einem Mangel behaftet sein müsse, d. h. nicht etwa mit einem aus Irrtum untergelaufenen Fehler, sondern dass sie noch an einer Unvollständigkeit leide, und einer Ergänzung bedürftig sei, die etwa in einer vierten Forderung oder Bedingungsgleichung ihren Ausdruck finden dürfte. Und in der That sind wir ja im Stande noch eine, aber auch nur noch eine einzige Bedingung zu erfüllen. Vgl. § 17.

Von gröfseren Objectiven haben sich die von Fraunhofer selbst gefertigten am wirksamsten gezeigt, deren Verhältnisse, was den Sphärismus anbetrifft, wohl nur auf empirischem Wege gefunden wurden, bis es dem jüngeren (J. F. W.) Herschel gelang, eine Theorie aufzustellen, deren Ergebnisse nahezu mit jenen Fraunhoferschen Verhältnissen übereinstimmen. Vgl. Prechtl § 100ff., desgl. die Vorrede pag. VI bis X, wo man auf pag. VII unter II. eine (aufser der uns schon aus § 17 bekannten ersten) zweite, ebenfalls von Herschel aufgestellte Gleichung (— also eine vierte Bedingungsgleichung —), jedoch in anderer als der von uns adoptierten Bezeichnung antrifft. Die Herleitung dieser Gleichung finden wir bei Herschel selbst in den Transactions of the royal soc. for 1821. p. II, pag. 222. — Edinburgh philos. Journal Vol. VI. pag. 361; auch bei Littrow, Dioptr. pag. 90—92. — Herschel glaubte nämlich, die einzige uns noch übrige Freiheit dazu benutzen zu müssen, dass er den Näherungswert von C (in unserer Gleichung (58.)) nicht allein für $a = \mp\infty$, also $\frac{1}{a} = 0$ zum Verschwinden zu bringen suchte (— eine Forderung die bei uns in Gleichung (59.) ihren Ausdruck gefunden hat —), sondern wo möglich für jeden beliebigen Wert von $\frac{1}{a}$. Eine Folge davon würde sein, dass das Doppelobjectiv nicht blos von unendlich entfernten Objecten möglichst deutliche Bilder lieferte, sondern auch von relativ nahen.

Wir können die zweite Herschelsche Gleichung sehr leicht entwickeln, wenn wir in (58.) aus dem genäherten Werte von $\overline{ra}+n\overline{rx}+\overline{rx}+N\overline{rz}$ oder C den Coefficienten von $\frac{1}{a}$ (zur ersten Potenz) gesondert darstellen und gleich Null setzen. Wir müssen uns dabei an eben dasselbe erinnern, was schon oben (kurz hinter Gleichung (58.)) angeführt wurde, dass nämlich

$$\frac{1}{y_1} \mp \frac{1}{a} + \frac{1}{f}, \quad \text{also} \quad \frac{1}{y_1^2} \mp \frac{1}{a^2} + \frac{2}{f}\frac{1}{a} + \frac{1}{f^2}$$

ist. So erhalten wir

$$0 \mp \frac{1}{2f}\left[-\frac{4n+4}{n}\frac{1}{r_1} + \frac{3n+1}{n-1}\frac{1}{f}\right] + \frac{1}{2F}\left[-\frac{4N+4}{N}\frac{1}{r_3} + \frac{6N+4}{N}\frac{1}{f} + \frac{3N+1}{N-1}\frac{1}{F}\right].$$

Und wenn wir nun gemäfs der genannten Farbengleichung $\frac{1}{F} = -\omega\frac{1}{f}$ setzen:

$$(60.) \quad \mathfrak{H} = \frac{4n+4}{n}\frac{1}{r_1} - \frac{4N+4}{N}\omega\frac{1}{r_3} - \frac{3n+1}{n-1}\frac{1}{f} + \frac{6N+4}{N}\frac{\omega}{f} - \frac{3N+1}{N-1}\frac{\omega^2}{f} \mp 0.$$

Anm. Der unveränderte Coefficient von $\frac{1}{a}$ ist nicht $+\mathfrak{H}$, sondern $-\frac{1}{2}\frac{1}{f}\mathfrak{H}$.

Dies ist die zweite Herschelsche Forderung in unserer Bezeichnung; sie stellt eine lineare Gleichung bezügl. $\frac{1}{r_1}$ und $\frac{1}{r_3}$ dar. Durch Herschel und Barlow ist eine Tafel berechnet worden, aus welcher man für jedes gegebene n, N und ω ohne eigentliche Rechnung diejenigen Krümmungshalbmesser entnehmen kann, welche geeignet sind, den beiden Herschelschen Forderungen (59.) und (60.) und der Farbengleichungen (49.) $\frac{1}{F} \mp -\frac{\omega}{f}$, (— alle drei allerdings nur Näherungsgleichungen —) Genüge zu thun. Die Tafel nebst Gebrauchsanweisung steht u. a. auch bei Prechtl, § 103ff. Dort wird auch an drei Beispielen der Nachweis zu führen gesucht, dass die nach Herschel-Barlow berechneten Krümmungsradien beinahe vollständig dieselben seien, wie diejenigen der so berümten Fraunhoferschen Objective. Vgl. § 111 gegen E. — Indessen steht dieser Nachweis doch auf sehr schwachen Füſsen, da in den erwähnten drei einzelnen Fällen Professor Stampfer auf Prechtl's Ersuchen (§ 110) zwar die Krümmungsradien der Fraunhoferschen Objective nachgemessen hat, aber nicht die Brechungs- und Zerstreuungsverhältnisse; diese nimmt Prechtl (an drei Stellen des § 111) vielmehr nach Gutdünken an. Zum Ueberflusse geht aus der Betrachtung des ersten Beispieles hervor, dass die Fraunhoferschen Maſse bezüglich des kleinen Theodolithen von den Angaben der Tafel weit abliegen, ja total verschieden sind. Littrow führt dieselben drei Beispiele (von Prechtl entlehnt) so an (pag. 120), dass man zu der Annahme verleitet wird, als habe Stampfer auch n, N und ω durch Messung bestimmt. Vgl. auch Grunert (Optische Untersuchungen. Leipzig 1847. Zweiter Teil, Vorrede pag. VIII) der die Sache ebenso aufgefasst zu haben scheint. S. pag. 215—216. — [Uebrigens will Littrow an den drei Beispielen nicht zeigen, dass Fraunhofer's Objective den Herschelschen Forderungen entsprächen, sondern dass sie dem Arbitrium Bohnenberger's (nach welchem $r_1 : r_2 = 2:3$ sein soll) nicht nahe kämen.]

Das Richtige dürfte wohl sein, dass Fraunhofer nach vielen Versuchen es für das vorteilhafteste erachtet hat, wenigstens bei seinen gröſseren Objectiven die Kronglaslinse beiderseitig convex, und absolut genommen, den ersten Radius über doppelt so groſs zu machen als den zweiten; dass er im übrigen aber wohl nur auf dem Wege des Probierens die chromatistische, oder doch wenigstens die sphäristische Gleichung nahezu zu erfüllen verstand.

Nach meiner Ansicht ist die von Herschel durch Aufstellung seiner zweiten Forderung versuchte Vervollständigung der Theorie nicht die richtige; abgesehen davon, dass $\overline{ra} + n\overline{rx} + \overline{ry} + N\overline{rz}$, d. i. $\mp C$, immer noch von a abhängig bleibt, selbst wenn der Coefficient von $\frac{1}{a}$ auf 0 gebracht wird. (Denn aus (58.) erhalten wir als Coefficienten der zweiten Potenz von $\frac{1}{a}$:

$$\frac{1}{2f}\,\frac{3n+2}{n}+\frac{1}{2F}\,\frac{3N+2}{N},\ \text{d. i.}\ \frac{1}{2f}\left(\frac{3n+2}{n}-\frac{3N+2}{N}\,\omega\right),$$

eine Gröfse, die bei den wirklich vorkommenden Werten von n, N, ω nicht Null werden kann, deren schädlicher Einfluss also nur dadurch unbemerkbar gemacht werden kann, dass $\frac{1}{a}$ entsprechend klein, oder a entsprechend grofs angenommen wird, wodurch also das Gute, welches erreicht werden soll, wenigstens limitiert wird.) Abgesehen also hiervon würde die Erfüllung der zweiten Herschelschen Forderung auf das Hauptdesiderat eines guten Fernror-objectives, nämlich auf gröfsere Schärfe des von einem unendlich entfernten (himmlischen oder sehr weiten irdischen) Objecte gemachten Bildes ohne allen Einfluss sein, vielmehr würden die dieser Theorie entsprechend construierten Objective uns die astronomischen Objecte nicht um ein Haar deutlicher zeigen, als wir sie durch ein Objectiv sehen, dessen erster Radius r_1 willkürlich angenommen wird; und wenn etwa in diesem oder jenem bestimmten Falle ein streng nach Herschel-Barlow gearbeitetes astronomisches Objectiv hervorragend Vorzügliches geleistet hat, so ist die Erfüllung der zweiten Herschel'schen Gleichung ganz gewiss nicht die Ursache gewesen.

Der eben gemachte Einwurf, dass nämlich zu Gunsten einer gröfseren Bildschärfe nichts gewonnen wird, trifft auch den von Littrow (— früher schon einmal von Klügel —) gemachten Vorschlag, die beiden ersten Krümmungen genau gleich stark, dem Zeichen nach aber entgegengesetzt zu machen (— nämlich nach unserer Auffassung, vgl. § 3 gegen Ende und § 6 kurz nach Anfang —), so dass also, wie man es auszudrücken pflegt, die Kronglaslinse eine gleichseitige wird; $r_2 = -r_1$. Was Littrow zur Begründung seiner Forderung p. 126—127 anführt, dass man nämlich hierdurch die gröfste Apertur des Objectives gewinne, beruht auf der nicht stichhaltigen Annahme, dass bei möglichst geringen Krümmungen der brechenden Flächen der nicht wegzuschaffende Rest der sphäristischen Abweichung ein Minimum sein müsse.

Aehnlich verhält es sich mit allen übrigen, bis jetzt in Vorschlag gebrachten Ergänzungen der Theorie.

Einzig und allein die von Gaufs (Zeitschrift für Astronomie pp. von B. von Lindenau und J. G. F. Bohnenberger. 4. Band, Tübingen 1817; S. 345) aufgestellte Forderung ist ausgenommen. Dieselbe lässt sich in unserer Bezeichnung folgendermafsen darstellen: In Gleichung (25.) ist

$$\frac{1}{b} = \frac{1}{b_0} + C.e_1^2 + \cdots$$

Hier sind die Gröfsen $\frac{1}{b_0}$ und C Functionen von n und N. Verändern sich nun n und N in $n \pm dn$ und $N \pm dN$, so ändern sich im allgemeinen gleichzeitig $\frac{1}{b_0}$ und C, folglich unerwünschter Weise auch der Wert von $\frac{1}{b}$. Dass die Aenderung möglichst gering ausfalle, dafür ist gesorgt durch die Farbengleichung:

$$\partial \frac{1}{b_0} = 0 \text{ (nach } n \text{ und } N);$$

vgl. (43.) und (44.). Das heifst in Worten: $\frac{1}{b_0}$ bleibt für die roten und violetten Strahlen dasselbe wie für die mittleren (Strahlen mittlerer Brechung). Aber jene Farbengleichung vermag nicht zu verhindern, dass der Coefficient C, und alle höheren $D, E, \ldots$ ihre Werte ändern. Darum dringt Gaufs auf die Erfüllung der Bedingung

$$(61.) \qquad \partial C = 0 \text{ (nach } n \text{ und } N);$$

in Worten: Auch C soll für die extremen Brechungsindices $n \pm \partial n$ und $N \pm \partial N$ keinen andern Wert annehmen, als für die mittleren n und N.

Wenn diese neue Bedingung sich erfüllen liefse (— was in der That möglich ist —), so würde (nicht blos von den dem Pole ganz nahe einfallenden Circumpolarstrahlen, für welche e_1 nahezu $= 0$ ist, sondern auch) von den entfernteren Zonen- und Marginalstrahlen ein farbenreineres, also schärferes Bild erzeugt werden.

Grunert sagt pag. VIII der Vorrede: „Endlich habe ich das von Gaufs angegebene, aber nicht weiter analytisch entwickelte Princip einer ausführlichen Untersuchung auf dem Wege der Rechnung unterworfen, und möchte wohl wünschen, dass sich einmal ein geschickter Künstler entschlösse, nach diesem Principe, welchem ich in theoretischer Beziehung den Vorzug vor allen übrigen Principien einzuräumen keinen Anstand nehme, ein Doppelobjectiv zu bauen, was bis jetzt (1847) noch nie geschehen zu sein scheint"; u. s. w.

Von keineswegs ungewöhnlichen Brechungs- und Zerstreuungsverhältnissen (p. 237) ausgehend gelangt Grunert (d. h. ohne Berücksichtigung der Glasdicken und des Hiatus) zu einer Gleichung des vierten Grades, welche jedoch nur ein Paar reeller Wurzeln enthält, mittelst deren er (p. 255 und 256) schliefslich die folgenden Krümmungsradien erhält: entweder

$$r_1 = +14''073 \quad r_2 = +54''990 \quad r_3 = +17''674 \quad r_4 = +11''733,$$

oder

$$r_1 = -\ 7''680 \quad r_2 = -\ 5''462 \quad r_3 = +\ 4''175 \quad r_4 = +\ 3''729;$$

bei einer Gesammtbrennweite des Doppelobjectivs von 100 Zoll.

In Teil III kommen wir ausführlicher auf das Gaufs'sche Princip zurück.

§ 21.
Trigonometrische Berechnung der Bildweiten.

Ehe wir in unserer Betrachtung weiter vorwärts gehen, empfiehlt es sich, zuvor die schon anderweit bekannte trigonometrische Bestimmung der Bildörter vorzutragen, die uns in den Stand setzt, für jede gegebene Elongation den exacten Betrag von x, y, z, b auf dem Wege eines ziemlich einfachen und traitablen trigonometrischen Verfahrens numerisch berechnen zu können, wovon wir, hauptsächlich was das vierte und letzte Bild betrifft, in der Folge öfters Gebrauch machen werden.

Es sei (in Fig. 4) a die Abscisse eines in der Axe befindlichen (— in dem speciellen Falle der Fig. nur eingebildeten —) leuchtenden Punktes, und A derjenige Winkel, um welchen der einfallende Strahl (JA) von der Axe (OA) abweicht; ferner R der Einfallswinkel (welchen der einfache Strahl JA mit dem Radius $JM = r$ der brechenden Kugelfläche bildet), so ist in $\triangle MJA$:

$$\sin R = \frac{a-r}{r} \sin A.$$

Ist nun P der gebrochene Winkel (welchen der gebrochene Strahl JX mit dem Radius JM der eben verlassenen Kugelfläche bildet) und n der Brechungsindex, so ist:

$$\sin P = \frac{1}{n} \sin R;$$

und bezeichnet man den Axenwinkel, d. i. denjenigen, welchen der gebrochene Strahl (JX) mit der Axe (OX) bildet, mit X, so hat man:

$$X = R - P + A.$$

Nun ist in $\triangle JMX$:

$$x - r = r \frac{\sin P}{\sin X},$$

daher die Bildweite

$$x = r + r \frac{\sin P}{\sin X}.$$

Für eine nachfolgende zweite Brechung vertritt X die Stelle dessen, was jetzt A, und $x-\delta$ die Stelle dessen, was jetzt a war. Bezeichnen wir nun der Reihe nach

die Einfallswinkel (welche der einfache Strahl mit dem Radius der jedesmaligen brechenden Fläche bildet) mit R_1, R_2, R_3, R_4,

die gebrochenen Winkel (welche der gebrochen fortgehende Strahl mit dem Radius der eben verlassenen Fläche bildet) mit P_1, P_2, P_3, P_4,

die Axenwinkel*) (welche der gebrochene und hinreichend verlängerte Strahl mit der Axe bildet) mit X, Y, Z, B:

so können wir mittelst blofser Buchstabenvertauschung leicht alle diejenigen Gröfsen finden, deren wir bedürfen.

So erhalten wir die Gruppe der Gleichungen

(62.)

Gegeben sind $\sin A$ und a;
gesucht werden:

$$\sin R_1 = \frac{a-r_1}{r_1}\sin A \;\Big|\; \sin P_1 = \frac{1}{n}\sin R_1 \;\Big|\; \sin X = \sin(R_1-P_1+A)$$

$$x = r_1\left(1+\frac{\sin P_1}{\sin X}\right)$$

$$\sin R_2 = \frac{x-\delta-r_2}{r_2}\sin X \;\Big|\; \sin P_2 = n.\sin R_2 \;\Big|\; \sin Y = \sin(R_2-P_2+X)$$

$$y = r_2\left(1+\frac{\sin P_2}{\sin Y}\right)$$

$$\sin R_3 = \frac{y-h-r_3}{r_3}\sin Y \;\Big|\; \sin P_3 = \frac{1}{N}\sin R_3 \;\Big|\; \sin Z = \sin(R_3-P_3+Y)$$

$$z = r_3\left(1+\frac{\sin P_3}{\sin Z}\right)$$

$$\sin R_4 = \frac{z-\varepsilon-r_4}{r_4}\sin Z \;\Big|\; \sin P_4 = N\sin R_4 \;\Big|\; \sin B = \sin(R_4-P_4+Z)$$

$$b = r_4\left(1+\frac{\sin P_4}{\sin B}\right).$$

Wenn man, wie bei uns gewöhnlich der Fall sein wird, die drei ersten Bildweiten x, y, z nur in seltenen Fällen zu berechnen braucht, so kann man, nachdem man $\sin P_1$ und $\sin X$ gefunden, sogleich zur Berechnung von $\sin R_2$ schreiten nach der Gleichung

---

*) Besser: Strahl-axenwinkel, vgl. § 41.

$$(63.)\quad\begin{cases}\sin R_2 = \left(r_1\dfrac{\sin P_1}{\sin X}+r_1-r_2-\delta\right)\dfrac{\sin X}{r_2}, \\ \sin R_3 = \left(r_2\dfrac{\sin P_2}{\sin Y}+r_2-r_3-h\right)\dfrac{\sin Y}{r_3}, \\ \sin R_4 = \left(r_3\dfrac{\sin P_3}{\sin Z}+r_3-r_4-\varepsilon\right)\dfrac{\sin Z}{r_4},\end{cases}$$

und ebenso später

wodurch mehrmals ein Eingehen in die Logarithmentafeln erspart wird. Den Gebrauch aller dieser Gleichungen zu zeigen, findet sich unten Gelegenheit.

Sollte der Winkel A nicht direct gegeben sein (— was doch bis hierher angenommen wurde —), sondern etwa e oder das vom Treffpunkte J (Fig. 4) gefällte Perpendikel p_1, so lässt sich doch $\angle A$ leicht aus den zwischen ihm und den Linien e oder p_1 statt habenden Relationen berechnen, die wir hier kurz zusammenstellen. — Es ist $u = r - LM$, also wegen des rechtwinkeligen Dreieckes JLM

$$(64.)\quad\begin{cases}u = r-\sqrt{r^2-p_1^2}. & \text{Ferner auch (Kreiseigenschaft):} \\ u = \dfrac{e^2}{2r}. & \text{Aus Verbindung dieser Gleichungen:} \\ e^2 = 2r^2\left(1-\sqrt{1-\dfrac{p_1^2}{r^2}}\right). & \text{Und aus dem rechtw. } \triangle JOL\text{:} \\ p_1 = \sqrt{e^2-u^2} = e\sqrt{1-\dfrac{e^2}{4r^2}}. & \text{Ferner (rechtw. } \triangle JLA\text{):} \\ \operatorname{tg} A = \dfrac{p_1}{a-u}. \end{cases}$$

In der letzten dieser Gleichungen mag man je nach Bedarf u durch p_1, oder p_1 und u beide durch e ausdrücken.

Wenn aber $a = \pm\infty$, folglich der einfallende Strahl der Axe parallel ist, so ist der $\angle A = 0$. Dann wird aber in (62.) $\sin R_1 = \infty \times 0$, also unbestimmt. Da jedoch, wie gesagt, in diesem Falle der Strahl JA parallel ist der Axe OA, so haben wir $\angle MJA$, d. i. $\angle R_1 = \angle JMO$ und $\sin JMO = \dfrac{p_1}{r_1}$, also auch $\sin R_1 = \dfrac{p_1}{r_1}$.

Ist aber, während a einen endlichen Wert hat, $e = 0$ gegeben, so wird ebenfalls (wie vorhin) $\angle A = 0$; aber diesmal wird $\sin R_1$ auch $= 0$, ja sogar, wie man aus (62.) ersieht, jeder Einfalls-, gebrochene oder Axenwinkel ausnahmslos gleich Null. Aber dessenungeachtet lassen uns die Gleichungen (62.) keineswegs im Stiche, sondern gewähren uns die exacten Werte der Bildweiten für $e = 0$; das ist dasjenige, was wir mit x_0, y_0, z_0, b_0 zu bezeichnen gewohnt sind. Denn wenn wir bedenken, dass die Sinus unendlich kleiner Winkel zu einander in demselben Verhältnisse stehen, wie die Winkel selbst, so verwandelt sich die oberste Zeile von (62.) in:

$$\frac{A}{R_1}=\frac{r_1}{a-r_1};\ \frac{R_1}{P_1}=n;\ \left(\text{woraus } \frac{A_1}{P_1}=\frac{nr_1}{a-r_1}\right);\ x_0=r_1+r_1\frac{P_1}{R_1-P_1+A}.$$

Hieraus:

$$(65.)\quad\left\{\begin{array}{l} x_0=r_1+r_1\dfrac{1}{\dfrac{R_1}{P_1}-\dfrac{P_1}{P_1}+\dfrac{A}{P_1}},\quad \text{d. i.}\quad =r_1+\dfrac{r_1}{n-1+\dfrac{nr_1}{a-r_1}};\\ \text{in ganz gleicher Weise findet man}\\ y_0=r_2+\dfrac{r_2}{\dfrac{1}{n}-1+\dfrac{\frac{1}{n}r_2}{x_0-\delta-r_2}}\quad\Bigg|\quad z_0=r_3+\dfrac{r_3}{N-1+\dfrac{Nr_3}{y_0-h-r_3}}\\ b_0=r_4+\dfrac{r_4}{\dfrac{1}{N}-1+\dfrac{\frac{1}{N}r_4}{z_0-\varepsilon-r_4}}. \end{array}\right.$$

Die erste dieser Gleichungen lässt sich leicht umwandeln in

$$x_0=\frac{nar_1}{(n-1)a+r_1};\ \text{daraus}\ \frac{1}{x_0}=\frac{(n-1)a+r_1}{nar_1}=\frac{n-1}{n}\frac{1}{r_1}+\frac{1}{n}\frac{1}{a},$$

und ganz ähnlich mit den übrigen, so dass wir also hier genau dieselben Gleichungen abermals erhalten wie oben Gleichungen (36.). Und man ersieht leicht, dass sie auch für $a=\pm\infty$ Gültigkeit besitzen.

§ 22.
Die Dicken der Gläser.

Was diesen Gegenstand, den wir, bevor wir eine numerische Berechnung vornehmen können, erst einer näheren Betrachtung unterwerfen müssen, anlangt, so ist zu bemerken, dass für jede gegebene Apertur (JJ) ein gewisses Minimum der Dicke erforderlich ist (— natürlich nur bei denjenigen Linsen, welche in der Mitte am dicksten sind —), welches sich mit ziemlicher Annäherung sofort angeben lässt. Man hat nämlich $JO_1^2=O_1L.2r_1$, also sehr nahe auch $JL^2 \doteq O_1L.2r_1$; ebenso $JL^2 \doteq O_2L.2r_2$. Aus diesen beiden:

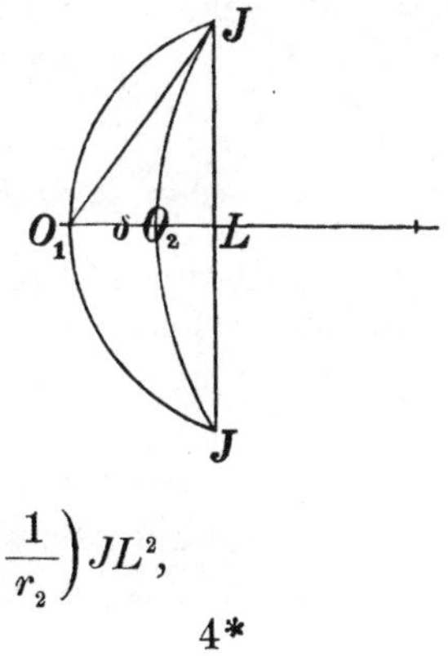

$$O_1L-O_2L,\quad \text{d. i.:}\quad \delta \doteq \tfrac{1}{2}\left(\frac{1}{r_1}-\frac{1}{r_2}\right)JL^2,$$

oder wenn wir, wie auch später immer geschehen wird,

die halbe Apertur (JL) mit $\mathfrak{p}$; die ganze (JJ) mit $\mathfrak{P}$ bezeichnen:

$$\delta \doteq \tfrac{1}{2}\left(\frac{1}{r_1}-\frac{1}{r_2}\right)\mathfrak{p}^2 \quad \text{oder} \quad \doteq \tfrac{1}{8}\left(\frac{1}{r_1}-\frac{1}{r_2}\right)\mathfrak{P}^2.$$

Nennen wir, wie schon früher, die Brennweite der ersten Linse f, und bedenken wir, dass $\frac{1}{n-1}$ immer nahe gleich 2 (weil $n \doteq \frac{3}{2}$) ist, wir also aus (47.) erhalten $\frac{1}{r_1}-\frac{1}{r_2} \doteq \frac{2}{f}$, so ist:

$$\delta \doteq \mathfrak{p}^2 \frac{1}{f}, \quad \text{genauer} \quad \doteq \frac{1}{2(n-1)}\mathfrak{p}^2 \frac{1}{f}.$$

Man muss jedoch dem Glase eine etwas gröſsere Dicke geben, als die hier eben gefundene, deren Ermittelung die Annahme zu Grunde lag, dass die Linse am Rande scharfschneidig wäre. Eine solche würde aber der Mechaniker nicht gehörig in der Fassung befestigen können. Bei einem Glase von 4 Zoll Apertur, also wenn $\mathfrak{p} = 2$ Zoll ist, dürfte eine Randdicke von $^1/_8$ Zoll vollständig genügen, und bei gröſseren oder kleineren Gläsern eine in geradem Verhältnisse gröſsere oder geringere, so dass wir also obigem $\mathfrak{p}^2 \frac{1}{f}$ noch $\frac{1}{16}\mathfrak{p}$ hinzuzufügen hätten. Somit wäre

$$(66.) \qquad \delta \doteq \mathfrak{p}^2 \frac{1}{f} + \tfrac{1}{16}\mathfrak{p} \doteq 0.03 f$$

auch für die Praxis vollkommen ausreichend. Die Zahl 0.03 rechtfertigt sich durch folgende Betrachtung. Kaum erreicht jemals die halbe Apertur $\mathfrak{p}$ $\frac{1}{20}$ der Gesammtbrennweite Φ des Doppelobjectives, also $\mathfrak{p} < \frac{1}{20}\Phi$; ferner ist wohl fast immer $\Phi < 2{,}9 f$. Daher $\mathfrak{p} < \frac{1}{20} \cdot \frac{2{\cdot}9}{10} f$, d. i. $< 0.145 f$. Hieraus ergiebt sich obiges $0{,}03 f$.

Wir unsrerseits werden ein noch weit gröſseres δ, nämlich

$$\delta = 0.05\,012, \qquad \log\delta = 8.70\,000 \qquad (\text{für } f = 1)$$

unseren nächsten numerischen Rechnungen zu Grunde legen, um auch noch bei weitem gröſsere Aperturen, als die in praxi zulässigen, der Betrachtung unterziehen zu können, was z. B. in § 30 geschieht.

Die Dicke der Flint-Hohllinse lieſse sich äuſsersten Falles $= 0$ nehmen; da aber bei allzugeringer Dicke das Glas schon beim Schleifen und Polieren gar leicht in der Mitte durchbrochen werden könnte, so ist es unerlässlich, immerhin eine mäſsige Dicke, etwa gleich $\frac{1}{100}$ der

Kronglasbrennweite f, zu statuieren. Sei also

$$(67.) \quad \varepsilon = 0.01\,000, \quad \log\varepsilon = 8{,}00\,000 \quad (\text{für } f = 1).$$

Ueber die Gröfse des Hiatus h wird das Nötige sich im Verlaufe der jedesmaligen wirklichen Berechnung ergeben. Man wird in der Regel die beiden Gläser so nahe an einander rücken, als es irgend möglich ist. Gestattet es die Gestalt der zweiten und dritten Krümmung, so rückt man sie bis zur wirklichen, oder wenigstens bis beinahe zur wirklichen Berürung zusammen. In diesem gewöhnlich statthabenden Falle ist h so unbedeutend, dass man es ganz unbedenklich gleich Null setzen darf, was denn zur Folge hat, dass $y_1 = y_0$, $\eta_1 = 1$, $\eta_0 = 1$ gesetzt werden muss.

§ 23.
Wegweiser zur numerischen Berechnung.

Die Aufgabe, diejenigen vier Radien zu berechnen, welche geeignet sind, sowohl der chromatischen Gleichung (43.) oder (44.) Genüge zu leisten, als auch die sphäristische Gleichung (41.) zu erfüllen, wird zu einer ganz bestimmten, wenn wir aufser den Constanten $a = \pm\infty$, n, N, ω, δ, h, ε noch irgend einen der vier Radien, also etwa den ersten r_1 von vorn herein als vorgeschrieben ansehen. Mit r_1 ist zugleich r_2 gegeben, da nach der Einheitsgleichung (40.)

$$\frac{1}{r_2} = \frac{1}{r_1} - \frac{1}{n-1} \quad \text{ist.}$$

Als Vorbereitung lösen wir die Näherungsgleichung (59.) für $\frac{1}{r_3}$, welchen Wert wir freilich nur annähernd richtig bekommen.

Erste Abteilung. Man findet (immer mit 5stelligen Logarithmen) aus (36):

$$\frac{1}{x_0} = \frac{n-1}{n}\frac{1}{r_1} + \frac{1}{n}\frac{1}{a}.$$

Damit das Berechnen von $\frac{1}{x_1}$ und des Coefficienten ξ_1 nicht zu viel Mühe mache (— desgl. $\frac{1}{y_1}$, η_1, $\frac{1}{z_1}$, ζ_1 —), wird man wohl thun, sich eine Tabelle anzulegen, welche durch directes Eingehen mit $\log\frac{\delta}{x_0}$ als Index sofort den $\log\xi_1$ giebt $\left(\text{d. i. } \log\frac{x_0}{x_0-\delta}\right)$, und so ebenfalls in den übrigen Fällen. (Die Tabelle ist dieser Abhandlung angefügt, am Schlusse.)

So ist z. B. unten auf S. 63 $\log\frac{1}{x_0} = 9.31\,226$

und $\log\delta = 8.7$, folglich $\log\frac{\delta}{x_0} = \underline{8.01\,226.}$

Für diesen Index giebt die Hülfstafel $\log \xi_1 = \underline{0.00\,449,}$

welches zu $\log\frac{1}{x_0}$ hinzuaddiert, giebt $\log\frac{1}{x_1} = 9.31\,675.$

Die Hülfstafel ist jedoch nur in dem Falle anwendbar, wenn $\frac{1}{x_0}$ positiv ist.

Wäre dagegen $\log\frac{1}{x_0} = \dot{-}9.31\,226,$

so würden wir zu demselben Index 8.01 226 aus der gewöhnlichen Gaufsischen Additionstafel entnehmen $\log \xi_1 = \underline{0.00\,444-,}$

und so durch Subtraction erhalten $\log\frac{1}{x_1} = \dot{-}9.30\,782,$

denn man wird leicht finden, dass 0.00 444 der log von ξ_0, d. i. von $\frac{1}{\xi_1}$ ist.

Man berechnet also $\log\frac{\delta}{x_0}$ (was bei einem so günstig wie in § 22 festgesetzten $\log\delta = 8.7$ im Kopfe gerechnet wird), und findet in der Tafel den $\log\xi_1$.

Diesen $\log\xi_1$ addiert man zu $\log\frac{1}{x_0}$, dies giebt $\log\frac{1}{x_1}$; und gewinnt durch Addition der beiden letztgenannten Logarithmen den $\log\frac{1}{x_0 x_1}$. Hierzu legt man $\log n\delta$, und erlangt $\log\frac{n\delta}{x_0 x_1}$.

Nunmehr nach (38.)

$$\frac{1}{y_0} = \frac{1}{a} + 1 + \frac{n\delta}{x_0 x_1}.$$

Und wenn uns h gegeben ist (gewöhnlich ist $h = 0$), so berechnen wir den $\log\frac{h}{y_0}$, mittelst dessen Hülfe uns die Tafel η_1 liefert.

Sodann berechnet man $\frac{1}{r_2} - \frac{1}{x_1}$; $\frac{1}{r_2} - \frac{n+1}{n}\frac{1}{x_1}$; desgleichen $\overline{ra}$ und $n.\overline{rx}$, endlich g nach ihren exacten Gleichungen, welche weiter unten übersichtlich und, zu gröfserer Bequemlichkeit der numerischen Rechnung, ein wenig umgeformt zusammengestellt werden sollen.

Soweit die erste Abteilung, in welcher von r_3 noch keine Rede ist. Sie liefert auf directem Wege lauter exacte Werte.

Zweite Abteilung, welche nach Befinden mehrmals $\left(\text{mit abgeänderten Werten von } \frac{1}{r_3}\right)$ wiederholt werden muss.

Unter Zugrundlegung des in der Vorbereitung gefundenen Näherungswertes von $\frac{1}{r_3}$ berechnen wir — jedoch nach den exacten Gleichungen $\frac{1}{z_0}$, ζ_1, $\frac{1}{z_1}$, $\frac{1}{r_3}-\frac{1}{y_1}$, $\frac{1}{r_3}-\frac{N+1}{y_1}$. Dann $\frac{1}{r_4}-\frac{1}{z_1}$ aus der Farbengleichung (44.), ferner $\frac{1}{r_4}-\frac{N+1}{N}\frac{1}{z_1}$ und $\overline{ry}$ sowie $N.\overline{rz}$.

Hierauf sehen wir zu, in wie weit die exacte sphäristische Gleichung (41.) verificiert wird, also wieviel $\mathfrak{a}+\mathfrak{x}+\mathfrak{y}+\mathfrak{z}$ ausmachen.

Die zweite Abteilung wiederholt man dann noch einmal, ausgehend von einem etwas abgeänderten Werte des $\frac{1}{r_3}$ (— etwa einige Tausendstel von $\frac{1}{r_3}$ Unterschied gegen vorhin —), um dann schliefslich durch Interpolation zu den für fünfstellige Berechnung ausreichend genauen Werten von $\frac{1}{r_3}$ und $\frac{1}{r_4}$ zu gelangen. Allerdings ist es vorzuziehen, sich zur Auffindung der folgenden Näherungswerte von $\frac{1}{r_3}$ der Differentialgleichung in bekannter Weise zu bedienen, wie denn auch unten bei Gelegenheit der wirklichen Ausführung geschehen soll.

Der glückliche Umstand, dass die erste Abteilung der Rechnung (— d. h. so lange nicht $\frac{1}{r_3}$ auftritt —) unverändert bestehen bleiben kann, und nur die zweite Abteilung wiederholt zu werden braucht, gilt freilich nur für solche Fälle, in denen r_1 oder $\frac{1}{r_1}$ von vorn herein als fest gegeben ist. In Teil II unserer Abhandlung wird dies nicht der Fall sein; wir werden dort die beiden Gröfsen $\frac{1}{r_1}$ und $\frac{1}{r_3}$ alle beide nur als ungefähr richtig empfangen, und nach durchgeführter Berechnung des Coefficienten C und noch einer anderen Gröfse H (— und zwar mit den Näherungswerten von $\frac{1}{r_1}$ und $\frac{1}{r_3}$ nach den exacten Gleichungen —) beide Werte $\frac{1}{r_1}$ und $\frac{1}{r_3}$ so lange in zweckdienlicher Weise abzuändern haben, bis die immer wieder ganz von vorn durchgeführte Rechnung die gewünschten Werte für C und H (— die gerade nicht immer absolut Null zu sein brauchen —) genau zutreffend liefert.

Erstes Zahlenbeispiel. (§§ 24—27.)

§ 24.
Data in Zahlen.

Nicht blos für dieses erste, sondern für eine Anzahl von Beispielen, wollen wir folgende (— δ ausgenommen —) nicht ungewöhnlichen Zahlenwerte zu Grunde legen:

$n = 1.524$	$\log n = 0.18\,298$
$N = 1.618$	$\log N = 0.20\,898$
$\omega = \frac{N-1}{n-1}\frac{\partial n}{\partial N} = 0.631$	$\log \omega = 9.80\,003$; $\log \frac{\partial n}{\partial N} = 9.72\,837$
(aus n:) $\frac{1}{n-1} = 1.90\,840$	
$\delta = 0.05\,012$	$\log \delta = 8.70\,000$
$\varepsilon = 0.01\,000$	$\log \varepsilon = 8.00\,000.$

Es fragt sich nun, welchen Wert von $\frac{1}{r_1}$ wir speciell für das erste Zahlenbeispiel festsetzen wollen.

Von einem angesehenen Fernrorfabrikanten wurden mir schon vor Jaren folgende Angaben mitgeteilt, zugleich mit der Versicherung, dass die denselben entsprechend ausgeführten Objective von ganz vorzüglicher Wirkung gewesen seien: n, N, ω wie oben.

Brennweite des Doppelobjectives ca. 42 Zoll, Apertur 3″.

$$r_1 = 27'' \quad r_2 = -12'' \quad r_3 = -12'' \quad r_4 = -50''.$$

Die Glasdicken waren nicht angegeben. Die Maſse der Radien waren nicht durch Rechnung, sondern durch geregeltes Probeschleifen nach gerade so wie angegeben gefunden worden, nachdem man ein nach Anweisung der Herschel-Barlow'schen Tafel geschliffenes Objectiv für unbrauchbar befunden hatte. Diese Tafel giebt (für $\Phi = 42''$)

$$r_1 = 28''36, \quad r_2 = -11''35, \quad r_3 = -11''62, \quad r_4 = -49''73,$$

also doch den empirisch gefundenen immerhin sehr ähnliche Maſse. Wir werden uns von den Zahlenangaben des genannten Technikers nur beiläufig das Verhältniss $r_1 : - r_2 = 27 : 12$, d. i. $\frac{1}{-r_2} : \frac{1}{r_1} = 9 : 4$

aneignen, welches in Verbindung mit der Einheitsgleichung

$$\frac{1}{-r_2} + \frac{1}{r_1} = \frac{1}{0.524}$$

(vgl. (40.)) eigentlich ergiebt $\frac{1}{r_1} = 0.58\,720.$

Jedoch aus einem erst später erkennbaren Grunde wollen wir uns noch etwas weiter von Herschel-Barlow entfernen, als es schon der Techniker gethan hat, indem wir setzen:

$$\frac{1}{r_1} = 0.59\,691, \quad \text{woraus folgt} \quad \frac{1}{-r_2} = 1.31\,149,$$

da doch $\frac{1}{r_1} - \frac{1}{r_2}$ zusammen $\frac{1}{n-1}$ ausmachen müssen, d. i. 1.90 840.

Anmerkung. Bezüglich solcher Logarithmen, deren Numeri mit dem Minuszeichen zu nehmen sind, bemerke ich hier ein für allemal, dass nicht durchweg die streng richtige Bezeichnung wie etwa $\log(-r_2) = 9.88\,224$, sondern oft auch $\log r_2 = \dot{-}\,9.88\,244$, oder gar $\log r_2 = -9.88\,224$ gesetzt sein wird. Bei einiger Aufmerksamkeit ist ja ein Missverständniss ausgeschlossen.

§ 25.

Erster und zweiter Näherungswert für $\frac{1}{r_3}$.

Was wir in § 23 „Vorbereitung" genannt haben, das ist eben die Aufsuchung des ersten Näherungswertes. Wir erlangen ihn durch Auflösung der sphäristischen Näherungsgleichung (59), welche in unserem speciellen Falle Glied für Glied (logarithmisch) so lautet:

$$0.06\,302\,\frac{1}{r_1^2} - 0.58\,688\,\frac{1}{r_1} - 9.84\,849\,\frac{1}{r_3^2} + (0.31\,005 - 0.13\,500)\,\frac{1}{r_3} +$$
$$+ 0.62\,627 - 0.12\,596 + 0.27\,549 - 9.93\,504 \ddagger 0.$$

Dies noch mehr zusammengezogen giebt:

$$(68.)\quad \begin{cases} C \ddagger 0.06\,302\,\frac{1}{r_1^2} - 0.58\,688\,\frac{1}{r_1} - \\ \qquad - 9.84\,849\,\frac{1}{r_3^2} \quad + 9.83\,085\,\frac{1}{r_3} \quad + 0.59\,301 \ddagger 0. \end{cases}$$

Für unseren speciellen Wert von $nu\frac{1}{r_1} = 0.59\,691$, und folglich $\log\frac{1}{r_1} = 9.77\,591$; $\log\frac{1}{r_1^2} = 9.55\,182$ haben wir daher:

$$C \ddagger -9.84\,849\,\frac{1}{r_3^2} + 9.83\,085\,\frac{1}{r_3} + 0.30\,618 \ddagger 0,$$

und

$$\frac{1}{r_3^2} - 9.98\,236\,\frac{1}{r_3} - 0.45\,769 \ddagger 0.$$

Hieraus

$$\frac{1}{r_3} \text{ oder vielmehr } \log\frac{1}{r_3} \mp 9.68\,133 - \sqrt{9.36\,266 + 0.45\,769}.$$

Wir müssen bei der Quadratwurzel das Minuszeichen nehmen, wenn wir doch bei Werten bleiben wollen, die sich nicht allzuweit von Herschel-Barlow entfernen; teils auch aus einem anderen später ersichtlichen Grunde. So erhalten wir

$$\log\left(\frac{1}{-r_3}\right) \mp 0.10\,734; \quad nu\frac{1}{r_3} \mp -1.28\,038,$$

als ersten Näherungswert.

Wenn man mit diesem Werte von $\frac{1}{r_3}$ den Coefficienten C nach den exacten Gleichungen berechnet, so findet man denselben zwar nicht vollständig, aber doch sehr nahe gleich 0, nämlich

$$C = -0.00\,080 \text{ in numero.}$$

Es ist überraschend, dass der aus einer Näherungsgleichung gewonnene Wert von $\frac{1}{r_3}$ schon eine so große Genauigkeit gewährt. Dies rürt indess blos daher, dass unsere Constanten, und vor allem unser $\frac{1}{r_1}$, es zufälligerweise so mit sich bringen; man könnte ja nur wünschen, dass es immer so glücklich gehen möchte.

{In wie geringem Grade dies oft der Fall ist kann man an folgendem Beispiele sehen. Setzt man von vorn herein $r_1 = \infty$, $\frac{1}{r_1} = 0$, wo denn die erste brechende Fläche plan ist, so hat man $\overline{ra} = 0$, $\xi_1 = \xi_0 = 1$. Die Näherungsgleichung (68.) giebt $\log\frac{1}{r_3} = 0.46\,015$; $nur_3 = +0.34\,662$, wenn man nämlich diesmal die Quadratwurzel mit dem Zeichen $+$ nimmt. Ferner

$$nu(\mathfrak{a}+\mathfrak{x}) = 4.37\,856 \quad \text{und} \quad nu(\mathfrak{y}+\mathfrak{z}) = -4.61\,261$$

also:

$$nuC = \mathfrak{a}+\mathfrak{x}+\mathfrak{y}+\mathfrak{z} = -0.23\,405,$$

während doch alles darauf ankommt $C = 0$ zu bekommen. — Der zu $\frac{1}{r_1} = 0$ gehörige Wert von r_3 findet sich schließlich $nur_3 = 0.35\,437$ also sehr ansehnlich von dem ersten Näherungswerte verschieden. — Ein sehr großer Uebelstand in diesem speciellen Falle ist auch der, dass eine geringfügige Aenderung an nur_3 eine dreißigmal so große an C hervorbringt.}

Für Fernröre gewöhnlicher Art würden die obigen, auf den ersten Wurf gefundenen Werte schon über die Maſsen genügen. Nur für solche Instrumente, die den höchsten astronomischen Zwecken dienen sollen, wird es wünschenswert sein, auch die noch vorhandene geringe Abweichung wegzuschaffen, wenigstens so gut es mit fünfstelligen Logarithmen thunlich ist.

Bei der Geringfügigkeit des Fehlers wird eine einmalige kleine Aenderung an $\frac{1}{r_3}$ Abhülfe schaffen. Die nötige Correctur finden wir am besten durch Anwendung der Differentialrechnung.

Die obige Gleichung für C schreibt sich auf drei Decimalen (logarithmisch)

$$C \ddagger -9.848 \frac{1}{r_3^2} + 9.831 \frac{1}{r_3} + 0.306.$$

Daher

$$\partial C \ddagger \left(-0.149 \frac{1}{r_3} + 9.831\right) \partial \frac{1}{r_3},$$

und da (vor. pag.) $\log \frac{1}{r_3} = \dot{-}0.107$ war:

$$\partial C \ddagger (+0{,}257 + 9.831) \partial \frac{1}{r_3},$$

d. i.

$$\partial C \ddagger +0.395 \ \partial \frac{1}{r_3}.$$

Da die obige Gleichung für C ziemlich genau der Wahrheit entsprach, so wird auch die Differentialgleichung ziemlich richtig sein.

Oben (vorige pag.) fand sich (referendo) $nu\,C = -0{,}00\,080$. Wir hätten gewünscht, dass C gerade $= 0$ ausgefallen wäre. Dies werden wir nun erreichen, wenn wir zu unserem bisherigen $\frac{1}{r_3}$ einen Zuwachs $\partial \frac{1}{r_3}$ hinzuzufügen, welcher geeignet ist, dem um 0.00 080 zu kleinen C einen Zuwachs von 80 Einheiten der fünften Decimale zu verschaffen. Es soll also $\partial C = 0.00\,080 \overset{nu}{=} \overline{6.903}$ (das ist der log) sein. Dies in die letzte Differentialgleichung gesetzt giebt:

$$6.903 = 0.395 \ \partial \frac{1}{r_3} \quad \text{und} \quad \log \partial \frac{1}{r_3} = +6.508$$

$$nu\,\partial \frac{1}{r_3} = +0.00\,032.$$

Dies ist der Zuwachs, den $\frac{1}{r_3}$ bekommen muſs. Legen wir $+32$ zu dem ersten Näherungswerte $-1{,}28\,038$ hinzu, so erhalten wir als zweiten, mutmaſslich vollständig genügenden Näherungswert

$$nu\frac{1}{r_3} = -1.28\,006 \quad \log\frac{1}{-r_3} = 0.10\,723.$$

Wir werden nun mit dem in § 24 gewählten $\frac{1}{r_1}$, und dem jetzt als zugehörig gefundenen $\frac{1}{r_3}$ die ganze Rechnung durchführen.

§ 26.
Uebersichtliche Zusammenstellung der nötigen Gleichungen.

Nur zum Zwecke der gröſseren Bequemlichkeit sollen hier diejenigen Gleichungen, die man zur numerischen Berechnung des Coefficienten C gebraucht, und zwar in der richtigen Reihenfolge zusammengestellt werden, damit man sie gleich bei einander antreffe.

Die Gröſse des auf C zunächst folgenden höheren Coefficienten D wird ebenfalls unser Interesse recht oft in Anspruch nehmen. Die zu dessen Berechnung erforderlichen Formeln füge ich deshalb gleich hier mit bei. Die Zusammenziehung der letzteren hat dann nach Vorschrift der Gleichung (25.) zu erfolgen.

Die den Ausdrücken übergeschriebenen Zahlen sind deren Logg.

$$\frac{1}{x_0} = \overset{9.53\,635}{\frac{n-1}{n}}\frac{1}{r_1} + \overset{9.81\,702}{\frac{1}{n}}\frac{1}{a} \quad \Bigg| \quad \xi_1 \ \text{am besten aus der Tafel.}\ (\log\delta = 8.7) \quad \Bigg| \quad \frac{1}{y_0} = 1 + \overset{8.88\,298}{\frac{n\delta}{x_0 x_1}} + \frac{1}{a}$$

$$\frac{1}{x_1} \qquad \left[\frac{1}{-r_2} + \frac{1}{x_1}\right] \qquad \left(\frac{1}{-r_2} + \overset{0.21\,910}{\frac{n+1}{n}}\frac{1}{x_1}\right)$$

$$\left\{\left[\frac{1}{-r_2} + \frac{1}{x_1}\right] + \xi_1^2 \overset{9.81\,702}{\frac{1}{n}}\left(\frac{1}{r_1} - \frac{1}{a}\right)\right\} \cdot \overset{9.72837}{\frac{\partial n}{\partial N}} = g$$

$$\frac{1}{z_0} = -\overset{9.58\,201}{\frac{N-1}{N}}\frac{1}{-r_3} + \overset{9.79\,102}{\frac{1}{N}}\frac{1}{y_1} \quad \Bigg| \quad \zeta_1 \ \text{aus der Tafel.}\ (\log\varepsilon = 8.7) \quad \Bigg| \quad \frac{1}{z_1}$$

$$\left[\frac{1}{-r_3} + \frac{1}{y_1}\right] \qquad \left(\frac{1}{-r_3} + \overset{0.41\,797}{(N+1)}\frac{1}{y_1}\right)$$

$$\left[\frac{1}{-r_4} + \frac{1}{z_1}\right] = \zeta_1^2\left\{\overset{9.79\,102}{\frac{1}{N}}\left[\frac{1}{-r_3} + \frac{1}{y_1}\right] - \eta_1^2 g\right\}$$

$$\left(\frac{1}{-r_4} + \frac{N+1}{N}\frac{1}{z_1}\right) = \left[\frac{1}{-r_4} + \frac{1}{z_1}\right] + \overset{9.79\,102}{\frac{1}{N}} \cdot \frac{1}{z_1}$$

Hierzu braucht man $\frac{1}{-r_4}$ noch nicht zu kennen.

$$\frac{1}{-r_4} = \left[\frac{1}{-r_4} + \frac{1}{z_1}\right] - \frac{1}{z_1}$$

$$\frac{1}{b_0} = (N-1)\cdot\left[\frac{1}{-r_4} + \frac{1}{z_1}\right] + \frac{1}{z_1}$$

Dieser Gleichungen bedarf man manchmal gar nicht

$$(ra) = \overset{9.05\,233}{\frac{n-1}{2n^2}}\left[\frac{1}{r_1} - \frac{1}{a}\right]\left(\frac{1}{r_1} - \overset{0.40\,209}{(n+1)}\frac{1}{a}\right) \qquad \overline{ra} = \left[\frac{1}{r_1} - \frac{1}{a}\right](ra)$$

$$(rx) = -\overset{9.60\,129}{\frac{n(n-1)}{2}}\left[\frac{1}{-r_2} + \frac{1}{x_1}\right]\left(\frac{1}{-r_2} + \overset{0.21\,910}{\frac{n+1}{n}}\frac{1}{x_1}\right) \qquad n.\overline{rx} = -\overset{0\,18\,298}{n}\left[\frac{1}{-r_2} + \frac{1}{x_1}\right](rx)$$

$$(ry) = \overset{9.07\,200}{\frac{N-1}{2N^2}}\left[\frac{1}{-r_3} + \frac{1}{y_1}\right]\left(\frac{1}{-r_3} + \overset{0.41\,797}{(N+1)}\frac{1}{y_1}\right) \qquad \overline{ry} = -\left[\frac{1}{-r_3} + \frac{1}{y_1}\right](ry)$$

$$(rz) = -\overset{9.69\,894}{\frac{N(N-1)}{2}}\left[\frac{1}{-r_4} + \frac{1}{z_1}\right]\left(\frac{1}{-r_4} + \overset{0.20\,899}{\frac{N+1}{N}}\frac{1}{z_1}\right) \qquad N\overline{rz} = -\overset{0.20\,898}{N}\left[\frac{1}{-r_4} + \frac{1}{z_1}\right](rz).$$

Zur Berechnung von D dienen folgende Formeln

$$(nan) = \overset{9.20\,106}{\frac{3-n}{4n^2}}\left[\frac{1}{r_1} - \frac{1}{a}\right]\left(\frac{1}{r_1} + \overset{0.42\,945}{\frac{3n^2-3}{3-n}}\frac{1}{a}\right)$$

$$\xi_0^2(nxn) = \xi_0^2\overset{0.13\,384}{\frac{3n^2-n}{4}}\left[\frac{1}{-r_2} + \frac{1}{x_1}\right]\left(\frac{1}{-r_2} + \overset{9.86\,264}{\frac{3n^2-3}{3n^2-n}}\frac{1}{x_1}\right)$$

$$\eta_0^2\xi_0^2(nyn) = \eta_0^2\xi_0^2\overset{9.12\,049}{\frac{3-N}{4N^2}}\left[\frac{1}{-r_3} + \frac{1}{y_1}\right]\left(\frac{1}{-r_3} - \overset{0.54\,557}{\frac{3N^2-3}{3-N}}\frac{1}{y_1}\right)$$

$$\zeta_0^2\eta_0^2\xi_0^2(nzn) = \zeta_0^2\eta_0^2\xi_0^2\overset{0.19\,283}{\frac{3N^2-N}{4}}\left[\frac{1}{-r_4} + \frac{1}{z_1}\right]\left(\frac{1}{-r_4} + \overset{9.89\,119}{\frac{3N^2-3}{3N^2-N}}\frac{1}{z_1}\right).$$

$$\xi_0^2(xn) = \xi_0^2\overset{0.16\,431}{\frac{(n-1)(3n+1)}{2}}\left[\frac{1}{-r_2} + \frac{1}{x_1}\right]\left(\frac{1}{-r_2} + \overset{0.13\,320}{\frac{3n+3}{3n+1}}\frac{1}{x_1}\right)$$

$$\eta_0^2\xi_0^2(yn) = -\eta_0^2\xi_0^2\overset{9.73\,645}{\frac{(N-1)(N+3)}{2N^2}}\left[\frac{1}{-r_3} + \frac{1}{y_1}\right]\left(\frac{1}{-r_3} + \overset{0.23\,064}{\frac{3N+3}{N+3}}\frac{1}{y_1}\right)$$

$$\zeta_0^2\eta_0^2\xi_0^2(zn) = \zeta_0^2\eta_0^2\xi_0^2\overset{0.25\,741}{\frac{(N-1)(3N+1)}{2}}\left[\frac{1}{-r_4} + \frac{1}{z_1}\right]\left(\frac{1}{-r_4} + \overset{0.12\,764}{\frac{3N+3}{3N+1}}\frac{1}{z_1}\right).$$

Zur Berechnung der folgenden drei Functionen thut man wohl, die **numeri** von folgenden 9 Gröfsen bereit zu halten:

$$\frac{\xi_1}{r_1} \quad \frac{1}{r_2} \quad \eta_1\frac{1}{r_2} \quad \frac{1}{r_3} \quad \frac{\zeta_1}{r_3} \quad \frac{1}{r_4} \quad \frac{1}{x_1} \quad \frac{1}{y_1} \quad \frac{1}{z_1}\,.$$

$$(r_1 r_2 x) = \left(\frac{\xi_1}{r_1} - \frac{1}{r_2}\right)\left\{\frac{1}{x_1} - \frac{1}{4}\left[\frac{\xi_1}{r_1} + \frac{1}{r_2}\right]\right\}$$

$$(r_2 r_3 y) = \left(\frac{\eta_1}{r_2} - \frac{1}{r_3}\right)\left\{\frac{1}{y_1} - \frac{1}{4}\left[\frac{\eta_1}{r_2} + \frac{1}{r_3}\right]\right\}$$

$$(r_3 r_4 z) = \left(\frac{\zeta_1}{r_3} - \frac{1}{r_4}\right)\left\{\frac{1}{z_1} - \frac{1}{4}\left[\frac{\zeta_1}{r_3} + \frac{1}{r_4}\right]\right\}.$$

§ 27.
Erstes Zahlenbeispiel (ausgeführt).

Es folgt hier die ganze Rechnung mit allen Nebenrechnungen; nur ξ_1 und ζ_1 sind aus einer Tabelle (vgl. S. 54) entnommen. Ich unterlasse es die Zahlendata des § 24 (Anfang) hier nochmals herzusetzen. Von den Radien ist ursprünglich nur gegeben r_1. Hieraus fanden wir in § 25 zunächst den ersten Näherungswert für r_3. Die Darstellung der Berechnung von C mittelst des ersten Näherungswertes habe ich nicht hergesetzt, sondern nur oben referiert, dass C um 80 zu klein ausgefallen wäre. Dann wurde in § 25 gezeigt, wie man zu dem zweiten Näherungswerte gelange, mittelst dessen wir nun die Rechnung durchführen und prüfen wollen, ob diesmal $C = 0$ wird.

Der vierte Radius findet sich erst im Verlaufe der Rechnung; nur der Vollständigkeit wegen ist er hier gleich mit hinzugesetzt worden. Von fünfstelligen Logarithmentafeln, insbesondere auch den Gaufs'schen Summen- und Differenzlogarithmen, wird der ausgedehnteste Gebrauch gemacht. — Die Buchstaben, welche man in der Nähe von Zahlen stehend finden wird, sollen andeuten, zu welchen Gröfsen jene Zahlen die Logarithmen sind.

	ni	li		li	ni
$\frac{1}{n-1}$	1.90 840				
$\frac{1}{r_1}$	0.59 691	9.77 591	r_1	0.22 409	1.67 531
$\frac{1}{-r_2}$	1.31 149	0.11 776	$-r_2$	9.88 224	0.76 250
$\frac{1}{-r_3}$	1.28 006	0.10 723	$-r_3$	9.89 277	0.78 122
$\frac{1}{-r_4}$	0.25 436	9.40 545	$-r_4$	0.59 455	3.93 145

Da r_2 und r_3 beide negativ sind, und absolut genommen $r_3 > r_2$, so kann man die beiden Gläser bis zur Berürung (im Centrum) zusammenrücken; also giebt es keinen Hiatus, sondern wir haben

$$h = 0, \quad \eta_0 = 1, \quad \eta_1 = 1, \quad y_1 = y_0.$$

$\frac{n-1}{n}$	9.53 635	
	9.77 591	$\frac{1}{r_1}$
$\frac{1}{x_0}$	9.31 226	
	449	ξ_1
$\frac{1}{x_1}$	9.31 675	

	8.62 901	$\frac{1}{x_0 x_1}$
$n\delta$	8.88 298	
	7.51 199, und $1 + \frac{n\delta}{x_0 x_1}$, d. i.	
$\frac{1}{y_{01}}$	0.00 141	

$\frac{1}{-r_2}$	0.11 776 + 9.31 675	$\frac{1}{x_1}$
	0.11 776	
	0.06 376 ← 9.19 899	
	0.18 152	$\left[\frac{1}{-r_2} + \frac{1}{x_1}\right]$

	0.21 910	$\frac{n+1}{n}$
$\frac{1}{x_1}$	9.31 675	
$\frac{1}{-r_2}$	0.11 776 + 9.53 585	
	0.11 776	
	0.10 102 ← 9.41 809	
	0.21 878	$\left(\frac{1}{-r_2} + \frac{n+1}{n x_1}\right)$

$\frac{1}{n}$	9.81 702	
$\frac{1}{r_1}$	9.77 591	
	898	ξ_1^2
[]	0.18 152 + 9.60 191	
	0.18 152	
	0.10 149 ← 9.42 039	
$\frac{\partial n}{\partial N}$	9.72 837	
	0.01 138	g.

$-\frac{N-1}{N}$	− 9.58 201 + 9.79 102	$\frac{1}{N}$
$\frac{1}{-r_3}$	0.10 723 141	$\frac{1}{y_1}$
	− 9.68 924 + 9.79 243	
	9.68 924	
	9.42 847 ← 0.10 319	
$\frac{1}{z_0}$	9.11 771	
	57	ζ_1
$\frac{1}{z_1}$	9.11 828.	

$\frac{1}{-r_3}$	0.10 723 + 0.00 141	$\frac{1}{y_1}$
	0.10 723	
	0.25 134 ← 9.89 418	
	0.35 857	$\left[\frac{1}{-r_3} + \frac{1}{y_1}\right]$

$N+1$	0.41 797	
	141	$\frac{1}{y_1}$
$\frac{1}{-r_3}$	0.10 723 + 0.41 938	
	0.41 938	
	9.68 785 → 0.17 242	
$\left(\frac{1}{-r_3} + \frac{N+1}{y_1}\right)$	0.59 180	

$\frac{1}{N}$	9.79 102	
[ ]	0.35 857	
	0.14 959 — 0.01 138	$-g$
	0.01 138	
	0.13 821 → 9.57 369	
	114	ζ_1^2
$\left[\frac{1}{-r_4}+\frac{1}{z_1}\right]$	9.58 621	

	9.79 102	$\frac{1}{N}$
	9.11 828	$\frac{1}{z_1}$
[ ]	9.58 621 + 8.90 930	
	9.58 621	
	0.08 294 ← 9.32 309	
	9.66 915	$\left(\frac{1}{-r_4}+\frac{N+1}{Nz_1}\right)$

$\frac{n-1}{2n^2}$	9.05 233
$\frac{1}{r_1^2}$	9.55 182
(ra)	8.60 415

ζ_1^2 114
ξ_1^2 898

(ra)	8.60 415	
$\frac{1}{r_1}$	9.77 591	
$\overline{ra}$	8.38 006	
	1 012	$\zeta_1^2\xi_1^2$
$\mathfrak{a}$	8.39 018;	$+0.02\,456$ ($nu\,\mathfrak{a}$)

$\frac{-n(n-1)}{2}$	— 9.60 129
[ ]	0.18 152
( )	0.21 878
(rx)	— 0.00 159

n	0.18 298	
(rx)	— 0.00 159	
—[ ]	— 0.18 152	
$n\overline{rx}$	0.36 609	
	784—	$\zeta_1^2\xi_0^2$
$\mathfrak{x}$	0.35 825;	$+2.28\,166$ ($nu\,\mathfrak{x}$)

$\frac{N-1}{2N^2}$	9.07 200
[ ]	0.35 857
( )	0.59 180
(ry)	0.02 237

(ry)	0.02 237	(nu aus siebenstell. Tafeln entn.)
—[ ]	— 0.35 857	
$\overline{ry}$	— 0.38 094	
	784—	$\zeta_1^2\xi_0^2$
$\mathfrak{y}$	— 0.37 310;	$-2.36\,102$ ($nu\,\mathfrak{y}$)

$\frac{-N(N-1)}{2}$	— 9.69 894
[ ]	9.58 621
( )	9.66 915
(rz)	— 8.95 430

N	0.20 898	
(rz)	— 8.95 430	
—[ ]	— 9.58 621	
$N.\overline{rz}$	8.74 949	
	1 012—	$\zeta_0^2\xi_0^2$
$\mathfrak{z}$	8.73 937,	$+0.05\,487$ ($nu\,\mathfrak{z}$)

$\mathfrak{a}+\mathfrak{x}+\mathfrak{y}+\mathfrak{z}$, d. i. C, giebt zusammen $+0.00\,007$, also so nahe Null, als etwa mit fünfstelligen Tafeln erreichbar ist.

$\left[\frac{1}{-r_4}+\frac{1}{z_1}\right]$

9.58 621 — 9.11 828 $\frac{1}{z_1}$

9.11 828

0.46 793 → 0.28 717

$\log\frac{1}{-r_4} = 9.40\,545$

$N-1$ 9.79 099

[ ] 9.58 621

9.37 720 + 9.11 828 $\frac{1}{z_1}$

9.37 720

0.19 059 ← 9.74 108

$\log\frac{1}{b_0} = 9.56\,779.$

$\log b_0 = 0.43\,221$; $nu\,b_0 = 2.70\,525$.

Multiplicieren wir die numeri der Radien mit der in Zollen ausgedrückten Brennweite des Kronglases, so erhalten wir die ersteren ebenfalls im Zollmaſs. Sollte z. B. die Kronglas-brennweite $f = 10$ Zoll sein, so müssten die Radien

$r_1 = 16''7531$ $r_2 = -7''6250$ $r_3 = -7''8122$ $r_4 = -39''3145$

genommen werden; und die Brennweite des Doppelobjectives, d. i. die ungefähre Länge des Fernrores, würde 27,05 Zoll betragen.

Bezüglich des Wertes von b_0 will ich hier noch bemerken, dass man ihn, wenn r_1 und r_3 nebst r_4 auf 7 Decimalstellen genau gegeben sind, ebenfalls ohne Mühe auf 7 Stellen richtig erhalten kann aus der Gleichung (38.), wenn man die Gröſsen x_0, x_1, y_0, y_1, z_0, z_1 auch nur fünfstellig berechnet, so wie wir es eben gethan haben. Vgl. § 30. —

Berechnung des Coefficienten D.

Es ist von hohem Interesse zu erfahren, wie groſs wohl mit denjenigen Werten, welche $C = 0$ machen, der Coefficient D der vierten Potenz von e_1 ausfallen möge. Wir berechnen zunächst die erforderlichen Functionen (S. pag. 61) und verbinden sie mit den Ergebnissen der pag. 64.

coeff. 9.20 106

$\frac{1}{r_1^2}$ 9.55 182

(nan) 8.75 288

$\mathfrak{a}$ 8.39 018

7.14 306; $\overset{nu}{+\,0.00\,139}$

co 9.86 264

$\frac{1}{x_1}$ 9.31 675

$\frac{1}{-r_2}$ 0.11 776 + 9.17 939

0.11 776

0.04 737 ← 9.06 163

0.16 513

0.18 152 $[x]$

0.13 384 co

898- ξ_0^2

0.47 151 $\xi_0^2(nxn)$

$\mathfrak{r}$ 0.35 824

0.82 975; $\overset{nu}{+\,6.75\,700}$.

		— 0.54 557	co
		141	$\frac{1}{y_1}$
$\frac{1}{-r_3}$	0.10 723	— 0.54 698	
		0.10 723	
	0 24 369 ←	0.43 975	
	— 0.35 092		
	0.35 857	[y]	
	9.12 049	co	
	898-	ξ_0^2	
	— 9.82 100	$\xi_0^2(nyn)$	
$\mathfrak{y}$	— 0.37 310		
	0.19 410;	+ 1.56 350 (nu)	

		9.89 119	co
		9.11 828	$\frac{1}{z_1}$
$\frac{1}{-r_4}$	9.40 545	+ 9.00 947	
		9.40 545	
	0.14 669 ←	9.60 402	
	9.55 214		
	9.58 621	[z]	
	0.19 283	co	
	1 012-	$\zeta_0^2\xi_0^2$	
	9.32 106	$\zeta_0^2\xi_0^2(nzn)$	
$\mathfrak{z}$	8.73 937		
	8.06 043;	+ 0.01 149. (nu)	

Diese vier numeri zusammen geben die erste Zeile in dem Ausdrucke für D in Gleichung (25.) auf S. 24. Sie betragen nu+8.33 338

		0.13 320	co
		9.31 675	$\frac{1}{x_1}$
$\frac{1}{-r_2}$	0.11 776	+ 9.44 995	
		0.11 776	
	0.08 453 ←	9.33 219	
	9.20 229		
	0.18 152	[x]	
	0.16 431	co	
	898-	ξ_0^2	
	0.53 914	$\xi_0^2(xn)$	

		0.23 064	co
		141	$\frac{1}{y_1}$
$\frac{1}{-r_3}$	0.10 723	+ 0.23 205	
	0.23 205		
	9.87 518 →	0.24 309	
		0.47 514	
		0.35 857	[y]
		— 9.73 645	co
		898-	ξ_0^2
	$\xi_0^2(yn)$	— 0.56 118	

	co	0.12 764	
	$\frac{1}{z_1}$	9.11 828	
$\frac{1}{-r_4}$	9.40 545	+ 9.24 592	
		9.40 545	
	0.22 855 ←	9.84 057	
	9.63 400		
	9.58 621	[z]	
	0.25 741	co	
	1 012-	$\zeta_0^2\xi_0^2$	
	9.46 750	$\zeta_0^2\xi_0^2(zn)$	

Vorbereitung

numeri		logarithmi	
ξ_1/r_1	0.60 311	$\log 1/r_1$	9.77 591
$1/r_2$	— 1.31 149	$\log \xi_1$	449
$1/r_3$	— 1.28 009		9.78 040
ζ_1/r_3	— 1.28 174	$\log 1/r_3$ (—)	0.10 723
$1/r_4$	— 0.25 436	$\log \zeta_1$	57
			— 0.10 780
$1/x_1$	0.20 737		
$1/y_1$	1.00 326		
$1/z_1$	0.13 131		

Nach den Formeln v. S. 62.

	numeri		
[]	— 0.70 838		
$\frac{1}{4}$ []	— 0.17 709		
$\frac{1}{x_4}$	0.20 737		
{}	0.38 446;	log	9.58 485
()	1.91 460;	log	0.28 208
			898− ξ_0^2
	$\log \xi^2(r_1 r_2 x) =$		9.85 795

[]	— 2.59 158		
$\frac{1}{4}$	— 0.64 789		
$\frac{1}{y_1}$	1.00 326		
{}	1.65 115;	log	0.21 779
()	— 0.03 140;	log	— 8.49 693
			898−
	$\log \xi_0^2(r_2 r_3 y) =$		(—) 8.70 574

[]	— 1.53 610		
$\frac{1}{4}$	— 0.38 402		
$\frac{1}{z_1}$	0.13 131		
{}	0.51 533;	log	9.71 208
()	— 1.02 738;	log	— 0.01 173
			1 012−
	$\log \zeta_0^2 \xi_0^2(r_3 r_4 z) =$		(—) 9.71 369

	$\xi_0^2(xn)$	— $\xi_0^2(r_1 r_2 x)$	
	0.53 914	— 9.85 795	
$\mathfrak{a}$	8.39 018	8.39 018	$\mathfrak{a}$
	8.92 932	— 8.24 813	
ni	0.08 498	— 0.01 771	
zusammen nu		+ 0.06 727	

$\mathfrak{a}$	8.39 018	+ 0.35 824	$\mathfrak{x}$
	0.35 824		
	8.03 194 →	0.00 465	
$(\mathfrak{a}+\mathfrak{x})$	0.36 289	0.36 289	$(\mathfrak{a}+\mathfrak{x})$
	$\xi_0^2(yn)$	— $\xi_0^2(r_2 r_3 y)$	
	— 0.56 118	+ 8.70 574	
	— 0.92 407	+ 9.06 863	
	9.06 863		
	1.85 544 →	1.84 934	
		— 0.91 797	
	nu	— 8.27 880	

	$\zeta_0^2 \xi_0^2(r_3 r_4 z)$	— $\zeta_0^2 \xi_0^2(zn)$	
	— 9.71 369	— 9.46 750	
$\mathfrak{z}$	8.73 937	8.73 937	$\mathfrak{z}$
	— 8.45 306	— 8.20 687	
ni	— 0.02 838	— 0.01 610	
zusammen nu		— 0.04 448.	

So haben wir denn für die einzelnen Zeilen in dem Ausdrucke für D auf S. 24

Z. I	+ 8.33 338	Z. III	— 8.27 880	
Z. II	+ 0.06 727	Z. IV	— 0.04 448	Die 4 Zeilen zusammen
	+ 8.40 065		— 8.32 328 =	+ 0.07 737.

Hierzu kommen noch die geringen Correctionen wegen

$$\text{Z. V} \quad + \frac{\delta}{n} 3\mathfrak{a}^2 \zeta_0^2 \xi_0; \quad \text{Z. VII} \quad + \frac{\varepsilon}{N} 3\mathfrak{z}^2 \zeta_0 \quad (\text{Z. VI} = 0 \text{ wegen } h = 0),$$

logarithmisch

δ	8.700	ε	8.000
$\frac{1}{n}$	9.817	$\frac{1}{N}$	9.791
3	0.477	3	0.477
$\mathfrak{a}^2$	6.780	$\mathfrak{z}^2$	7.479
$\zeta_0^2 \xi_0$	5–	ζ_0	1–
	5.769		5.746
ni	0,00 006		0,00 006
		zusammen	0,00 012.

Diese 12 muss zu dem Betrage der vier ersten Zeilen zugelegt werden. Wir erhalten

$$nu\,D = 0.07\,749; \quad \log D = 8.88\,925.$$

§ 28.
Zweites Zahlenbeispiel.

Die relativ geringe Gröfse des Coefficienten D, von welchem doch (— nachdem $C = 0$ geworden —) der Rest der sphärischen Abweichung vorzugsweise abhängt, regt die Frage an, wie grofs wohl D ausfallen möchte, wenn man unter Beibehaltung derselben Constanten n, N, ω, δ, ε ein von dem vorigen ansehnlich verschiedenes r_1 von vorn herein festsetzte. — Darum sei jetzt einmal (mit Littrow's Vorschrift übereinstimmend) $\frac{1}{r_2} = -\frac{1}{r_1}$; vgl. oben S. 46.

Da $\frac{1}{n-1} = 1.90\,840$, so wird demnach

$$\frac{1}{r_1} = \frac{1}{-r_2} = 0.95\,420$$

sein müssen. Nach Mafsgabe der Littrow'schen Tafeln (— bei deren Berechnung freilich nicht die Glasdicke der zweiten (Flint-) Linse, doch wenigstens die der Kronglaslinse, berücksichtigt, leider aber aus Versehen ein viel zu kleiner Wert von δ zu Grunde gelegt worden ist (siehe Littrow, S. 135. § 15, letzter Satz), müsste der dritte Radius $= -1.05\,155$ genommen werden; allein dieser, sowie die damit berechneten Functionen, verificieren nicht die exacten Gleichungen (44.) und (41.). Nach Littrow's Methode kann ja C überhaupt nicht gleich Null werden.

Wir suchen auf die bei dem ersten Beispiele angegebene Weise unser r_3 oder $\frac{1}{r_3}$ selbst auf. Wir finden durch Auflösung der quadratischen

Gleichung (68.) als ersten Näherungswert

$$nu\frac{1}{-r_3} = 0.95\,209$$

und nach geschehener Correction

$$0.95\,408,$$

und bekommen so:

			nu
$nu\frac{1}{r_1}$ +0.95 420	$\log\frac{1}{r_1}$ 9.97 964	$\log r_1$ 0.02 036	r_1 + 1.04 800
$nu\frac{1}{-r_2}$ +0.95 420	$\log\frac{1}{-r_2}$ 9.97 964	$\log(-r_2)$ 0.02 036	r_2 − 1.04 800
$nu\frac{1}{-r_3}$ +0.95 408	$\log\frac{1}{-r_3}$ 9.97 958	$\log(-r_3)$ 0.02 042	r_3 − 1.04 814
$nu\frac{1}{r_4}$ +0.08 091	$\log\frac{1}{r_4}$ 8.90 800	$\log r_4$ 1.09 200	r_4 +12.35 943

Der vierte Radius wird erst im Verlaufe der Rechnung gefunden, ist aber gleich den übrigen beigeschrieben worden. Es ist eigentümlich, dass der dritte Radius den beiden ersten (absolut genommen) beinahe — ja für die Praxis vollständig gleich ist, was keineswegs immer so zutrifft, sondern hier nur ein Ergebniss unserer speciellen Constanten ist. — Uebrigens ist wiederum $h = 0$, $\eta_0 = 1$, $\eta_1 = 1$, $\frac{1}{y_0} = \frac{1}{y_1}\cdot$ Ein Hiatus würde da sein, wenn r_2 und r_3 beide negativ, aber absolut genommen $r_3 < r_2$ wäre.

Die Berechnung giebt folgende Werte:
(die Zahlen sind Logarithmen, wenn nicht ausdrücklich *nu* dasteht.)

$\frac{1}{x_0}$	9.51 599	$\frac{1}{y_0} = \frac{1}{y_1}$	0.00 362	$\frac{1}{z_0}$	9.41 298
ξ_1	720			ζ_1	113
$\frac{1}{x_1}$	9.52 319	$\left[\frac{1}{-r_3}+\frac{1}{y_1}\right]$	0.29 280	$\frac{1}{z_1}$	9.41 411
$\left[\frac{1}{-r_2}+\frac{1}{x_1}\right]$	0.10 984	$\left(\frac{1}{-r_3}+\frac{N+1}{y_1}\right)$	0.55 558	$\left[\frac{1}{-r_4}+\frac{1}{z_1}\right]$	9.25 182
$\left(\frac{1}{-r_2}+\frac{n+1}{nx_1}\right)$	0.17 801	g	0.01 505	$\left(\frac{1}{-r_4}+\frac{N+1}{Nz_1}\right)$	9.53 014.

Im vorigen Zahlenbeispiel war r_4 negativ, diesmal positiv, darum ist auch diesmal $\frac{1}{-r_4}+\frac{1}{z_1}$ in der That eine (wirkliche) Differenz, u. dgl. m. Man findet $\log\frac{1}{r_4} = 8.90\,800$. —

(ra)	9.01 161	(rx)	— 9.88 913	(ry)	9.92 038	(rz)	— 8.48 090
$\overline{ra}$	8.99 125	$n.\overline{rx}$	0.18 195	$\overline{ry}$	— 0.21 318	$N\overline{rz}$	7.94 170
$\mathfrak{a}$	9.00 790	$\mathfrak{x}$	0.16 980	$\mathfrak{y}$	— 0.20 103	$\mathfrak{z}$	7.92 505
$nu\,\mathfrak{a}$	0.10 184	$nu\,\mathfrak{x}$	1.47 843	$nu\,\mathfrak{y}$	— 1.58 867	$nu\,\mathfrak{z}$	0.00 841.

Demnach $nu\,C = 0.00\,001$,

$$\log\frac{1}{b_0} = 9.56\,802 \quad nu\frac{1}{b_0} = 0.36\,985 \quad \log b_0 = 0.43\,198 \quad nu\,b_0 = 2.70\,381.$$

$(n\mathfrak{a}n)$	9.16 034	$\xi_0^2(nxn)$	0.30 749	$\xi_0^2(nyn)$	— 9.81 175	$\zeta_0^2\xi_0^2(nzn)$	8.51 102
		$\xi_0^2(xn)$	0.40 820	$\xi_0^2(yn)$	— 0.44 121	$\zeta_0^2\xi_0^2(zn)$	8.91 946
		$\xi_0^2(r_1r_2x)$	9.78 785	$\xi_0^2(r_2r_3y)$	— 6.23 664	$\zeta_0^2\xi_0^2(r_3r_4z)$	— 9.67 911.

Die vier Glieder der ersten Zeile von D in Gleichung (25.) betragen der Reihe nach

$$ni: \quad +0.01\,473 + 3.00\,114 + 1.02\,986 + 0.00\,027$$

nu	Zeile 1 in D (25.)	4.04 600	Zeile 3	— 4.36 433
nu	2	0.19 819	4	— 0.00 472
	Correct. Z. 5 (6) 7	100		
		+ 4.24 519		— 4.36 905,

woraus

$$num\,D = -0.12\,386.$$

§ 29.
Drittes Zahlenbeispiel.

In dem ersten Beispiele, wo wir ausgingen von

$$\frac{1}{r_1} = 0.59\,691, \quad \text{hatten wir} \quad D = +0.07\,749;$$

im zweiten

$$\frac{1}{-r_2} = \frac{1}{r_1} = 0.95\,420, \quad \text{hatten wir} \quad D = -0.12\,386,$$

woraus man sieht, dass in dem ersten Falle der noch vorhandene Rest der Kugelabweichung beträchtlich geringer ist, als im zweiten.

Ferner aber ist von Wichtigkeit, dass die beiden D entgegengesetzte Vorzeichen haben, woraus mit Notwendigkeit hervorgeht, dass es zwischen 0.59 691 und 0.95 420 mindestens einen Wert für $\frac{1}{r_1}$ geben müsse, bei dessen Anwendung neben $C = 0$ auch der Coefficient D verschwinden wird.

Zur Aufsuchung dieses besonderen Wertes für $\frac{1}{r_1}$ weifs ich freilich kein anderes Mittel anzugeben, als indirecte allmähliche Annäherung durch Interpolieren und Probieren.

Auf diesem etwas mühsamen Wege fand ich $\frac{1}{r_1} = 0.79\,050$ und hieraus alles hier Folgende:

(Die Constanten n, N, ω, δ, ε bleiben dieselben; vgl. § 24.)

$\frac{1}{n-1}$ 1.90 840

$nu\frac{1}{r_1}$ 0.79 050	$\log\frac{1}{r_1}$ 9.89 790	$\log r_1$ 0.10 210	$r_1 = +\ 1.26\,503$
$nu\frac{1}{-r_2}$ 1.11 790	$\log\frac{1}{-r_2}$ 0.04 840	$\log(-r_2)$ 9.95 160	$r_2 = -\ 0.89\,454$
$nu\frac{1}{-r_3}$ 1.09 497	$\log\frac{1}{-r_3}$ 0.03 940	$\log(-r_3)$ 9.96 060	$r_3 = -\ 0\,91\,327$
$nu\frac{1}{-r_4}$ 0.06 488	$\log\frac{1}{-r_4}$ 8.81 209	$\log(-r_4)$ 1.18 791	$r_4 = -\ 15.41\,381.$

Abermals ist $h = 0$, $\eta_0 = 1$, $\eta_1 = 1$, $\frac{1}{y_1} = \frac{1}{y_0}$. —

Die Zahlen sind Logarithmen.

$\frac{1}{x_0}$	9.43 425	$\frac{1}{y_0}$	0.00 248	$\frac{1}{z_0}$	9.30 826
ξ_1	595_5			ζ_1	89
$\frac{1}{x_1}$	9.44 021	$\left[\frac{1}{-r_3}+\frac{1}{y_1}\right]$	0.32 236	$\frac{1}{z_1}$	9.30 915
$\left[\frac{1}{-r_2}+\frac{1}{x_1}\right]$	0.14 409	$\left(\frac{1}{-r_3}+\frac{N+1}{y_1}\right)$	0.57 147	$\left[\frac{1}{-r_4}+\frac{1}{z_1}\right]$	9.42 919
$\left(\frac{1}{-r_2}+\frac{n+1}{nx_1}\right)$	0.19 707	g	0.01 316	$\left(\frac{1}{-r_4}+\frac{N+1}{Nz_1}\right)$	9.59 615

(ra) 8.84 813	(rx) — 9.94 244	(ry) 9.96 583	(rz) — 8.72 428
$\overline{ra}$ 8.74 603	$\overline{n.rx}$ 0.26 951	$\overline{ry}$ — 0.28 819	$\overline{N.rz}$ 8.36 245
$\mathfrak{a}$ 8.75 972	$\mathfrak{x}$ 0.25 938	$\mathfrak{y}$ — 0.27 806	$\mathfrak{z}$ 8.34 876
$nu\mathfrak{a}$ + 0.05 751	$nu\mathfrak{x}$ + 1.87 712	$nu\mathfrak{y}$ — 1.89 696	$nu\mathfrak{z}$ + 0.02 232

also $C = 0$.

$\log\frac{1}{b_0} = 9.56\,797$ $nu\frac{1}{b_0} = 0.36\,980$ $\log b_0 = 0.43\,203$ $nu b_0 = 2.70\,413.$

(aus 7stelligen Tafeln $= 2.70\,414_{53}$.)

(nan) 8.99 686	$\xi_0^2(nxn)$ 0.38 618	$\xi_0^2(nyn)$ — 9.81 785	$\zeta_0^2\xi_0^2(nzn)$ 8.95 788
	$\xi_0^2(xn)$ 0.47 037	$\xi_0^2(yn)$ — 0.49 490	$\zeta_0^2\xi_0^2(zn)$ 9.20 218
	$\xi_0^2(r_1r_2x)$ 9.82 108	$\xi_0^2(r_2r_3y)$ — 8.54 132	$\zeta_0^2\xi_0^2(r_3r_4z)$ — 9.69 412.

Die vier Glieder der ersten Zeile von D betragen der Reihe nach:

$$+ 0.00\,571 + 4.42\,140 + 1.24\,712 + 0.00\,203.$$

Demnach

nu Zeile 1 in D (25)	5.57 626	Zeile 3	— 5.79 380	
nu 2	0.13 177	4	— 0.01 460	
Correct. 5 (6) 7	33			
$nu D = +$	5.80 836	· · · · · ·	— 5.80 840,	so gut wie 0.

Einer so großen Genauigkeit hätte es für die Praxis wenigstens nicht bedurft; man kann sich leicht überzeugen, dass das Glied $D.e_1^4$, selbst wenn $nu D = 0.00\,100$ und die Elongation e_1 abnorm groß angenommen wird, dennoch nicht im Stande ist einen Einfluss auf die fünfte Decimale von $\log \frac{1}{b}$ auszuüben.

§ 30.
Trigonometrische Berechnung des dritten Beispieles.

Im Vorhergegangenen haben wir es dahin gebracht, dass nicht blos der Farbengleichung und der sphäristischen $C = 0$ Genüge geschieht, sondern auch — um es so auszudrücken — der höheren sphäristischen Gleichung $D = 0$, so dass die mit e_1^2 und e_1^4 behafteten Glieder der Reihe (in 25.)

$$\frac{1}{b} = \frac{1}{b_0} + C e_1^2 + D e_1^4 + E e_1^6 + \cdots$$

in Wegfall kommen. Da macht sich denn das Verlangen geltend erfahren zu können, wieviel wohl die Glieder $E e_1^6 + \cdots$ noch betragen mögen. Dies können wir dadurch erreichen, dass wir für einen bestimmten Wert von e_1 den Wert von $\frac{1}{b}$ trigonometrisch berechnen, und von letzterem die Constante $\frac{1}{b_0}$ abziehen.

Da allem Vermuten nach die gesuchte Differenz $\frac{1}{b} - \frac{1}{b_0}$ nur sehr gering sein wird, vielleicht nur einige Einheiten der fünften Decimale betragend, so werden wir, um diese letztere möglichst genau zu erhalten, die Rechnung mit siebenstelligen Logarithmen führen müssen. — Auch den Wert von $\frac{1}{b_0}$ müssen wir siebenstellig berechnen. Dies ist, da wir $\frac{1}{x_0}, \frac{1}{x_1}, \frac{1}{z_0}, \frac{1}{z_1}$ auf 5 Stellen schon kennen, wie schon auf S. 63 bemerkt wurde, leicht ausführbar mittelst der Gleichung für $\frac{1}{b_0}$ in Gruppe (38.). Setzen wir darin $a = \infty$, $h = 0$, und bedenken dass nach (40.) $\frac{n-1}{r_1} - \frac{n-1}{r_2} = 1$ ist, so bekommen wir

$$\frac{1}{b_0} = 1 + \frac{n\delta}{x_0 x_1} + \frac{N\varepsilon}{z_0 z_1} + (N-1)\left(\frac{1}{r_3} - \frac{1}{r_4}\right).$$

Es ist

$\log n\delta$	$= 8.88\,298$	$\log N\varepsilon$	$= 8.20\,898$
$\log \frac{1}{x_0 x_1}$	$= 8.87\,446$	$\log \frac{1}{z_0 z_1}$	$= 8.61\,741$
	$\overline{7.75\,744}$, $nu\,0.005\,7206$		$\overline{6.82\,639}$, $nu\,0.000\,6705.$

Für r_3 und r_4 sehen wir die beiden Logarithmen (S. 71)

$$\log \frac{1}{-r_3} = 0.039\,4000 \quad \text{und} \quad \log \frac{1}{-r_4} = 8.812\,0900$$

für unsere jetzige Aufgabe als gegeben an, und finden

$$nu\,\frac{1}{r_3} = -1.094\,9644, \quad nu\,\frac{1}{r_4} = -0.064\,8769,$$

daher

$$nu\left(\frac{1}{r_3} - \frac{1}{r_4}\right) = -1.030\,0875.$$

Dies multipliciert mit 0.618, d. i. $N-1$, giebt $-0.636\,5941$. — So haben wir:

$$\frac{1}{b_0} = 1 + 0.005\,7206 + 0.000\,6705 - 0.636\,5941,$$

d. i.:

$$nu\,\frac{1}{b_0} = 0.369\,7970$$

wovon wir nachher Gebrauch machen werden.

Damit der noch vorhandene Unterschied zwischen $\frac{1}{b}$ und $\frac{1}{b_0}$ möglichst deutlich hervortrete, wollen wir ein recht grofses $\mathfrak{p}$ (halbe Apertur, vgl. § 22), dessen Logarithmus $= 9.35$ ist, in Rechnung nehmen. Dann ist nämlich (da $\log 2 = 0.301$) $\log \mathfrak{P} = 9.651$, und folglich (wegen $\log b = 0.432$, S. 71) $\log \frac{b}{\mathfrak{P}} = 0.781$; $\mathfrak{P} = \frac{1}{6.04}\,b$, also eine unerhört grofse Apertur, da schon $\mathfrak{P} = \frac{1}{10} b$ etwas ganz Aufsergewöhnliches ist. Wenn wir mit so grofsen Aperturen überhaupt noch rechnen wollten, so durften wir unser abnorm grofses $\delta = 0.05\,012$ (S. 52) kaum um ein Geringes kleiner nehmen, wie man sich überzeugen kann, wenn man sich die Mühe geben will, es näher zu untersuchen.

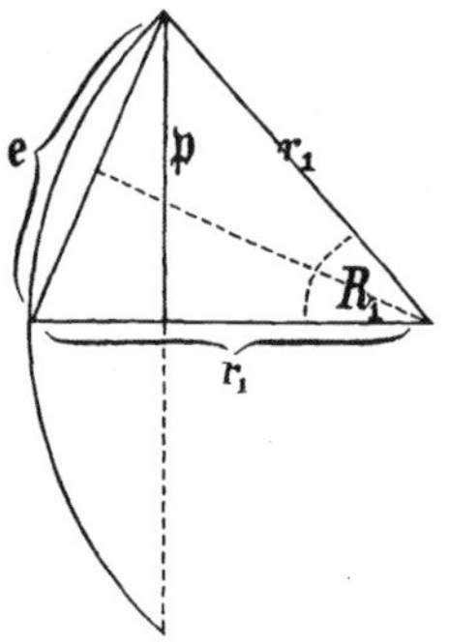

Etwas weniges gröfser als $\mathfrak{p}$ ist $\mathfrak{e}$, dessen genauen Wert (— wenn solcher verlangt wird —) man am einfachsten aus dem gegebenen $\mathfrak{p}$ durch die Betrachtung erhält, dass

$$(68.)\quad \begin{cases} \sin R_1 = \dfrac{\mathfrak{p}}{r_1}, & \text{und} \\ \dfrac{\mathfrak{e}}{2} = r_1 . \sin \dfrac{R_1}{2}, & \text{also} \\ \mathfrak{e} = 2 . r_1 . \sin \dfrac{R_1}{2}. & \end{cases}$$

Weiter unten, gleich im Eingange der logarithmisch trigonometrischen Berechnung finden wir $R_1 = 10^0 11' 36'' 148_6$. Daher $\log \sin 5^0 5' 48'' 074 = 8.9485924$. Addieren wir hierzu den $\log 2$ und den $\log r_1$, so erhalten wir

$$\log \mathfrak{e} = 9.351\,7205,$$

also nur wenig gröfser als

$$\log \mathfrak{p} = 9.350\,0000.$$

Ein günstiger Umstand bei der Rechnung ist der, dass man nicht zuvor eine Menge Functionen von n und N auszurechnen braucht. Alles, was man als Vorbereitung hinzustellen hat, besteht in Folgendem

	ni	li		li	ni
			ε	8.0	0.010 0000
$\frac{1}{n-1}$	1.908 3969		δ	8.7	0.050 1187
$\frac{1}{r_1}$	0.790 5000	9.897 9019	r_1	0.012 0981	1.265 0221
$\frac{1}{-r_2}$	1.117 8969	0.048 4018	$-r_2$	9.951 5982	0.894 5367
$\frac{1}{-r_3}$	1.094 9644	0.039 4000	$-r_3$	9.960 6000	0.913 2717
$\frac{1}{-r_4}$	0.064 8769	8.812 0900	$-r_4$	1.187 9100	15.413 8085

$\log n$ 0.182 9850; $\log \frac{1}{n}$ 9.817 0150; $\log N$ 0.208 9785; $\log \frac{1}{N}$ 9.791 0215.

$nu\,r_1 - r_2 - \delta$	$nu\,r_2 - r_3 - h$	$nu\,r_3 - r_4 - \varepsilon$
2.109 4401	0.018 7350	14.490 5368.

Die in dem Folgenden vor die Zeilen geschriebenen Buchstaben dienen zur besseren Orientierung. Nimmt man die Gleichungen (62.) und (63.) zur Hand, so wird es leicht sein sich zurecht zu finden.

𝔭	9.350 0000	
$\frac{1}{r_1}$	9.897 9019	
R_1	9.247 9019	$10°11'36''148_6$
$\frac{1}{n}$	9.817 0150	
P_1	9.064 9169	$6°40'\ 6''174_3$
	8.788 7616	X $3°31'29''974_3$
$\frac{P_1}{X}$	0.276 1553	
		$r_1 - r_2 - \delta$
r_1	0.102 0981	2.109 4401
	0.378 2534	nu $2.389\ 2049_4$
	0.653 0817	$\leftarrow 4.498\ 6450_4$
X	8.788 7616	
$\frac{1}{r_2}$	— 0.048 4018	
R_2	— 9.490 2451	$-18°\ 0'40''556_4$
n	0.182 9850	
P_2	— 9.673 2301	$-28°\ 6'50''279_2$
		$+10°\ 6'\ 9''722_8$
		$X + 3°31'29''974_3$
	9.372 1972	$Y + 13°37'39''697$
$\frac{P_2}{Y}$	— 0.301 0329	
		$r_2 - r_3 - h$
r_2	— 9.951 5982	0.108 7350
	0.252 6311	nu 1.789 0856
	0.257 1553	$\leftarrow$ 1.807 8206
Y	9.372 1972	
$\frac{1}{r_3}$	— 0.039 4000	
	— 9 668 7525	

R_3	— 9.668 7525		$-27°48'\ 1''604$
$\frac{1}{N}$	9.791 0215		
P_3	— 9.459 7740		$-16°45'12''246$
			$-11°\ 2'49''358$
		Y	$+13°37'39''697$
	8.653 4596	Z	$2°34'50''339$
$\frac{P_3}{Z}$	— 0.806 3144		
			$r_3 - r_4 - \varepsilon$
r_3	— 9.960 6000		14.490 5368
	0.766 9144	nu	5.846 7487
	1.308 2930	$\leftarrow$	20.337 2855
Z	8.653 4596		
$\frac{1}{r_4}$	— 8.812 0900		
R_4	— 8.773 8426		$-3°24'20''932$
N	0.208 9785		
P_4	— 8.982 8211		$-5°30'57''166$
			$+2°\ 6'36''234$
		Z	$+2°34'50''339$
	8.912 6311	B	$4°41'26''573$
$\frac{P_4}{B}$	— 0.070 1900	nu	$-1.175\ 4116_5$
			+ 1.
	— 9.244 0584	$\leftarrow$	$-0.175\ 4116_5$
r_4	— 1.187 9100		
b	0.431 9684		
$\frac{1}{b}$	9.568 0316; $nu\frac{1}{b} = 0.369\,8551.$		

Dagegen fanden wir oben

$$nu\frac{1}{b_0} = 0.369\,7970,$$

daher ist die Differenz

$$\frac{1}{b} - \frac{1}{b_0} = 0.000\,0581,$$

welche, wie schon oben vermutet wurde, in der That nur etwa 6 Einheiten der fünften Decimale beträgt, trotz des übermäfsig grofsen $\mathfrak{p}$.

Dürften wir in der Reihe

$$\frac{1}{b} = \frac{1}{b_0} + Ce_1^2 + De_1^4 + Ee_1^6 + \cdots$$

die über Ee_1^6 hinaus liegenden Glieder vernachlässigen, so könnte, da doch C und D beide Null sind, Ee_1^6 als die Differenz zwischen $\frac{1}{b}$ und $\frac{1}{b_0}$ angesehen werden. Auf alle Fälle wird

$$\text{nahe} \quad Ee_1^6 \mp 0.000\,0581 \quad \text{sein.}$$

Oben hatten wir $\log e = 9.351\,7205$; daher ist (logarithmisch)

$$E \times 6.11\,032 \mp 5.76\,418 \qquad \log E \mp 9.654; \; nuE \mp 0.451.$$

Uebrigens hat dies Beispiel uns gelehrt: Zur Berechnung des Gliedes Ee_1^6 sind fünfstellige Logarithmen nicht ausreichend; wohl aber zur Berechnung von C und D nach den exacten Formeln.

§ 31.

Sphärische Longitudinal- und Lateral-Abweichung. (Fig. 5.)

Ist A ein leuchtender Punkt in der Axe AOo eines einfachen oder zusammengesetzten Linsenglases $G'G$, so mögen die äufsersten Randstrahlen AG' und AG so gebrochen werden, dass sie die Axe und sich selbst gegenseitig in dem Punkte g schneiden; dann ist g das den äufsersten Randstrahlen entsprechende Zonenbild. Die der Axe allernächsten Circumpolarstrahlen mögen in o sich vereinigen, so dass also go die Longitudinalabweichung, auch sphärische Aberration in der Axe genannt, darstellt. Die einer mittleren Zone angehörigen Strahlen, wie AJ, werden in einem zwischen g und o glegenen mittleren Punkte i ein Zonenbild erzeugen.

Jeder gebrochene Zonenstrahl — wie Ji — in dem einen herausgegriffenen, und hier durch die Ebene des Papieres dargestellten, Blatte des der Axe AOo zugehörigen Ebenenbüschels schneidet den einen extremen Randstrahl $G'\gamma'$ in dem Punkte d', den anderen $G\gamma$ in dem Punkte d.

Denkt man sich alle gebrochenen Zonenstrahlen dieser Ebene (des Papieres) hingezeichnet, so wird anstatt der gebrochenen Linie $G'd'd\gamma$ (oder in der anderen Fig. $Gdd'\gamma'$) eine dieser sich ungefähr anschliefsende Curve zum Vorscheine kommen; und durch Rotation um die Axe ein eigentümlich gestalteter Körper zu Tage treten, welcher zweien, mit ihren dünnen Enden gegen einander gerichteten und verbundenen Trichtern ähnlich erscheint.

Durch jeden zu der Axe *Ao* senkrechten ebenen Querschnitt des genannten Körpers gehen sämmtliche gebrochene Strahlen hindurch, und ein solcher — offenbar kreisförmiger — Querschnitt hat keinen einzigen Punkt seiner Fläche aufzuweisen, durch welchen nicht ein gebrochener Strahl hindurchginge.

Am dünnsten ist der Rotationskörper, und am kleinsten der Flächeninhalt des eben erwähnten Querschnittes offenbar an einer gewissen Stelle *kd*, wo der Durchschnitt *d* eines gewissen Mittelzonenstrahles *Ji* mit $G\gamma$ am weitesten von der Axe *AOo* entfernt liegt. Denn diejenigen gebrochenen Strahlen, welche nahe bei *O*, oder nahe bei G' austretend das Glas verlassen, durchschneiden die Linien $G'\gamma'$ und $G\gamma$ ganz in der Nähe der Axe.

Den Radius *kd* des kleinsten Querschnittes nennt man Radius der Kugelabweichung, oder Halbmesser der Lateralabweichung zu der Elongation *OG*.

Wäre eine sphärische Abweichung überhaupt nicht vorhanden, so würde sowohl die ganze Länge *go*, als auch der Radius *kd* in einen einzigen Punkt (*o*) der Axe zusammenschrumpfen, in welchem sich sämmtliche gebrochene Strahlen aller Zonen durchschneiden, und darnach ihre Wege divergierend und weiter nach rechts hin verfolgen würden. So aber sieht vielmehr ein in der Entfernung *km* des deutlichen Sehens befindliches Auge *m* die auf dasselbe treffenden Strahlen Strahlen nicht als von einem einzigen Punkte, sondern von der kleinen Kreisfläche (— Abweichungskreis genannt —) herkommen, deren Radius *kd* ist. (Bezüglich der Anwendung eines Oculares *oo* siehe § 32.)

Dass hierdurch ein schädlicher Einfluss auf ein ausgedehntes Bild (— ein wirkliches Gesichtsfeld —) ausgeübt werden müsse, ist leicht einzusehen. „Ein vollkommen deutliches Bild kann nur dadurch ent- „stehen, wenn ... jeder Punkt des Gegenstandes auch wieder durch „einen Punkt in dem Bilde dargestellt wird. Dieses ist nun aber nicht „mehr der Fall; denn die Stelle dieses Punktes im Bilde vertritt nun „der Abweichungskreis, und wenn auch dieser Kreis noch so klein ist, „so nimmt er doch immer einen Raum ein; es können daher auch „mehrere solche Kreise nicht wie Punkte sehr nahe an einander liegen, „sondern sie fallen über einander, und decken einander um so mehr, „je näher die leuchtenden Punkte des Gegenstandes an einander liegen. „Dieses bringt natürlich eine Verwirrung hervor, indem Strahlen ver- „schiedener leuchtenden Punkte sich mit einander vermischen, wodurch „ein Mangel an scharfer Begrenzung der einzelnen Linien, eine Un- „deutlichkeit des ganzen Bildes entsteht". — So Prechtl § 72. —

Man kann demnach mit Recht den Halbmesser *kd* als das Maſs

der Undeutlichkeit wegen der Kugelgestalt ansehen, da ja die Undeutlichkeit mit diesem Halbmesser wachsen und abnehmen, und im allergünstigsten (idealen) Falle verschwinden wird.

Bezeichnen wir die Winkel des kleinen Dreieckes gid mit den Buchstaben g, i, d, so ist

$$gd = \frac{\sin i}{\sin d} \cdot gi = \frac{\sin i}{\sin(i+g)} gi,$$

und wegen Kleinheit der Winkel g und i

$$gd = \frac{\sin i}{\sin i + \sin g} \cdot gi. \;—$$

kd aber ist $gd.\sin g$, folglich

$$kd = \frac{gi}{\dfrac{1}{\sin i} + \dfrac{1}{\sin g}}.$$

Das Maximum von kd ist der Radius der Kugelabweichung oder des Abweichungskreises. Wir werden nun zu bestimmen haben, für welche Elongation OJ das Maximum eintritt.

Sei

$$OG = OG' = \mathfrak{e} \quad \text{und} \quad OJ = \tau . \mathfrak{e}$$

wo τ einen vorläufig unbekannten echten Bruch bedeutet, dessen Gröfse wir eben zu bestimmen wünschen; dann ist st$g$ — das soll heifsen sin oder tang des Winkels g, was wegen relativer Kleinheit desselben für einerlei gilt — also:

$$\text{st}g = \frac{\mathfrak{e}}{Og}, \quad \text{desgl.} \quad \text{st}i = \frac{\tau\mathfrak{e}}{Oi} \quad \text{und} \quad gi = Oi - Og$$

$$kd = \frac{Oi - Og}{Oi + Og . \tau} \tau\mathfrak{e} = \frac{\dfrac{1}{Og} - \dfrac{1}{Oi}}{\dfrac{1}{Og} + \dfrac{1}{Oi}\tau} \cdot \tau\mathfrak{e},$$

worin

$$\frac{1}{Og} = \frac{1}{b_0} + C\mathfrak{e}^2 + D\mathfrak{e}^4 + E\mathfrak{e}^6 + \cdots$$

$$\frac{1}{Oi} = \frac{1}{b_0} + \tau^2 . C\mathfrak{e}^2 + \tau^4 D\mathfrak{e}^4 + \tau^6 E\mathfrak{e}^6 + \cdots \;—.$$

Hiernach gestaltet sich der Nenner $\dfrac{1}{Og} + \dfrac{1}{Oi}\tau = (1+\tau)\dfrac{1}{b_0} +$ eine Gröfse, die im Vergleich mit $(1+\tau)\dfrac{1}{b_0}$ so geringfügig ist, dass man sie behufs einer blofsen Näherungsrechnung unbedenklich auslassen kann, und somit erhält

$$(69.)\begin{cases} kd = \frac{b_0}{1+\tau}\left\{(\tau-\tau^3)C\mathfrak{e}^3+(\tau-\tau^5)D\mathfrak{e}^5+(\tau-\tau^7)E\mathfrak{e}^7\right\} = \\ \qquad = b_0\mathfrak{e}^3\tau(1-\tau)\left[C+(1+\tau^2)D\mathfrak{e}^2+(1+\tau^2+\tau^4)E\mathfrak{e}^4\right] \\ \text{oder auch:} \\ kd = b_0\mathfrak{e}^3\left\{(\tau-\tau^2)C+(\tau-\tau^2+\tau^3-\tau^4)D\mathfrak{e}^2+\right. \\ \qquad \left.+(\tau-\tau^2+\tau^3-\tau^4+\tau^5-\tau^6)E\mathfrak{e}^4\right\}. \end{cases}$$

Um zu erfahren, für welchen Wert von τ kd ein Maximum wird, müssen wir nach τ differentiieren und den Differentialquotienten $= 0$ setzen:

$$(70.)\begin{cases} (1-2\tau)C+(1-2\tau+3\tau^2-4\tau^3)D\mathfrak{e}^2+ \\ \qquad +(1-2\tau+3\tau^2-4\tau^3+5\tau^4-6\tau^5)E\mathfrak{e}^4 = 0 \\ \text{oder:} \\ 6E\mathfrak{e}^6.\tau^5-5E\mathfrak{e}^6.\tau^4+4(E\mathfrak{e}^6+D\mathfrak{e}^4).\tau^3-3(E\mathfrak{e}^6+D\mathfrak{e}^4).\tau^2+ \\ \qquad +2(E\mathfrak{e}^6+D\mathfrak{e}^4+C\mathfrak{e}^2).\tau-(E\mathfrak{e}^6+D\mathfrak{e}^4+C\mathfrak{e}^2) = 0. \end{cases}$$

Diese Gleichung, in welcher aufser τ lauter bekannte Gröfsen auftreten (— denn $\mathfrak{e}$ ist $\mp \mathfrak{p}$, die halbe Apertur —), giebt uns denjenigen Wert von τ, welcher in (69) eingesetzt, kd zu einem Maximum, also $=\varrho$, d. i. gleich dem Radius der Kugelabweichung macht.

Zusatz: $kd = \frac{\tau\mathfrak{e}}{1+\tau} b_0 \left[\frac{1}{b_\mathfrak{e}} - \frac{1}{b_{\tau\mathfrak{e}}}\right]$*).

§ 32.

Gröfse des Abweichungsradius ϱ und dessen Sehwinkels j.

Bei jedem einigermafsen brauchbaren Fernrore ist das Maximum von kd, welches wir mit dem Buchstaben ϱ bezeichnen wollen, immer nur eine sehr kleine Gröfse, ja selbst die ganze Longitudinalabweichung (go in Fig. 5) ist gegen die Länge Oo oder Φ (d. i. die Brennweite des Doppelobjectives, welche für $a = \infty$ identisch ist mit b_0), und selbst gegen die meist sehr kurze Brennweite om des in m aufgestellten Oculares (durch welches das von dem Objective gemachte Bild betrachtet wird) so geringfügig, dass wir zum Behufe von blofsen Näherungsrechnungen die Sache so ansehen können, als stünde der Abweichungskreis und -radius in dem gemeinschaftlichen Brennpunkte o von Objectiv und Ocular. (Denn es ist ja die Coincidenz der genannten zwei Brennpunkte die Wesensbedingung eines Fernrores.)

*) Oder auch, wie man leicht finden wird: $kd = \frac{b_{\tau\mathfrak{e}} - b_\mathfrak{e}}{\frac{b_0}{\tau\mathfrak{e}} + \frac{b_0}{\mathfrak{e}}}$ (alles näherungsweise).

Nennen wir die Brennweite des Oculares, (d. i. die Länge *om*, statt deren man dem eben Besprochenen gemäfs auch *km* oder *dm* nehmen kann), φ, so ist $\varphi . \sin dmk = kd$.

Dieser Winkel *dmk* ist derjenige, unter welchem der Radius *kd* dem Auge erscheint (ja auch dem freien Auge in der Entfernung *dm* erscheinen würde, da ein in *m* dicht vor das Auge gestelltes Ocular den Sehwinkel *dmk* nicht ändert; vgl. § 50, 1.). Von diesem Winkel sagt Littrow S. 67 (vorletzt. Satz): „Nach den bisherigen Erfahrungen „an den besten Fernrören mit einfachen Objectiven, wo man die „Kugelabweichung nicht ganz wegbringen kann, darf der Wert von ϱ „nicht leicht gröfser als eine Secunde sein, wenn die Deutlichkeit „des Sehens nicht merkbar leiden soll. Die Abweichung der Farben „aber — · · · — kann auf fünf, sechs und mehrere Minuten gehen, ohne „dass man die Gegenstände an ihrem Rande noch bedeutend gefärbt „erblickt."

Es ist offenbar ganz und gar unerheblich, ob die Erfahrung,

dass der Radius ϱ dem beschauenden Auge unter einem Sehwinkel von höchstens $1''$ erscheinen dürfe,

(— denn so hätte Littrow (präciser) schreiben sollen —) an einfachen oder an zusammengesetzten Objectiven gemacht worden ist, da der störende Einfluss der Aberration in beiden Fällen sich gleich bleibt.

Wir werden aus Gründen der Vorsicht diesen Winkel nicht = 1 Sec. setzen, sondern ihn allgemeiner durch einen Buchstaben j bezeichnen. — Sei also j derjenige Sehwinkel, unter welchem der Halbmesser des Abweichungskreises, d. i. ϱ einem in der Entfernung des Oculares befindlichen Auge äufsersten Falles erscheinen darf. Dann haben wir:

$$(71.) \qquad \varrho \leqq \varphi \sin j, \quad \text{oder} \quad \varrho \leqq \frac{1}{m'} b_0 \sin j,$$

wo φ die Brennweite des angewandten Oculares, und m' den Vergröfserungs-index des Fernrores bedeutet, welcher letztere bekanntlich gleich $\frac{\Phi}{\varphi}$, dem Quotienten der beiden Brennweiten von Object und Ocular ist, oder für

$$a = \infty: \qquad m' = \frac{b_0}{\varphi}.$$

Die wichtige Frage, ob sich eine bestimmte obere Grenze für den Winkel j angeben lasse, glaubten die älteren Forscher bejahen zu müssen. Littrow, wie schon gesagt, setzt 1 Secunde als obere Grenze fest, jedoch nicht in aller Strenge, denn er sagt z. B. auf S. 251: „Man „kann der Gröfse $d\varphi''$ — (dies bedeutet nämlich die Farbenzerstreuung, von welcher bei uns später noch ausführlicher die Rede sein wird) —

„den Wert von 10 bis 12 Minuten geben; die Gröfse R aber" (— d. i. die sphärische Lateralabweichung —) „darf nicht leicht gröfser als „0,1 Minuten sein, wenn den Erfahrungen gemäfs das Bild noch deutlich „erscheinen soll."

Prechtl seinerseits sucht die Gröfse des $\angle j$ nicht auf dem Wege der directen Erfahrung, sondern vielmehr der Theorie zu bestimmen, allerdings jedoch den Erfahrungssatz als Ausgangspunkt voranstellend, „dass ein Gegenstand unter einem Winkel von einer Minute von dem „Auge noch gut wahrgenommen werden kann, auch wenn es ein dunkles „Object auf hellem Grunde ist", und ist demgemäfs der Ansicht, dass die sphärische Aberration dann schädlich einzuwirken anfange, wenn der betreffende Abweichungsdurchmesser dem Auge unter einem Winkel von mindestens einer Minute, also unter dem Winkel des deutlichen Wahrnehmens erscheine. Wir würden also den $\angle j = 30''$ zu setzen haben.

Was hiergegen sich einwenden lässt, ist dies: Mag immerhin ein Gegenstand erst dann deutlich gesehen werden, wenn der halbe Sehwinkel auf 30″ anwächst, so ist er doch bei geringerem Sehwinkel nicht unsichtbar, und so können dessenungeachtet Störungen eintreten. (Eine Blitzableiterstange von $^5/_4$ zölligem Rundeisen, bei hellem Wetter vor weifslichem Himmel gesehen, verschwand erst dann ganz und gar, wenn man sich 3700 Fufs davon entfernte. Dies entspricht einem Winkel $2j$ von beinahe 6″, also $\angle j \mp 3''$.)

Es kommt hierbei sehr auf die Beschaffenheit, zumal die Lichtstärke des Hintergrundes, die Durchsichtigkeit des Mittels und die Schärfe des Auges an. Daher kann wohl von einem constanten Werte des j überhaupt nicht die Rede sein; mutmafslich jedoch mag in der Mehrzahl der Fälle Littrow's Wert $j = 1''$ beträchtlich zu klein, dagegen Prechtl's $j = 30''$ zu grofs sein, und etwa

$$j = 10 \text{ (bis 15?) Secunden}$$

einen meist zutreffenden Mittelwert abgeben.

Die Theorie wird — um doch der auf rationaler Basis ruhenden Prechtl'schen Auffassung ihr Recht zukommen zu lassen — zugestehen müssen, dass ein so kleines j nicht im Stande sein wird, eine bemerkbare Verschlechterung des Bildes herbeizuführen.

Eine rationale Basis für die Littrow'sche Forderung, dass j unbedingt bis auf 1 Secunde hinabgedrängt werden müsse, ist nicht erkennbar. Ich meine, dass Littrow in diesem Punkte sich geirrt habe, und werde in dieser Auffassung von fachkundiger Seite her bestärkt. Herr Prof. Abbe, den ich um Aufklärung ersuchte, vermutet, dass Littrow etwa eine von Huyghens herrürende Zahlenangabe, die sich auf die Objectsseite beziehen sollte, irrtümlich auf die Ocularseite übertragen habe.

Möglichste Verkleinerung des $\angle j$ kann ja selbstverständlich keinen Nachteil bringen, aber es können Fälle eintreten (— und sie treten ein —), wo es für die Praxis unnütz sein würde, sich mit der Verminderung immer weiter und weiter abzumühen, wenn nämlich aus anderen Ursachen entspringende unvermeidliche, d. h. durch keinerlei Mittel zu beseitigende Verschlechterungen des Bildes vorliegen, gegen welche der auf einem geringen Reste des Sphärismus beruhende Fehler gar nicht in Anschlag kommt.

§ 33.
Beugungs-aberration.

Aufser dem Sphärismus und dem Chromatismus existiert noch ein dritter, und zwar absolut intransigenter Feind der Aplanesie, welcher verhindert, dass die von einem Punkte eines leuchtenden Objectes ausgehenden Strahlen sich genau in einem und demselben Punkte des Bildes wieder vereinigen, nämlich die Beugung oder Diffraction des Lichtes.

Wir lassen uns genügen, diejenigen Sätze aus der Beugungslehre, deren wir zu unseren Untersuchungen bedürfen, einfach als Thatsachen aufzuführen, da deren theoretische Begründung den Umfang dieser Schrift allzuweit ausdehnen würde.

Schon der grofse Fraunhofer hat nachgewiesen, dass infolge der Diffractionswirkung der kreisförmigen Einfassung des Objectivglases ein leuchtender Punkt des Objectes sich in dem Bilde niemals als ein einziger Punkt darstellt, sondern in Gestalt eines Scheibchens (Beugungsscheibchens) auftritt, gerade so wie der kleine Kreis der sphärischen Aberration. Und da dies bei jedem einzelnen Punkt eines ausgedehnten Objectes der Fall ist, so gilt hier dasselbe, was oben (Mitte des § 31) über die sphäristischen Aberrationskreise und die von ihnen herrürende Undeutlichkeit des Bildes gesagt wurde.

In dem klassischen Werke von F. M. Schwerd: Die Beugungserscheinungen aus den Fundamentalgesetzen der Undulationstheorie etc. (Mannheim 1835) heifst es am Schlusse des § 123, pag. 74:

„Die Theorie zeigt uns also, dass selbst bei den vollkommensten „Fernrören die [Fix-] Sterne nicht als unmessbare Punkte erscheinen „können, sondern dass ein jeder, der lichtstarke wie der lichtschwache, als „ein mit mehreren Ringen umgebenes Scheibchen erscheinen muss,“ u. s. w.

Es giebt gegen die störende Einwirkung der Diffraction bis jetzt kein Gegenmittel, namentlich ist keinerlei Abänderung der Krümmungsradien im Stande sie zu beseitigen, ja nicht einmal sie zu mildern.

Wir haben es also mit einem unheilbaren Uebel zu thun, welches, wie es eben ist, ertragen werden mufs.

Die Gröfse des Beugungsscheibchens ist einzig und allein abhängig von der Gröfse der Objectiv-öffnung $\mathfrak{P}$; und zwar ist der Radius des Beugungsscheibchens in demselben Verhältnisse kleiner, je gröfser $\mathfrak{P}$ ist, und umgekehrt.

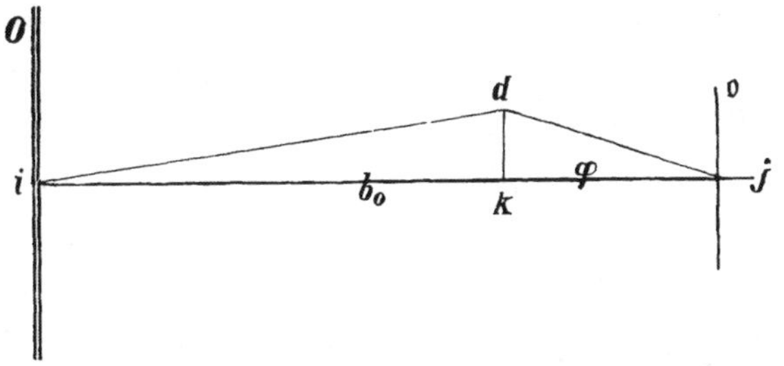

Ist kd der Halbmesser des in dem gemeinsamen Brennpunkte k des Objectives O und Oculares $\mathfrak{o}$ stehenden Beugungsscheibchens, so erscheint derselbe einem im Centrum i des Objectives gedachten nach rückwärts (nach dem Oculare hin) schauenden Auge unter einem gewissen Winkel i. Ein in unendliche Entfernung (an den Himmel) in Gedanken versetzter Kreis, dessen scheinbarer Halbmesser gleich dem $\angle\, i$ wäre, würde durch das Objectiv ein Bild erzeugen von der Gröfse des Beugungs-scheibchens. Der $\angle\, i$ ist der objectsseitig bezogene scheinbare Halbmesser des Aberrations-scheibchens.

Der Sinus dieses Winkels, den wir, sofern es sich eben um die Beugungs-aberration (Beug: β) handelt, mit i_β bezeichnen wollen, bestimmt sich der Fraunhofer-Schwerd'schen Formel gemäfs:

$$\text{(72.)} \qquad \sin i_\beta = \frac{1.22\, l}{\mathfrak{P}},$$

wo $\mathfrak{P}$ die (ganze) Apertur des Objectives, l aber die Wellenlänge der jeweilig angewandten Lichtgattung bedeutet. Für zusammengesetztes Licht nimmt man daher am passendsten $l = 0.00\,055\, mm$, als diejenige Wellenlänge, welche der intensivsten Stelle des Spectrums, dem hellen Grüngelb zwischen den Spectrallinien D und E zukommt. Demnach

$$\text{(72a.)} \quad \begin{cases} \sin i_\beta = \dfrac{0.00\,0671}{\mathfrak{P}_{mm}} = \dfrac{\overline{6.827}}{\mathfrak{P}_{mm}} \quad \text{oder} \quad = \dfrac{0.00\,0299}{\mathfrak{P}_{lin}} = \dfrac{\overline{6.476}}{\mathfrak{P}_{lin}}, \\ \angle\, i_\beta = \dfrac{138.8}{\mathfrak{P}_{mm}} \text{ Secunden,} \quad \text{oder} \quad = \dfrac{61.7}{\mathfrak{P}_{lin}} \text{ Secunden,} \end{cases}$$

wo 1 Pariser Linie $= 2^1/_4\, mm$ genommen ist.

Selbstverständlich erscheint der Abweichungsradius kd, von dem Centrum j des Oculares aus gesehen — also wie ihn das Auge des Beobachters sieht —, unter einem m' mal so grofsen Sehwinkel j, also

$$\text{(73.)} \qquad \angle\, j_\beta = m' \times \angle\, i_\beta; \qquad (m' \text{ die Vergröfserungszahl}).$$

Dieser Winkel j_β kann unter keinen Umständen, bei keiner noch so grofsen oder kleinen Apertur $\mathfrak{P}$, unter einen gewissen constanten, bestimmt angebbaren Betrag hinabsinken. Dies hängt so zusammen:

Für jedes Objectiv giebt es eine einzig und allein von dessen Gröfse abhängige untere Grenze der Vergröfserungszahl m', unter welche man nicht hinabgehen darf, wenn man will, dass alle von einem Objectspunkte auf das Objectiv fallenden Strahlen wirklich in's Auge des Beobachters gelangen, und nicht etwa die äufsersten Zonen des Objectivglases als unwirksam verloren gehen sollen. Diese untere Grenze ist:

$$(74.)\quad \begin{cases} \text{minim. } m' = \dfrac{\mathfrak{P}_{mm}}{1.69} \quad \text{oder} \quad = \dfrac{\mathfrak{P}_{lin}}{0.75}, \quad \text{d. i.} \\ \qquad + \tfrac{3}{5}\mathfrak{P}_{mm} \quad \text{oder} \quad + \tfrac{4}{3}\mathfrak{P}_{lin}. \end{cases}$$

Es ist dies der Quotient der Objectivöffnung $\mathfrak{P}$, dividiert durch die Oeffnung des menschlichen Auges (Pupille), welch' letztere bei Beschauung eines lichtstarken Gegenstandes wohl nur bei wenigen Personen gröfser als 0.75 Linien sein dürfte. (Littrow pag. 179—180.)

Multiplicieren wir nun den $\angle\, i_\beta$ von $\dfrac{61.7}{\mathfrak{P}_{lin}}$ Secunden mit diesem minimalen m', so erhalten wir als

$$(75.)\quad \text{minim. } \angle\, j_\beta = \frac{61.7}{0.75} \quad \text{d. i.} \quad + 82 \text{ Secunden.}$$

Mindestens also unter diesem Sehwinkel von 82″ wird selbst unter den im übrigen allergünstigsten Umständen der Beugungsaberrations-halbmesser dem Auge des Beobachters erscheinen.

Nach den Erörterungen des vorigen Paragraphen dürfte $\angle\, j_\varkappa$, das soll heifsen der entsprechende Winkel der Kugelabweichung (Kug : $\varkappa$), bis 10″, oder ein weniges darüber hinaus betragen, auch wenn eine Beugungsaberration gar nicht vorhanden wäre. Der Mindestbetrag von $j_\beta = 82''$ übertrifft den als gestattet erachteten Meistbetrag von $j_\varkappa = 10''$ so ansehnlich, dass wohl keine Veranlassung vorliegt, den letzteren noch mehr herabzusetzen.

In Fällen, wo der unvermeidliche Beugungsfehler j_β sich hoch beläuft, und uns die Mittel fehlen den Sphärismus so weit herabzumindern (bis auf $j_\varkappa = 10''$), dass er schon wegen seiner absoluten Kleinheit unschädlich sein würde, — wird man sich auch mit einem gröfseren Betrage des $\angle\, j_\varkappa$ begnügen müssen; vorausgesetzt dass derselbe relativ, d. h. im Vergleiche mit j_β gering erscheint, und folglich den vorhandenen Fehler nur unerheblich zu erhöhen vermag. Zum Beispiel:

Die Utzschneider'sche Fabrik fertigte in früheren Jaren Objective von 78 Linien Durchmesser, die mit dem stärksten (— in diesem Falle nur aus einer einfachen Linse bestehenden —) Oculare die Vergrößerung $m' = 470$ gaben. Von dieser stärksten Vergrößerung wollen wir ganz absehen. — Das nächst schwächere, schon aus zwei Linsen bestehende Ocular gab $m' = 320$. Nun geben für $\mathfrak{P} = 78$ Linien die Gleichungen (72a) und (73.):

$$\angle\, i_\beta = 0''\,79 \quad \text{und} \quad \angle\, j_\beta = 253'' = 4'\,13''.$$

Bei den hierdurch verursachten großen Mängeln des Bildes — sollte da wohl eine kleine Kugelabweichung von etwa $j_\varkappa = 25''$ eine erhebliche Verschlechterung hervorbringen können? Man möchte meinen, dass $j_\varkappa$ bis zu der Größe $\frac{1}{10} j_\beta$ (und folglich $i_\varkappa$ bis zu der Größe $\frac{1}{10} i_\beta$) heranwachsen dürfte, ohne empfindlichen Nachteil. Wohl nur die Erfahrung dürfte hierüber Aufschluss erteilen.

Fragen wir im Anschlusse an (74.) und (75.), welches wohl überhaupt die stärkste zulässige Vergrößerung sein möchte, so müssen wir zunächst von der veralteten Regel gänzlich absehen, nach welcher

maxim. $m' = \frac{\Phi_{\text{zoll}}}{0.222}$ oder $\frac{b_{\text{zoll}}}{0.222}$ sein sollte (vgl. Prechtl pag. 176),

weil die Brennweite des Oculares nicht unter $^2/_9$ Zoll gehen dürfe, wenn nicht „bedeutende Undeutlichkeit, Verzerrung des Bildes und beinahe Verschwindung des Gesichtsfeldes“ eintreten solle. Die Begründung, und daher die ganze Festsetzung ist hinfällig; vielmehr muss letztere einzig und allein von dem Durchmesser des Objectivglases hergenommen werden. Bei so hohen Vergrößerungszahlen, wie sie die alten Forscher für zulässig erachteten, kann unmöglich ein einigermaßen brauchbares Bild (im Auge des Beobachters) zustande kommen. Schon bei einer Vergrößerungszahl $m' = \mathfrak{P}_{mm}$ (— sovielmalige Vergrößerung als der Objectivdurchmesser Millimeter enthält —) würde

$$\angle\, j_\beta = 138''.8 = 2'19''$$

— und schon für $m' = 2.\mathfrak{P}_{mm}$ 4'38'' betragen (nämlich der scheinbare Halbmesser).

Offenbar muss schon eine um weniges über $m' = \mathfrak{P}_{mm}$ hinausgehende Vergrößerung eine bedenkliche Verschlechterung des geschauten Bildes herbeiführen.

Die stärkste zulässige, noch gut brauchbare Vergrößerung dürfte das Duplum der schwächsten sein, also

$$(74\text{a.}) \quad \text{maxim. } m' \doteqdot \tfrac{6}{5}\mathfrak{P}_{mm} \doteqdot \tfrac{8}{3}\mathfrak{P}_{lin}.$$

Dann wird $\angle\, j_\beta$ im Maximum 164 Secunden, d. i. 2'44'' betragen, und für die Washington'er Oeffnung von 312 Linien würde

$$\text{maxim. } m' = \tfrac{8}{3} \times 312 = 832 \text{ sein.}$$

Freilich die ausübenden Künstler lieben es, die engen Grenzen der wahrhaft brauchbaren Vergröfserungen nach beiden Seiten hin (— nach oben und unten —) ansehnlich zu überschreiten.

Beziehung zwischen Longitudinal- und Lateral-abweichung in den speciellen Fällen. (§§ 34—37.)

§ 34.
Wenn C nicht gleich Null ist.

Für diesen Fall, in welchem der Sphärismus überwiegend von dem Gliede $C\mathfrak{e}^2$ herrürt, erhält man aus Gleichung (69.), wenn man das in $\mathfrak{e}^5$ Multiplicierte vernachlässigt:

$$kd = (\tau - \tau^2) b_0 C . \mathfrak{e}^3;$$

und aus (70.) die Bedingung $1 - 2\tau = 0$, also $\tau = \frac{1}{2}$. — Durch Einsetzen dieses Wertes werden wir den Wert ϱ erhalten. Die Abweichung an $\frac{1}{b_0}$ beträgt $C\mathfrak{e}^2$ (unter Auslassung der höheren Potenzen, siehe Gleichung (25.)), oder wie wir bei diesen blofsen Näherungswerten überall getrost schreiben dürfen: $C\mathfrak{p}^2$. Aber die Abweichung in der Axe (— in Fig. 5 die Länge og —), welche wir, absolut genommen, mit $\varDelta b_0$ bezeichnen wollen — diese beträgt (siehe Gleichung (39.)) $b_0^2 C\mathfrak{p}^2$. — So gelangen wir zu folgenden in diesem Falle gültigen Gleichungen: $(\tau = \frac{1}{2})$

$$(76.) \quad \begin{cases} \frac{1}{4} C b_0 \mathfrak{p}^3 = \varrho, \quad \text{oder} \quad \frac{1}{32} C b_0 \mathfrak{P}^3 = \varrho; \quad \sin i_x = \frac{\varrho}{b_0} = \frac{1}{32} C \mathfrak{P}^3, \\ \varDelta b_0 = b_0^2 C \mathfrak{p}^2 = \frac{1}{4} b_0^2 C \mathfrak{P}^2 = 8 \frac{b_0}{\mathfrak{P}} \varrho. \qquad (\log \frac{1}{32} = 8.495). \end{cases}$$

Wäre nun etwa, wie in dem Falle unseres ersten Zahlenbeispieles $b_0 = 2.71$, und wollte man eine Objectivöffnung

$$\mathfrak{P} = \frac{b}{15.2} = \frac{2.71}{15.2} = \frac{\overline{0.433}}{\overline{1.182}} = \overline{9.251}$$

zur Anwendung bringen (— die überstrichenen Zahlen sind Logarithmen —), — hätte aber C nicht auf Null gebracht, sondern bei dem kleinen Betrage

$$C = 0.00\,050 = \overline{6.699}$$

belassen: so hätten wir $\angle\, i_x = 0.''018$.

$\frac{1}{32}$	8. 495
$\mathfrak{P}^3$	7. 753
C	6. 699
$\sin i_x$	$\overline{2.\ 947}$
$\sin 1''$	4. 686
	$\overline{8.\ 261}$
nu	0.″018

Und wäre es ein Riesenfernror mit 312 Linien Oeffnung, wie das zu Washington, so würde nach (72.a) $\angle\, i_\beta = 0.''19$, folglich die Kugelabweichung etwa 1 Zehntel der Beugungsabweichung ausmachen, was unter Umständen erträglich sein dürfte.

[An der ausserordentlichen Kleinheit dieser Winkel dürfen wir nicht Anstofs nehmen. Denn diejenigen Winkel ($j_\varkappa$ und j_β), unter welchen das Auge des Beobachters die beiden Abweichungsradien (durch das Ocular) wirklich erblickt, sind ja m' mal so grofs, und betragen wenn die Vergröfserungszahl m' beispielsweise 1500 wäre: $\angle j_\varkappa = 27''$ und $\angle j_\beta = 4'45''$.]

Man wird übrigens nicht oft in die Lage kommen die Gleichungen (76.) anzuwenden, denn es macht dem rechnenden Optiker beinahe ganz dieselbe Mühe, ob er C nahe oder ganz gleich Null berechnet (— ganz, d. h. soweit es mit fünfstelligen Tafeln möglich ist —), und der ausübende Künstler kann nach der einen Vorschrift ebensogut arbeiten, als nach der andern.

§ 35.

Wenn C gleich Null ist.

Für diesen zweiten, bei gut gearbeiteten Doppel-objectiven gewöhnlich statthabenden Fall, wo nämlich die Krümmungen der vier brechenden Flächen derartig berechnet und hergerichtet sind, dass C gleich Null, oder doch sehr nahe gleich Null ist, — eine Bedingung, ohne deren Erfüllung überhaupt kein Heil zu erwarten ist — kürzt sich die Gleichung (69.) für kd so ab:

$$kd = (\tau - \tau^2 + \tau^3 - \tau^4) b_0 D \mathfrak{e}^5 + \cdots$$

Demnach ist die Bedingung, unter welcher kd ein Maximum wird (vgl. Gleichung (70.)):

$$1 - 2\tau + 3\tau^2 - 4\tau^3 = 0,$$

eine cubische Gleichung, deren einzige zwischen 0 und 1 gelegene reelle Wurzel

$$\tau = 0.6059$$

ist. So erlangen wir:

$$(77.)\quad \begin{cases} \overline{9.514}\, b_0 D \mathfrak{p}^5 = \varrho, \text{ oder } \overline{8.009}\, b_0 D \mathfrak{P}^5 = \varrho; \ \sin i_\varkappa = \overline{8.009}\, D \mathfrak{P}^5. \\ \varDelta b_0 = b_0^2 D \mathfrak{p}^4 {}^{*)} = \overline{0.486}\, \frac{b_0}{\mathfrak{p}} \cdot \varrho = \overline{0.787}\, \frac{b_0}{\mathfrak{P}} \cdot \varrho. \end{cases}$$

Machen wir hiervon eine Anwendung auf unser erstes Zahlen-

*) Vgl. (39.)

coeff.	8. 009
D	8. 889
$\mathfrak{P}^5$	6. 770
$\sin i_x$	3. 668
$\sin 1''$	4. 686
	8. 982
nu	0'' 096

beispiel, wo ja $C = 0$ war, aber $D = 0.07\,749 = \overline{8.889}$. Nehmen wir

$$\mathfrak{P} = \tfrac{1}{12} b_0 = \frac{\overline{0.433}}{\overline{1.079}} = \overline{9.354}$$

— also eine Apertur mit der man wohl zufrieden sein könnte, so berechnet sich

$$\angle\, i_x = 0''096.$$

Und wäre wiederum wie in dem vorigen Paragraphen $\mathfrak{P} = 312$ Lin., also $\angle\, i_\beta = 0''\,19$, so zeigt sich $\angle\, i_x = \frac{1}{2} \angle\, i_\beta$ — vollständig ungenügend, weil i_x viel zu grofs im Vergleiche zu i_β ist. Um die Sache zu bessern, müsste D, oder aber $\mathfrak{P}$ viel kleiner sein.

§ 36.

Wenn $C =$ Null und zugleich $D =$ Null ist.

Hier ist die Kugelabweichung vorzugsweise von dem Coefficienten E abhängig. Wir haben dann

$$\frac{1}{b} = \frac{1}{b_0} + E e_1^6 + \cdots \quad \text{und} \quad b = b_0 - b_0^2 E e_1^6 + \cdots,$$

also (absolut genommen)

$$\varDelta b_0 = b_0^2 E e^6. \qquad \text{(d. i. } go \text{ in Fig. 5.)}$$

In diesem speciellen Falle vereinfacht sich Gleichung (69.) wie folgt:

$$kd = \tau(1-\tau)(1+\tau^2+\tau^4) b_0 E e^7 = (\tau - \tau^2 + \tau^3 - \tau^4 + \tau^5 - \tau^6) b_0 E e^7.$$

Und τ wird (vgl. (70.)) bestimmt aus der Gleichung

$$1 - 2\tau + 3\tau^2 - 4\tau^3 + 5\tau^4 - 6\tau^5 = 0,$$

woraus resultirt $\tau = 0.6703$.

Somit erlangen wir

$$(78.)\quad \begin{cases} \overline{9.562}\, b_0 E \mathfrak{p}^7 \text{ oder } \overline{7.455}\, b_0 E \mathfrak{P}^7 = \varrho; \quad \sin i_x = \overline{7.455} E \mathfrak{P}^7. \\ \varDelta b_0 = b_0^2 E \mathfrak{p}^6 = \overline{0.438} \dfrac{b_0}{\mathfrak{p}} \cdot \varrho = \overline{0.739} \dfrac{b_0}{\mathfrak{P}} \cdot \varrho. \end{cases}$$

Die Anwendung auf unser drittes Zahlenbeispiel, wo $C = 0$, $D = 0$,

coeff.	7. 455
E	9. 654
$\mathfrak{P}^7$	5. 737
	2. 846
$\sin 1''$	4. 686
	8. 160
nu	0.''015

$E + 0{,}451 = \overline{9.654}$ (§ 30) war, und $b_0 = \overline{0.432}$, giebt uns, wenn wir versuchsweise

$$\mathfrak{P} = \tfrac{1}{11} b_0 = \frac{\overline{0.432}}{\overline{1.041}} = \overline{9.391}$$

nehmen, den $\angle\, i_x = 0''\,015$. Dies ist, wenn i_β dasselbe bleibt wie in den vorigen Beispielen, etwa $\frac{1}{13}$ von i_β, was ja genügen möchte.

Nur schade dass die grofse Apertur $\frac{1}{11} b_0$ aus anderen Gründen, die wir erst später kennen lernen werden, (vgl. § 54 Ende) nicht zulässig ist.

§ 37.
Wenn $Ce^2 + De^4 + Ee^6 = 0$ ist.

Hier ist $\mathfrak{e}$ die gröfste Elongation, entsprechend den äufsersten Randstrahlen. Die vorstehende Bedingung ist für die Praxis beinahe vollkommen gleichbedeutend mit $C\mathfrak{e}^2 + D\mathfrak{e}^4 + E\mathfrak{e}^6 + \cdots$ inf. $= 0$, und sagt soviel als: es solle die sphärische Abweichung in der Axe (d. i. $\varDelta b_0$, oder zunächst $\varDelta \frac{1}{b_0}$) für die äufsersten Randstrahlen (d. i. für $e = \mathfrak{e} \mp \mathfrak{p}$) gleich Null sein, folglich das Randstrahlenbild mit dem Centralstrahlenbilde genau zusammenfallen. — Betrachten wir die Figuren 6, welche mit den vorigen (Figuren 5) übereinstimmen, nur dass g mit o zusammengefallen ist.

Die Zone der kleinen Elongation OT macht ihr Bild in einem von o $\genfrac{}{}{0pt}{}{\text{links}}{\text{rechts}}$ gelegenen Punkte t, und dieses Bild rückt, je mehr man die Elongation zunehmen lässt, immer weiter nach $\genfrac{}{}{0pt}{}{\text{links}}{\text{rechts}}$ bis zu dem Punkte s der Umkehr, welchem die Elongation OS entsprechen möge. (OS würde, wenn man das Glied Ee^6 vernachlässigen wollte oder dürfte, gleich $OG'\sqrt{\frac{1}{2}} = \mathfrak{p}\sqrt{\frac{1}{2}}$ sein).

Das jetzt in s befindliche Zonenbild rückt, wenn man die Elongation noch weiter zunehmen lässt, wiederum nach $\genfrac{}{}{0pt}{}{\text{rechts}}{\text{links}}$ hin, — etwa für den Punkt J nach i —, und endlich für den Punkt G nach o. Hierdurch werden die schon von den Zonen geringerer Elongationen erzeugten Bilder in ihrem Effecte verstärkt.

Was nun die Latitudinal-abweichung betrifft, so vermutet man zuerst wohl, dass kd seinen gröfsten Wert in demselben Momente erhalten werde, wo die Abweichung in der Axe ihr Maximum erreicht, also wenn das Zonenbild in dem Umkehrungspunkte befindlich ist. Dem ist jedoch nicht so, und dass es überhaupt anders sein könne, erkennt man leicht, wenn man auf den Verlauf der beiden Linien $Ss\sigma$ und $\genfrac{}{}{0pt}{}{Jidj}{Jd'ij}$ sein Augenmerk richtet. — kd erreicht sein Maximum bei einer ein wenig gröfseren Elongation, wie unsere Gleichungen von S. 85 uns lehren; ganz entgegen der gewöhnlichen Annahme, dass Lateral- und Longitudinalabweichung unter allen Umständen gemeinsam entweder wachsen oder abnehmen.

Um dasjenige τ zu finden, welches dem Maximum von kd entspricht, haben wir die Gleichung (70.) aufzulösen, welche unter der obigen Voraussetzung sich gestaltet:

$$(79.)\quad 6E\mathfrak{e}^2.\tau^3-5E\mathfrak{e}^2.\tau^2+4(E\mathfrak{e}^2+D).\tau-3(E\mathfrak{e}^2+D)=0.$$

Den hieraus gewonnenen Wert von τ haben wir in die Gleichung (69.) einzusetzen, welche durch dieselbe obige Voraussetzung sich vereinfacht, wie folgt:

$$(80.)\quad \varrho=b_0\,\mathfrak{e}^5\tau^3(1-\tau)\Big[D+(1+\tau^2)E\mathfrak{e}^3\Big].$$

Diese beiden Gleichungen lassen sich mit Hülfe der Hypothesis dieses § auch schreiben:

$$(79a.)\quad 6(C+D\mathfrak{e}^2)\tau^3-5(C+D\mathfrak{e}^2)\tau^2+4C\tau-3C=0$$

$$(80a.)\quad \varrho=b_0\,\mathfrak{e}^3\tau^3(1-\tau)\Big\{-C-\tau^2(C+D\mathfrak{e}^2)\Big\}=b_0\sin i_\varkappa.$$

Dagegen erhält man denjenigen Wert e_1 von e, bei welchem die Longitudinal-abweichung (— dem Umkehrungspunkte entsprechend —) ihr Maximum erreicht, durch Auflösung der (nach e^2 als Variablen gebildeten) Differentialgleichung: $C+2De_*^2+3Ee_*^4=0$, und dann $\varDelta b_0$ selbst:

$$(80b.)\quad \varDelta b_0=b_0^2(Ce_*^2+De_*^4+Ee_*^6).$$

§ 38.
Die Gröfse der Aperturen.

Eine Bemerkung über diesen Gegenstand möge noch hier, am Schlusse des ersten Teiles eine Stelle finden.

Wenn man die Littrow'sche Tafel II (S. 148) betrachtet, so findet man dort (und auf S. 149) in der Columne x ganz enorm grofse Aperturen angegeben. x bezeichnet dort den Oeffnungshalbmesser, der bei uns $\mathfrak{p}$ oder $\mathfrak{e}$ heifst. Bei Littrow ist die Apertur eine reine Function des Kronglas-brechungsindex n, nämlich

$$\mathfrak{p}=0.35\,016(n-1)-0.00\,095,$$

worüber S. 138 gehandelt wird. — Für dasjenige $n=1.524$, welches wir in unseren Beispielen bis jetzt angewandt haben, berechnet sich nach dieser Formel

$$\mathfrak{p}=0.1825,\quad \text{demnach}\quad \mathfrak{P}=0.365.$$

(Die Längeneinheit ist bei Littrow dieselbe wie bei uns, nämlich die Brennweite des Kronglases). Mit unserem gewohnten $\omega=0.631$ erhalten wir (vgl. Gll. (50.))

$$b_0 + \frac{1}{1-\omega} = \frac{1}{0.369} \quad \text{und} \quad \mathfrak{P} = \frac{1}{7.43} b_0,$$

eine Apertur von unerhörter Gröfse.

Allein wir müssen bedenken, dass dieselbe nicht etwa eine Consequenz der Littrow'schen Methode, sondern eigentlich willkürlich angenommen ist, denn Littrow setzt ein für allemal fest, dass der erste Marginal-einfallswinkel 10° betragen soll. Vgl. daselbst S. 135, und sonst überall. Diese Festsetzung geschieht in der Voraussetzung, dass das Objectiv die daraus resultierende grofse Apertur schon werde vertragen können, zumal bei Befolgung der fernerweiten Berechnungsmethode. Gegeben sind sofort die beiden Radien r_1 und r_2 benebst dem Brechungsindex n (— daher denn auch bei dem vorgeschriebenen Einfallswinkel von 10° die Apertur von nichts weiter als von n abhängig sein kann —); und die beiden übrigen Radien r_3 und r_4 werden bei Littrow auf indirectem trigonometrischen Wege derartig bestimmt, dass sie einerseits der (genäherten) Farbengleichung Genüge leisten, und dass andrerseits das jener enormen Elongation ($\mathfrak{p} = 0.1825$) zukommende Zonenbild genau in denselben Punkt trifft, wie das Bild der allernächsten Circumpolarstrahlen. Als selbstverständlich wird hierbei angenommen, dass die Abweichung der Mittelzonenbilder zu geringfügig sei, um der Deutlichkeit und Schärfe des Gesammtbildes Abbruch zu thun.

Die grofsen Aperturen im allgemeinen anlangend, hören wir doch den Ausspruch der Erfahrung, welcher hier, wo es sich um sinnliche Wahrnehmung handelt, in erster Linie beachtet zu werden verdient.

Littrow selbst sagt (S. 133 in § 13.), dass in unseren bisherigen (anno 1830) besten Fernrören nahezu

$$\mathfrak{P} = \frac{6}{100} b_0, \text{ d. i.} = \frac{1}{16.7} b_0 \quad \text{sei.}$$

Prechtl schreibt (in § 173): „Nach vergleichenden Versuchen und „Beobachtungen kann man annehmen, dass ein möglichst gut gearbeitetes „achromatisches Objectiv von 19 Zoll Brennweite eine Oeffnung von „20 Linien, mit der dieser entsprechenden Vergröfserung, bei voll„kommener Deutlichkeit vertrage".

Das wäre also

$$\mathfrak{P} = \frac{20'''}{228'''} b_0 \quad \text{oder} \quad = \frac{1}{11.4} b_0.$$

Ferner ist bei Prechtl (§ 174) eine Tabelle aufgestellt, in welcher für sehr grofse Fernröre nur $\frac{1}{20}$ bis $\frac{1}{19} b_0$ für zulässig erachtet wird, mit dem Hinzufügen:

„Die Verhältnisse, welche diese Tafel giebt, sind das Maximum, „das der Künstler bei dem gegenwärtigen Zustande der wissenschaft- „lichen und „technischen Hülfsmittel für ein vollkommenes Fernror zu „erreichen hoffen darf, und wir raten demselben, sich nicht durch das „natürliche Verlangen, sein Fernror für gleiche Oeffnung zu verkürzen, „zu willkürlichen Abänderungen verleiten zu lassen, wenn er nicht Zeit „und Kosten verlieren will."

Diese bescheidenen Prechtl'schen Oeffnungsmafse für grofse Objective sind ja allerdings teils schon früher, vorzugsweise aber in neuester Zeit, jedoch nur in mäfsigem Grade, überschritten worden, denn es sind z. B. die Aperturen in

Pulkowa Dorpat Washington

$$\mathfrak{P} = \frac{14''}{252''} b_0 = \underline{\frac{1}{18} b_0}, \quad \frac{9''}{160''} b_0 = \underline{\frac{1}{17.8} b_0}, \quad \frac{26''}{396''} b_0 = \underline{\frac{1}{15.2} b_0},$$

und daher muss jede Theorie, welche Aperturen in Aussicht stellt, die über die Prechtl'schen Satzungen in excessivem Mafse hinausgehen, von vorn herein unser Misstrauen erwecken. Dies gilt z. B. von der Littrow'schen Methode mit ihrem $\mathfrak{P} = \frac{1}{7.43} b$, so wie auch schon von dem verlockenden Resultate, welches durch die Festsetzung $C = 0$ und auch $D = 0$ bei uns in § 36 zu Tage trat, über welche letztere nur so viel festzustehen scheint, dass ihr nach dem effectiven Stande unserer Kenntniss eine mindestens eben so grofse Berechtigung zukomme, als jedem anderen der bisherigen Vorschläge, deren keiner der richtige sein dürfte.

Es wird aus anderen in Teil II zur Erkennung gelangenden Gründen sich zeigen, dass in dem Falle $C = D = 0$ die Apertur nicht so grofs genommen werden darf, als es nach den bisherigen Betrachtungen den Anschein hat, und dafs bei Littrow's Methode an eine so grofse Apertur, wie sie der Autor für zulässig hielt, auch nicht entfernt gedacht werden kann, wenn man nicht will, dass das Gesichtsfeld, welches bis hierher unsere Beachtung gar nicht in Anspruch nahm, fast zu einem Punkte zusammenschrumpfe. — Denn dort in Teil II wird sich zeigen, dass aufser derjenigen Einschränkung, welche dem Gesichtsfelde bekanntlich von Seiten des Oculares bereitet wird, noch eine zweite, von dem Objective veranlasste, existiert. —

Anmerkung. Bei dem kurz vorhin erwähnten Prechtl'chen Musterfernrore von 19″ Gesammtbrennweite würde die nach damaliger Anschauung gröfste zulässige

Vergröfserungszahl $$m' = \frac{b_0}{\varphi} = \frac{19''}{{}^2/_9{}''} = 85{,}5$$

sein, denn Prechtl hält ein Ocular von geringerer Brennweite als $\varphi = {}^2/_9{}''$ überhaupt nicht für anwendbar. — Stellen wir uns nun einmal die Frage, wie grofs in dem Falle unseres ersten Zahlenbeispieles, wenn man dort ebenfalls

$$\mathfrak{P} = \frac{1}{11,4} b_0 \quad (\log b_0 = 0.433), \quad \log \mathfrak{P} = 9.376 \text{ und } m' = 85,5, \quad (\log m' = 1,932)$$

in Anwendung bringen wollte, der scheinbare Halbmesser j des Abweichungskreises werden würde: so erteilt uns die Gleichung für $\sin i_\varkappa$ in (77.), (— wenn wir sie mit m' multiplicieren —) die Antwort:

	8.009
m'	1.932
$\mathfrak{P}^5$	6.880
D	8.889
	5.710

$$\sin j_\varkappa = \overline{8.009}\, m' \mathfrak{P}^5 D \quad (\log D = 8.889, \text{ S. } 68)$$

also $\log \sin j_\varkappa = 5.710$, folgl. $j_\varkappa \doteq 10^1/_2$ Secunde, wodurch die Annahme von $j_\varkappa = 10''$ (siehe § 32) als eines passenden Mittelwertes eine gewisse Berechtigung gewinnt.

Der $\angle\, i_\beta$ würde nach (72 a). betragen $\frac{61.7}{20}$, d. i. $= 3''09$, und folglich

$$\angle\, j_\beta = 85,5 \times 3,09 = 264'' = 4'24'',$$

welch' hoher Betrag nicht zulässig erscheint. — Die Vergröfserungszahl m' durfte nur gleich 53 genommen werden, wenn die oben bei (74 a.) für noch erträglich erachtete obere Grenze $j_\beta = 2^3/_4$ Minuten nicht überschritten werden sollte.

II. Teil.

Von den heteronomen oder seitlichen Strahlen.

§ 39.

Einleitung.

Alle unsere bisherigen Betrachtungen und Untersuchungen bezogen sich nur auf solche Strahlen, welche von einem in der Axe des Objectivglases befindlichen Punkte ausgingen, oder nach einem solchen hin convergierten, also nur auf einen ganz exquisiten Fall. Der entgegengesetzte, unendlich häufiger statthabende Fall, wo nämlich der Objectspunkt nicht in der Axe liegt, die Strahlen also ursprünglich (primär) von einem irgendwo seitwärts der Axe liegenden Punkte ausgehen, oder nach demselben hin convergieren, ist bis jetzt ganz aufser Acht gelassen worden. Und doch gebürt diesem allgemeineren Falle eine mindestens ebenso sorgfältige Beachtung, da ja erst durch die heteronomen, d. i. seitlichen Strahlen das sogenannte Gesichtsfeld zustande kommt.

Von vorn herein ist ja wohl wahrscheinlich, dass, wenn nur die seitliche Distanz nicht gar zu beträchtlich ist, auch die seitlichen Strahlen sich nicht allzuweit zerstreuen werden; indessen dürfen wir doch unmöglich uns bei dieser Wahrscheinlichkeit beruhigen. Vielmehr entspringt hier für die Theorie die Nötigung, auch

den Verlauf der seitlichen Strahlen zu erforschen,

um schliefslich über den endlichen Verbleib derselben durch Zahl und Mafs Auskunft geben zu können.

§ 40.

Vorläufige Untersuchung

über die Bedingungen, unter welchen die seitlichen Strahlen zuletzt wieder in einem einzigen Punkt zusammentreffen.

Sei in Fig. 7*) A ein Punkt aufserhalb der Axe des Doppelobjectives, von welchem Punkte die Strahlen ursprünglich ausgehen, oder — wie es unsere Figur darstellt — nach welchem die auf die erste brechende Fläche $o_1 O_1$ treffenden Strahlen hinzugehen streben. Man lege eine Ebene durch die Axe $O_1 m_1 m_2 m_3 m_4$ und den Objectspunkt A, welche hier durch die Ebene des Papieres dargestellt sein mag, und ziehe eine unbegrenzte Gerade durch A und m_1, das ist das Kugelcentrum der ersten brechenden Fläche. Die genannte Ebene, welche also die vier Kugelmittelpunkte m_1, m_2, m_3, m_4, und somit die ganze Axe, ferner auch den Objectspunkt A enthält, heifst bezüglich desselben die Hauptebene. Die Gerade $m_1 A$ heifst Nebenaxe, und zwar, weil deren nachgerade vier auftreten werden, erste Nebenaxe, wohingegen die Axe $Om_1..m_4$ des Doppelobjectives Hauptaxe heifst.

Dem zufolge, was wir bereits über die Gesetze der Brechung durch kugelförmige Flächen wissen, erzeugt das leuchtende Object A eine endlose Anzahl von Zonenbildern, die jedoch sammt und sonders auf der ersten Nebenaxe eine Punktenfolge bilden, etwa von X bis X'. Diese Bilder liegen alle zusammen in der Ebene des Papieres, nebst ihrem Objectspunkte A, und da sie wiederum als Objecte für die zweite Brechung dienen, so müssen auch die von ihnen herrürenden und ebenso die durch weitere Brechungen entstehenden Bilder sämmtlich in der Hauptebene liegen.

Die erste Nebenaxe ist nur eine einzige (bezüglich des einzigen Objectspunktes A). Jedoch schon bei der nächstfolgenden zweiten Brechung dient jeder einzelne Punkt der Punktenfolge XX' als ein besonderes leuchtendes Object. Durch jeden derselben muss man sich eine besondere Gerade nach dem zweiten Kugelcentrum m_2 gezogen denken, welche für den betreffenden Punkt als Polaraxe gilt. Man kann also eigentlich nicht von einer zweiten Nebenaxe reden, sondern

*) Man stofse sich nicht daran, dass die Figur, welche das eine, was sie soll, deutlich zeigt, im übrigen ganz Unmögliches darstellt.

von einer unendlichen Anzahl derselben, welche den schmalen Winkelraum Xm_2X' ausfüllen. Die zweiten Bilder kommen dann etwa zwischen Y und Y' zu liegen, und die dritten Nebenaxen bedecken den Winkelraum Ym_3Y', so dass die dritten Bilder etwa zwischen Z und Z' zu liegen kommen in einer geraden oder auch wohl etwas gekrümmten Linie.

Sollen diese dritten Bilder (zwischen Z und Z'), welche bei der vierten Brechung als Objecte dienen, nicht abermals verschiedene vierte Nebenaxen und zerstreut liegende Bilder, sondern nur ein einziges (B) liefern, so müssen sie (— nämlich die Bilder $Z \ldots Z'$ —) möglichst in einer geraden, nach dem vierten Kugelcentrum m_4 gerichteten Linie $Z'Z$ liegen. Diese Linie $Z'Zm_4$ ist alsdann die einzige vierte Nebenaxe.

Und es dürfen zweitens auf dieser einzigen vierten Nebenaxe nicht etwa viele, eine Punktenfolge bildende vierte Bilder, sondern es soll nur ein einziges in einem Punkt B erzeugt werden.

Geometrisch sind in dem eben Besprochenen schon die Bedingungen ausgedrückt, welche erfüllt werden müssten, wenn die einem seitlich gelegenen Objectspunkte A zugehörigen — zu allererst den Körperraum eines schiefen Kegels ausfüllenden — Strahlen schliefslich alle wieder in einem einzigen Punkte B zusammentreffen sollen.

Im Verlaufe der folgenden Untersuchung wird sich zeigen, dass diese Bedingungen freilich nicht in aller Strenge, sondern nur in einem hohen Annäherungsgrade erfüllbar sind, welcher jedoch hinter derjenigen Schärfe, mit welcher (— wie im I. Teile gezeigt wurde —) die axonomen Strahlen wiedervereinigt werden können, etwas zurückbleibt.

§ 41.
Einführung der Axenwinkel.

Die Winkel, welche die Hauptaxe und die Nebenaxen untereinander bilden, wollen wir kurz durch je zwei Ziffern bezeichnen, so dass $\angle\, 01$ derjenige Winkel ist, welchen die Null- oder Hauptaxe mit der ersten Nebenaxe bildet; $\angle\, 02$, $\angle\, 03$, $\angle\, 04$ sind diejenigen Winkel, welche von der Hauptaxe mit einer der (unendlich vielen) zweiten, dritten, vierten Nebenaxen gebildet werden. Wir wollen sie Axenwinkel nennen. Um Missverständnissen vorzubeugen, erinnere ich daran, dass wir schon in § 21 von Axenwinkeln geredet haben, jedoch in einer anderen Bedeutung. Dort waren es nämlich diejenigen Winkel, welche der primäre oder die gebrochenen Strahlen mit der Hauptaxe bildeten; hier hingegen werden sie immer nur von je zwei Axen gebildet. Vielleicht wäre es gut gewesen oben in § 21 zu schreiben: Strahlaxenwinkel. —

Ferner bedeutet $\angle\, 23$ den von einer zweiten und einer dritten Nebenaxe gemachten Winkel u. s. w.

Uebrigens setzen wir bezüglich der Winkel 01, 02, 03, 04 gleich an dieser Stelle noch Folgendes fest:

Die Bezeichnung 02, 03, 04 soll angewandt werden, sofern diese Winkel variabel, d. h. von der Elongation oder den Elongationen abhängig sind, die wir weiter unten mit e_1, e_2, e_3, e_4 bezeichnen und näher bestimmen werden. Dagegen sollen die Werte, welche jene Winkel für $e_1 = 0$, $e_2 = 0$, $e_3 = 0$, $e_4 = 0$ annehmen, durch darüber gesetzte Striche $\overline{02}$, $\overline{03}$, $\overline{04}$ von den variablen Werten unterschieden werden. Der Winkel 01 ist eine von vorn herein durch die Position des leuchtenden Objectes gegebene Constante, die wir daher immer mit $\overline{01}$ bezeichnen werden.

Sei in Fig. 8 für irgend einen dem Objectspunkte A zugehörigen primären Strahl die erste Nebenaxe $o_1 m_1 A$. Da die Fläche des Papieres nur die Hauptebene darstellt, so können wir den irgendwo auf der ersten brechenden Fläche befindlichen Incidenzpunkt i_1 ebenso wenig, wie den zugehörigen primären Strahl selbst, in dieser Figur verzeichnen. Ist aber — in der Ebene der Figur — Uu ein nach A hin gerichteter Strahl, und ist die Sehnendistanz $o_1 u$ gleich der Sehnendistanz $o_1 i_1$, so haben wir an ihm wenigstens einen der gleichwertigen Zonenstrahlen, der nach geschehener Brechung seine Richtung nach X hin nehmen möge. Hier ist denn die Entfernung $o_1 X$ dasselbe, was wir mit x zu bezeichnen gewohnt sind, und wird gefunden aus der Gleichung (3.)

$$\frac{1}{x} = \frac{n_1 - 1}{n_1} \frac{1}{r_1} + \frac{1}{n_1} \frac{1}{a} + l . e_1^2 + \cdots,$$

worin $a = o_1 A$ ist, und l die bei Gleichung (3.) angegebene Bedeutung hat; e_1 aber ist die Kugelsehne, welche von o_1 nach dem schon genannten Incidenzpunkte i_1 gezogen werden kann, und an Gröſse einer von o_1, welches jetzt als Pol gilt, nach u zu ziehenden Geraden gleich ist. — Für $o_1 i_1 = 0$, d. h. für solche Strahlen, welche ganz nahe bei o_1 auftreffend nach A gerichtet sind, sei der erste Wiedervereinigungspunkt X'; dann ist die Entfernung $o_1 X'$ unser x_0, welches gefunden wird aus:

$$\frac{1}{x_0} = \frac{n_1 - 1}{n_1} \frac{1}{r_1} + \frac{1}{n_1} \frac{1}{a} . —$$

Die erste Nebenaxe ist $o_1 m_1 X X' A$. Der Winkel $m_4 m_1 A$ oder $o_1 m_1 O_1$ ist $\angle \overline{01}$. Die durch m_2 und X' gezogene, unbegrenzt gedachte Linie $X' m_2 C$, ist eine zweite Nebenaxe, und zwar diejenige, welche mit der Hauptaxe den $\angle \overline{02}$ macht. Dagegen wird eine von X durch m_2 gezogene Gerade den $\angle X m_2 m_4$ bilden, den wir mit 02 (ohne Strich) bezeichnen müssten.

§ 42.
Beschränkung auf die zweite Potenz der Elongationen.

Uebrigens beschränken wir uns in diesem zweiten, die seitlichen Strahlen betreffenden Hauptteile bei der Berechnung der Längen x, y, z, b durchweg auf die zweite Potenz der Elongationen, da eine weitere Ausdehnung wenigstens ohne praktischen Nutzen sein würde. Denn wir sind doch nicht im Stande, mehr als noch eine einzige Bedingungsgleichung zu erfüllen, zu Gunsten der seitlichen Strahlen.

Dieser Einschränkung entsprechen bereits die oben aufgestellten Gleichungsgruppen (26.) (27.) (28.) (29.), die wir, so wie sie da stehen, sofort für den jetzigen allgemeineren Fall zur Anwendung ziehen können. Letzteres ist unzulässig betreffs der Gruppe (30.), weil da bestimmte Relationen zwischen e_1, e_2, e_3, e_4 zu Grunde gelegt wurden, welche nunmehr sich ändern werden.

Eben jene Einschränkung berechtigt uns anstatt der Sehne e_1 nach Belieben auch die entsprechende Sinuslinie, oder die Tangentenlinie, oder den Bogen zu setzen, ohne dass an den Coefficienten der betreffenden Gleichungen eine Aenderung zu geschehen braucht; eine solche würde vielmehr erst an dem Coefficienten von e_1^4 vorzunehmen sein.

Infolge derselben Beschränkung ist es, wie man bei eingehender Untersuchung finden wird, gestattet, die Entfernung irgend eines hinter den brechenden Flächen befindlichen Punktes, z. B. (Fig. 8.) die Entfernung Xv des Punktes X von irgend einem Punkte v der ersten Fläche als stets von derselben Gröfse anzusehen, und zwar gleich der Linie $o_1 m_1 X$, welche von X aus durch den betreffenden Kugelmittelpunkt m_1 nach der ersten brechenden Fläche hin geht; so wie auch die zwischen zwei brechenden Flächen liegenden Stücken, wie vo_2, o_1c_2, O_1O_2, als sammt und sonders unter einander gleich (— also hier $= O_1O_2 = \delta$, Dicke des ersten Glases —) anzusehen.

Und zwar ist dies nicht etwa eine kleine Ungenauigkeit, welche wir uns aus Gründen der Vereinfachung erlauben, sondern wir dürfen gar nicht anders verfahren, wenn es sich um die genaue Bestimmung des ersten Coefficienten einer Reihenentwickelung handelt (— und nicht etwa um eine Näherungsberechnung für den Wert der ganzen Reihe —).

§ 43.
Gleichungen für die Axenwinkel.

Fig 8. Da $o_1X = x$, und folglich $m_1X = x - r_1$ ist, so ergiebt sich, wenn wir den trigonometrischen Sinussatz auf $\triangle\, m_1 m_2 X$ anwenden:

$$\sin 02 = \frac{x - r_1}{m_2 X} \sin \overline{01}.$$

Setzen wir nun anstatt m_2X, welches ist $vX-vo_2-m_2o_2$ oder $vX-vo_2-r_2$, d. i. nach Maſsgabe des vorigen Paragraphen $x-\delta-r_2$, so erlangen wir

$$(81.)\quad\begin{cases}\sin 02 = \dfrac{x-r_1}{x-\delta-r_2}\sin\overline{01};\\ \text{ganz ähnlich ferner}\\ \sin 03 = \dfrac{y-r_2}{y-h-r_3}\sin 02,\\ \sin 04 = \dfrac{z-r_3}{z-\varepsilon-r_4}\sin 03.\end{cases}$$

Und durch Verbindung dieser Gleichungen:

$$(82.)\quad\begin{cases}\sin 03 = \dfrac{y-r_2}{y-h-r_3}\,\dfrac{x-r_1}{x-\delta-r_2}\sin\overline{01}\\ \sin 04 = \dfrac{z-r_3}{z-\varepsilon-r_4}\,\dfrac{y-r_2}{y-h-r_3}\,\dfrac{x-r_1}{x-\delta-r_2}\sin\overline{01}.\end{cases}$$

(81.) und (82.) sind Gleichungen für die variablen Axenwinkel 02, 03, 04, d. h. also: insofern sie von den Elongationen abhängig sind, denn x, y, z sind ja sämmtlich Functionen der letzteren. (Vgl. § 41.) Aus (80.) und (81.) erhalten wir die Gleichungen für die constanten $\overline{02}$, $\overline{03}$, $\overline{04}$ in folgender Gestalt, wenn wir für x, y, z setzen x_0, y_0, z_0, und uns sodann der Abkürzungen x_1, y_1, z_1 bedienen an Stelle von $x_0-\delta$, y_0-h, $z_0-\varepsilon$:

$$(83.)\quad\begin{cases}\sin\overline{02} = \dfrac{x_0-r_1}{x_1-r_2}\sin\overline{01}\\ \sin\overline{03} = \dfrac{y_0-r_2}{y_1-r_3}\sin\overline{02} = \dfrac{y_0-r_2}{y_1-r_3}\,\dfrac{x_0-r_1}{x_1-r_2}\sin\overline{01}\\ \sin\overline{04} = \dfrac{z_0-r_3}{z_1-r_4}\sin\overline{03} = \dfrac{z_0-r_3}{z_1-r_4}\,\dfrac{y_0-r_2}{y_1-r_3}\,\dfrac{x_0-r_1}{x_1-r_2}\sin\overline{01}.\end{cases}$$

Da nun folgende drei Gleichungen rein analytische sind

$$\frac{x-r_1}{x-\delta-r_2} = \frac{r_1}{r_2}\,\frac{x}{x-\delta}\,\frac{\dfrac{1}{r_1}-\dfrac{1}{x}}{\dfrac{1}{r_2}-\dfrac{1}{x-\delta}}\qquad \frac{y-r_2}{y-h-r_3} = \frac{r_2}{r_3}\,\frac{y}{y-h}\,\frac{\dfrac{1}{r_2}-\dfrac{1}{y}}{\dfrac{1}{r_3}-\dfrac{1}{y-h}}$$

$$\frac{z-r_3}{z-\varepsilon-r_4} = \frac{r_3}{r_4}\,\frac{z}{z-\varepsilon}\,\frac{\dfrac{1}{r_3}-\dfrac{1}{z}}{\dfrac{1}{r_4}-\dfrac{1}{z-\varepsilon}}:$$

so lassen sich die vorigen Gleichungen mit Hülfe von (31.) umgestalten in

$$
(84.)\quad \left\{
\begin{aligned}
r_2 \sin\overline{02} &= \xi_1 \frac{\frac{1}{r_1}-\frac{1}{x_0}}{\frac{1}{r_2}-\frac{1}{x_1}} r_1 \sin\overline{01} = \frac{\xi_1}{n_1} \frac{\frac{1}{r_1}-\frac{1}{a}}{\frac{1}{r_2}-\frac{1}{x_1}} r_1 \sin\overline{01} = g_1 . r_1 \sin\overline{01} \quad \text{(abgekürzt)}\\
r_3 \sin\overline{03} &= \eta_1 \frac{\frac{1}{r_2}-\frac{1}{y_0}}{\frac{1}{r_3}-\frac{1}{y_1}} r_2 \sin\overline{02} = \frac{\eta_1 \xi_1}{n_2 n_1} \frac{\frac{1}{r_1}-\frac{1}{a}}{\frac{1}{r_3}-\frac{1}{y_1}} r_1 \sin\overline{01} = g_2 . r_1 \sin\overline{01}\\
r_4 \sin\overline{04} &= \zeta_1 \frac{\frac{1}{r_3}-\frac{1}{z_0}}{\frac{1}{r_4}-\frac{1}{z_1}} r_3 \sin\overline{03} = \frac{\zeta_1 \eta_1 \xi_1}{n_3 n_2 n_1} \frac{\frac{1}{r_1}-\frac{1}{a}}{\frac{1}{r_4}-\frac{1}{z_1}} r_1 \sin\overline{01} = g_3 . r_1 \sin\overline{01}\\
&\text{oder auch:}\\
r_4 \sin\overline{04} &= \frac{\zeta_1 \eta_1 \xi_1}{n_4 n_3 n_2 n_1} \frac{\frac{1}{r_1}-\frac{1}{a}}{\frac{1}{r_4}-\frac{1}{b_0}} r_1 \sin\overline{01}.
\end{aligned}
\right.
$$

Vgl. Gleichung (92.).

Ferner erhalten wir aus (82.) und (28.)

$$
(85.)\quad r_4 \sin 04 = \frac{z}{z-\varepsilon}\,\frac{y}{y-h}\,\frac{x}{x-\delta}\,\frac{\frac{1}{r_1}-\frac{1}{a}}{\frac{1}{r_4}-\frac{1}{b}}\,\frac{1-P}{n_4 n_3 n_2 n_1}\, r_1 \sin\overline{01},
$$

wo P die in Gleichung (28.) angegebene Bedeutung hat. —

In dieser Gleichung sind x, y, z, b und P Functionen von e_1, e_2, e_3, e_4. Um das Variable von dem Constanten zu sondern, bedenken wir, dass

$$
\frac{x-\delta}{x} = 1-\frac{\delta}{x} = 1-\frac{\delta}{x_0} - \delta . \triangle \frac{1}{x_0}
$$

ist, wo $\triangle \frac{1}{x_0}$ dasjenige bedeutet, was zu $\frac{1}{x_0}$ hinzugefügt werden muss, damit $\frac{1}{x_0}$ übergehe in $\frac{1}{x}$. Dies Additament, desgleichen die übrigen

$$
\triangle \frac{1}{y_0},\quad \triangle \frac{1}{z_0},\quad \triangle \frac{1}{b_0}
$$

kennen wir bereits aus der Gruppe (29.). Es ist also

$$
\frac{x-\delta}{x} = \frac{x_0-\delta}{x_0} - \delta . \triangle \frac{1}{x_0},
$$

woraus man durch Umkehrung (unter Weglassung der höheren Elongationspotenzen) erhält:

$$(86.)\quad \begin{cases} \dfrac{x}{x-\delta}=\xi_1\left(1+\delta\xi_1\triangle\dfrac{1}{x_0}\right); \\ \qquad \dfrac{y}{y-h}=\eta_1\left(1+h\eta_1\triangle\dfrac{1}{y_0}\right);\quad \dfrac{z}{z-\varepsilon}=\zeta_1\left(1+\varepsilon\zeta_1\triangle\dfrac{1}{z_0}\right); \\ \text{endlich auch} \\ \dfrac{\dfrac{1}{r_1}-\dfrac{1}{a}}{\dfrac{1}{r_4}-\dfrac{1}{b}}=\dfrac{\dfrac{1}{r_1}-\dfrac{1}{a}}{\left(\dfrac{1}{r_4}-\dfrac{1}{b_0}\right)-\triangle\dfrac{1}{b_0}}=\dfrac{\dfrac{1}{r_1}-\dfrac{1}{a}}{\dfrac{1}{r_4}-\dfrac{1}{b_0}}\left(1+\dfrac{1}{\dfrac{1}{r_4}-\dfrac{1}{b_0}}\triangle\dfrac{1}{b_0}\right). \end{cases}$$

Hieraus entsteht

$$(87.)\quad \begin{cases} r_4\sin 04=\dfrac{r_1\sin\overline{01}}{n_4n_3n_2n_1}\zeta_1\eta_1\xi_1\dfrac{\dfrac{1}{r_1}-\dfrac{1}{a}}{\dfrac{1}{r_4}-\dfrac{1}{b_0}}\times \\ \quad\times\left(1-P+\dfrac{1}{\dfrac{1}{r_4}-\dfrac{1}{b_0}}\triangle\dfrac{1}{b_0}+\delta\xi_1\triangle\dfrac{1}{x_0}+h\eta_1\triangle\dfrac{1}{y_0}+\varepsilon\zeta_1\triangle\dfrac{1}{z_0}\right) \end{cases}$$

immer unter Weglassung der höheren Elongationspotenzen und in Erinnerung dessen, dass P aus 4 Teilen besteht, deren jeder bereits das Quadrat einer Elongation als Factor enthält (siehe (28.)).

§ 44.
Die zwei Bedingungen: vorläufige analytische Darstellung.

Was in Gleichung (87.) aufser der 1 in der Klammer () steht, das ist das Variable, von den Elongationen Abhängige; es verschwindet, wenn $e_1=e_2=e_3=e_4=0$ gesetzt wird (— welche Bedingung freilich ein und derselbe heteronome [d. h. bei welchem $\angle$ 01 von Null verschieden ist] Strahl gar nicht erfüllen kann). Ganz verschwinden kann diese Gröfse nicht, daher wird der Winkel $\overline{04}$ niemals vollkommen mit dem Winkel 04 übereinstimmen können (vgl. Gleichung (87.) mit (84.)). Wenn wir daher als Bedingung für die Einzahl der vierten Nebenaxe die Forderung aufstellen: Es soll sein

$$(88.)\quad \begin{cases} \dfrac{1}{\dfrac{1}{r_4}-\dfrac{1}{b_0}}\triangle\dfrac{1}{b_0}-\left(P-\delta\xi_1\triangle\dfrac{1}{x_0}-h\eta_1\triangle\dfrac{1}{y_0}-\varepsilon\zeta_1\triangle\dfrac{1}{z_0}\right)=0, \\ \text{abgekürzt} \\ \dfrac{1}{\dfrac{1}{r_4}-\dfrac{1}{b_0}}\triangle\dfrac{1}{b_0}-(P-\Theta)=0, \\ \qquad\qquad \text{wo } \Theta=\delta\xi_1\triangle\dfrac{1}{x_0}+h\eta_1\triangle\dfrac{1}{y_0}+\varepsilon\zeta_1\triangle\dfrac{1}{z_0}, \end{cases}$$

so ist dies eigentlich nur ein Wunsch, der wie wir schon zum voraus wissen nicht vollständig in Erfüllung gehen kann.

Die andere der schon oben angedeuteten zwei Bedingungen, dass nämlich die einem und demselben Objectspunkte zugehörigen primären Strahlen nach der vierten Brechung in derselben Entfernung von der vierten brechenden Fläche sich wieder zusammenfinden sollen (— Constanz der vierten Bildweite —), lässt sich, so lange die gegenseitige Abhängigkeit der vier verschiedenen Elongationen noch nicht untersucht und festgestellt ist, vorläufig nicht anders in einer Gleichung ausdrücken, als (nach Gleichung (29.)) folgendermaſsen:

$$(89.) \qquad \triangle \frac{1}{b_0} = \frac{\zeta_1^2 \eta_1^2 \xi_1^2}{n_4 n_3 n_2 n_1} \overline{ra}\, e_1^2 + \frac{\zeta_1^2 \eta_1^2}{n_4 n_3 n_2} \overline{rx}\, e_2^2 + \frac{\zeta_1^2}{n_4 n_3} \overline{ry}\, e_3^2 + \frac{1}{n_4} \overline{rz}\, e_4^2 = 0.$$

Dies war ja auch in Teil I dieser Abhandlung die zu erfüllende Bedingung, nur dass dort (— soweit es sich um höchstens die zweite Potenz der Elongationen handelte —) sehr einfache Beziehungen zwischen e_1, e_2, e_3, e_4 stattfanden, mittelst deren wir zu der sphäristischen Gleichung (41.) gelangten.

Es ist nicht auſser Acht zu lassen, dass die Gleichungsgruppen (26.) bis (29.) zwar auch hier noch vollständig gültig sind, dass jedoch die Punkte A, X, Y, Z, B, deren Entfernungen von der ersten, zweiten, dritten, vierten brechenden Fläche beziehungsweise mit a, x, y, z, b bezeichnet worden sind, in dem I. Teile der Abhandlung sämmtlich in der einzig vorhandenen Axe (Hauptaxe) liegen, während in dem zweiten Teile

A und X	auf der	ersten	Nebenaxe	(Axenwinkel $\overline{01}$),
X und Y	„ „	zweiten	„	(„ 02),
Y und Z	„ „	dritten	„	(„ 03),
Z und B	„ „	vierten	„	(„ 04)

zu suchen sind.

Wären uns nun die Gröſsen der Elongationen e_1, e_2, e_3, e_4 bekannt, so würden wir nach den Gleichungen (29.) die Entfernungen x, y, z, b, und dann nach (81.), (82.) die Winkel 02, 03, 04 zu berechnen, d. h. über den Weg eines jeden beliebigen heteronomen Strahles Auskunft zu geben im Stande sein.

§ 45.
Nähere Bestimmung der Elongationen.

Sei $GHKM$ die Vorderseite des ersten Glases; O_1 der Pol der Kugelhaube; i_1 der Incidenzpunkt des zu verfolgenden heteronomen (— d. h. einem in der Figur nicht dargestellten, seitwärts der Axe liegenden

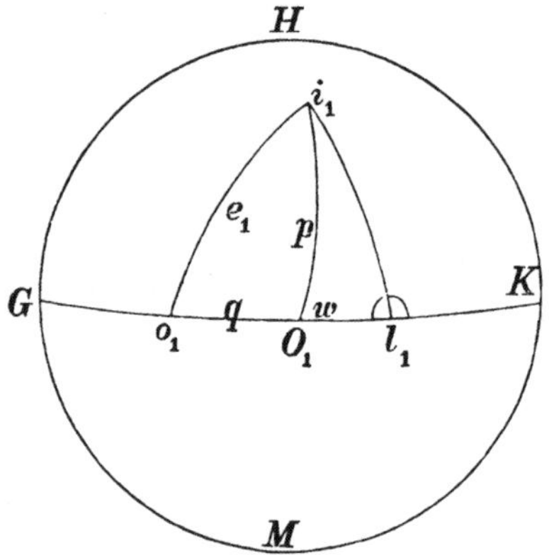

Objectspunkte A zugehörigen —) Strahles; o_1 der Treffpunkt der ersten (durch A und das Kugelcentrum m_1 gelegten) Nebenaxe; $Go_1 O_1 K$ der Durchschnitt der (durch A und die Hauptaxe bestimmten) Hauptebene mit der Kugelfläche.

Wir wollen den Bogen $o_1 O_1$ mit einem einfachen Buchstaben q bezeichnen; ebenfalls die Entfernung $i_1 O_1$ des Treffpunktes i_1 von dem Pole der Kugelhaube mit dem einfachen Buchstaben p. Sei ferner $i_1 l_1$ das von i_1 auf $G O_1 K$ gefällte sphärische Perpendikel;

$$\angle\, i_1 l_1 K = \angle\, i_1 l_1 G = 90^0.$$

Die Position des Punktes i_1 ist bestimmt durch das gegebene p und den gegebenen Flächenwinkel $i_1 O_1 K$, welchen wir mit w bezeichnen. Aufserdem ist uns q gegeben, denn denkt man sich von O_1 und o_1 nach dem (nicht verzeichneten) Kugelcentrum m_1 die beiden Kugelradien $O_1 m_1$ und $o_1 m_1$ (jeden $= r_1$) gezogen, so bilden diese letzteren den Winkel $O_1 m_1 o_1$ oder $\overline{01}$, d. i. die Abweichung der ersten Nebenaxe von der Hauptaxe, und es ist (— vermöge der uns zustehenden Freiheit, den Bogen, die Tangentenlinie und die Sinuslinie als unter einander gleich anzusehen, vgl. § 42. —):

$$(90.) \qquad q = r_1 \sin \overline{01}.$$

Um die erste Bildweite x zu berechnen, haben wir uns der Gleichung (29.) zu bedienen, in welcher anstatt e_1 gesetzt werden muss $i_1 o_1$. Dieses $i_1 o_1$ lässt sich leicht bestimmen durch Vermittelung der zwei sphärischen Katheten $i_1 l_1$ und $o_1 l_1$. Diese stellen wir zunächst gesondert dar; denn wegen der später erforderlichen Bestimmungen von e_2, e_3, e_4 müssten wir doch wieder auf $i_1 l_1$ und $o_1 l_1$ zurückgreifen. — Es ist (exact nach den Regeln der sphärischen Trigonometrie)

$$\sin i_1 l_1 = \sin p \sin w.$$

Oder vermöge der pp. Freiheit

$$i_1 l_1 = p . \sin w.$$

Dies sei $= V_1$, das soll heifsen: gleich der ersten Vertikalkathete.

Ferner ist exact

$$\operatorname{tang} O_1 l_1 = \operatorname{tang} p \cos w, \quad \text{folgl.} \quad O_1 l_1 = p \cos w,$$

und:

$$o_1 l_1 = p \cos w + q = H_1 = \text{der ersten Horizontalkathete.}$$

Endlich, um auch e_1 selbst (— die Hypotenuse —) aus den sphärischen Katheten $i_1 l_1$ und $o_1 l_1$ auszudrücken: exact

$$\sin^2 o_1 i_1 = \sin^2 i_1 l_1 + \sin^2 o_1 l_1 - \sin^2 i_1 l_1 . \sin^2 o_1 l_1 ,$$

folglich mit Uebergehung der vierten Dimension

$$\sin^2 o_1 i_1 = \sin^2 i_1 l_1 + \sin^2 o_1 l_1$$

oder gemäfs der pp. Freiheit

$$o_1 i_1^2 = i_1 l_1^2 + o_1 l_1^2 \quad \text{d. i.} \quad e_1^2 = V_1^2 + H_1^2 = p^2 \sin^2 w + (p . \cos w + q)^2 . \text{ —}$$

Wir wenden uns nun zu Fig. 9.

A ist der Objectspunkt; $A X m_1 c_2 o_1$ die erste Nebenaxe; X der Ort des ersten Bildes. — Die beiden Halbkreise $G_1 K K_1$ und $G_2 K K_2$ bedeuten die vordere und hintere Seite des ersten Glases, also die erste und zweite brechende Fläche. Die Entfernung $O_1 O_2$ ist die Dicke δ des Glases. Die Ebene des Papieres ist die Hauptebene, $O_1 O_2 m_1 m_2$ die Hauptaxe. —

i_1, l_1 und o_1 haben dieselbe Bedeutung wie in der obigen Figur zu Anfang dieses §. —

Ziehen wir von i_1, l_1, o_1 drei Gerade nach X (— die von o_1 nach X ist bereits dagewesen, es ist die erste Nebenaxe —), so werden dadurch auf der zweiten Kugelfläche (— deren Kugelcentrum m_2, Radius r_2 ist —) drei Punkte i_2, l_2, c_2 markiert. Da wir nun nach Obigem (§ 42) die Entfernung des Punktes X von jedem beliebigen Punkt der zweiten brechenden Fläche $= x - \delta$ zu setzen haben, so erlangen wir (ähnliche Dreiecke)

$$i_2 l_2 = \frac{x-\delta}{x} i_1 l_1 ; \qquad c_2 l_2 = \frac{x-\delta}{x} o_1 l_1 .$$

Die erstere $i_2 l_2$ dieser beiden Linien wird bei der Berechnung von e_2 (— d. i. $i_2 o_2$, da bei der zweiten Brechung o_2 als zweiter Nebenpol dient; es ist nämlich $X m_2 o_2$ die zweite Nebenaxe —) zweite Vertikalkathete (V_2) sein.

Aber die zweite Horizontalkathete wird nicht $c_2 l_2$ sein, sondern $o_2 l_2$. Wir müssen also an $c_2 l_2$ noch das Stück $c_2 o_2$ ansetzen, um die zweite Horizontalkathete H_2 zu bekommen.

$H_2 = c_2 l_2 + c_2 o_2$, und da $c_2 o_2 = (x-\delta) \sin 12$ (d. i. $\sin o_2 X c_2$) ist:

$$H_2 = \frac{x-\delta}{x} o_1 l_1 + (x-\delta) \sin 12 .$$

So erhalten wir (mit Hülfe der beiden schon oben gefundenen Gleichungen für $i_1 l_1$ und $o_1 l_1$, und weil überall anstatt x vielmehr x_0 zu schreiben ist):

$$i_2 l_2 = \xi_0 p \sin w ; \qquad l_2 o_2 = \xi_0 (p . \cos w + q) + x_1 \sin \overline{12} .$$

Vergleicht man diese Ergebnisse mit den früheren, so zeigt sich, daſs man die zweite Vertikalkathete aus der ersten erhält durch einfache Hinzufügung des Factors ξ_0. Zur Berechnung der zweiten Horizontalkathete dagegen hat man zu H_1 den Factor ξ_0 beizufügen, und auſserdem dem Producte $\xi_0 H_1$ noch das Glied $+x_1 \sin\overline{12}$ anzusetzen.

Nun ist dieses anzusetzende Glied nichts anderes als $c_2 o_2$. Aber $c_2 o_2 = O_2 o_2 - O_2 c_2$, und da

$$O_2 o_2 = O_2 m_2 \sin O_2 m_2 o_2 = r_2 \sin\overline{02},$$
$$O_2 c_2 = O_2 m_1 \sin O_2 m_1 c_2 = (r_1 - \delta)\sin\overline{01},$$

so erhalten wir unter Zuziehung von $q = r_1 \sin\overline{01}$ (Gleichung (90.):

$$H_2 = \xi_0 p \cos w + \xi_0 q + r_2 \sin\overline{02} - \left(1 - \frac{\delta}{r_1}\right) q.$$

Hierin lassen sich nun die beiden Glieder, welche q enthalten, vereinigen. Es ist nämlich

$$\xi_0 - \left(1 - \frac{\delta}{r_1}\right) = \frac{x_1}{x_0} - 1 + \frac{\delta}{r_1} = \frac{x_1 - x_0}{x_0} + \frac{\delta}{r_1} = -\frac{\delta}{x_0} + \frac{\delta}{r_1} =$$
$$= \delta\left(\frac{1}{r_1} - \frac{1}{x_0}\right),$$

folglich

$$H_2 = \xi_0 p \cos w + r_2 \sin\overline{02} + \delta\left(\frac{1}{r_1} + \frac{1}{x_0}\right) q.$$

Weiter erhalten wir zunächst durch bloſse Buchstabenvertauschung:

$$H_3 = \eta_0 H_2 + r_3 \sin\overline{03} - \left(1 - \frac{h}{r_2}\right) r_2 \sin\overline{02},$$

d. i.

$$= \eta_0 \xi_0 p \cos w + \eta_0 r_2 \sin\overline{02} + \eta_0 \delta\left(\frac{1}{r_1} - \frac{1}{x_0}\right) q + r_3 \sin\overline{03} - \left(1 - \frac{h}{r_2}\right) r_2 \sin\overline{02}.$$

Hier vereinigen sich die beiden Glieder, welche $r_2 \sin\overline{02}$ enthalten, weil

$$\eta_0 - \left(1 - \frac{h}{r_2}\right) = h\left(\frac{1}{r_2} - \frac{1}{y_0}\right)$$

ist $\left(\text{wie oben bei } \xi_0 - \left(1 - \frac{\delta}{r_1}\right)\right)$.

Durch diese Zusammenziehung erhält die Gleichung für H_3 diejenige Gestalt, unter welcher sie in der sogleich folgenden Gruppe (91.) dargestellt ist. — H_4 findet man in ganz ähnlicher Weise.

Fassen wir die Resultate der Untersuchung über die successiven Vertikal- und Horizontalkatheten zusammen:

$$(91.)\left\{\begin{array}{ll}
V_1 = p.\sin w & H_1 = p\cos w + q \\
V_2 = \xi_0 p.\sin w & H_2 = \xi_0 p\cos w + r_2 \sin\overline{02} + \delta\left(\frac{1}{r_1} - \frac{1}{x_0}\right) q \\
V_3 = \eta_0 \xi_0 p.\sin w & H_3 = \eta_0 \xi_0 p\cos w + r_3 \sin 03 + \eta_0 \delta\left(\frac{1}{r_1} - \frac{1}{x_0}\right) q + \\
 & \qquad + h\left(\frac{1}{r_2} - \frac{1}{y_0}\right) r_2 \sin\overline{02} \\
V_4 = \zeta_0 \eta_0 \xi_0 p.\sin w & H_4 = \zeta_0 \eta_0 \xi_0 p\cos w + r_4 \sin\overline{04} + \zeta_0 \eta_0 \delta\left(\frac{1}{r_1} - \frac{1}{x_0}\right) q + \\
 & \qquad + \zeta_0 h\left(\frac{1}{r_2} - \frac{1}{y_0}\right) r_2 \sin\overline{02} + \varepsilon\left(\frac{1}{r_3} - \frac{1}{z_0}\right) r_3 \sin\overline{03}.
\end{array}\right.$$

Benutzen wir nun die in Gruppe (84.) eingeführten Abkürzungen

$$(92.)\left\{\begin{array}{l}
g_1 = \frac{\xi_1}{n_1} \frac{\frac{1}{r_1} - \frac{1}{a}}{\frac{1}{r_2} - \frac{1}{x_1}}; \quad g_2 = \frac{\eta_1 \xi_1}{n_2 n_1} \frac{\frac{1}{r_1} - \frac{1}{a}}{\frac{1}{r_3} - \frac{1}{y_1}}; \quad g_3 = \frac{\zeta_1 \eta_1 \xi_1}{n_3 n_2 n_1} \frac{\frac{1}{r_1} - \frac{1}{a}}{\frac{1}{r_4} - \frac{1}{z_1}},
\end{array}\right.$$

und führen aufserdem folgende drei Abkürzungen ein:

$$\delta' = \delta\left(\frac{1}{r_1} - \frac{1}{x_0}\right) \text{ oder auch } = \delta \frac{1}{n_1}\left[\frac{1}{r_1} - \frac{1}{a}\right] \text{ nach (31.), desgl.}$$

$$h' = h\left(\frac{1}{r_2} - \frac{1}{y_0}\right) \;\ldots\ldots = h \frac{1}{n_2}\left[\frac{1}{r_2} - \frac{1}{x_1}\right]$$

$$\varepsilon' = \varepsilon\left(\frac{1}{r_3} - \frac{1}{z_0}\right) \;\ldots\ldots = \varepsilon \frac{1}{n_3}\left[\frac{1}{r_3} - \frac{1}{y_1}\right]; \text{ und schreiben}$$

$$(93.)\left\{\begin{array}{ll}
V_1 = p\sin w & H_1 = p\cos w + q \\
V_2 = \xi_0 p\sin w & H_2 = \xi_0 p\cos w + [g_1 + \delta'] q \\
V_3 = \eta_0 \xi_0 p\sin w & H_3 = \eta_0 \xi_0 p\cos w + [g_2 + \delta' \eta_0 + h' g_1] q \\
V_4 = \zeta_0 \eta_0 \xi_0 p\sin w & H_4 = \zeta_0 \eta_0 \xi_0 p\cos w + [g_3 + \delta' \zeta_0 \eta_0 + h' \zeta_0 g_1 + \varepsilon' g_2] q:
\end{array}\right.$$

so erlangen wir (da $e^2 = V^2 + H^2$) für die Quadrate der Elongationen:

$$(94.)\left\{\begin{array}{lll}
e_1^2 = p^2 & + 2pq\cos w & + q^2 \\
e_2^2 = p^2.\xi_0^2 & + 2pq\cos w.\xi_0 [\cdot] & + q^2.[\cdot]^2 \\
e_3^2 = p^2.\eta_0^2 \xi_0^2 & + 2pq\cos w.\eta_0 \xi_0 [:] & + q^2.[:]^2 \\
e_4^2 = p^2.\zeta_0^2 \eta_0^2 \xi_0^2 & + 2pq\cos w.\zeta_0 \eta_0 \xi_0 [\,\vdots\,] & + q^2.[\,\vdots\,]^2.
\end{array}\right.$$

Die leer gelassenen Klammern bedeuten:

$$[\cdot] = g_1 + \delta'; \quad [:] = g_2 + \delta' \eta_0 + h' g_1; \quad [\,\vdots\,] = g_3 + \delta' \zeta_0 \eta_0 + h' \zeta_0 g_1 + \varepsilon' g_2.$$

§ 46.

Darstellung des Additamentes $\triangle \frac{1}{b_0}$ (vgl. (89.)).

Von den beiden in § 44 angegebenen Bedingungen treten wir zunächst der zweiten (— der Constanz der vierten Bildweite —) etwas näher.

Wir substituieren die Werte von e_1, e_2, e_3, e_4 aus (94.) in die Gleichung (89.), und erhalten so:

$$(95.)\quad \left\{\begin{aligned} \triangle \frac{1}{b_0} &= p^2 \cdot \left\{\frac{\zeta_1^2 \eta_1^2 \xi_1^2}{n_4 n_3 n_2 n_1} \overline{ra} + \frac{\zeta_1^2 \eta_1^2 \xi_0^2}{n_4 n_3 n_2} \overline{rx} + \frac{\zeta_1^2 \eta_0^2 \xi_0^2}{n_4 n_3} \overline{ry} + \frac{\zeta_0^2 \eta_0^2 \xi_0^2}{n_4} \overline{rz}\right\} + \\ &\text{d. i.}\quad \mathfrak{a} \quad + \quad \mathfrak{x} \quad + \quad \mathfrak{y} \quad + \quad \mathfrak{z} = C \\ &+ 2pq\cos w \cdot \underbrace{\left\{\frac{\zeta_1^2 \eta_1^2 \xi_1^2}{n_4 n_3 n_2 n_1} \overline{ra} + \frac{\zeta_1^2 \eta_1^2}{n_4 n_3 n_2} \overline{rx}\, \xi_0 [\cdot] + \frac{\zeta_1^2}{n_4 n_3} \overline{ry}\, \eta_0 \xi_0 [:] + \frac{1}{n_4} \overline{rz}\, \zeta_0 \eta_0 \xi_0 [\,\vdots\,]\right\}}_{L} + \\ &+ q^2 \cdot \underbrace{\left\{\frac{\zeta_1^2 \eta_1^2 \xi_1^2}{n_4 n_3 n_2 n_1} \overline{ra} + \frac{\zeta_1^2 \eta_1^2}{n_4 n_3 n_2} \overline{rx} [\cdot]^2 + \frac{\zeta_1^2}{n_4 n_3} \overline{ry} [:]^2 + \frac{1}{n_4} \overline{rz} [\,\vdots\,]^2\right\}}_{M}. \end{aligned}\right.$$

Von den drei hier auftretenden zusammengesetzten Coefficienten kennen wir den ersten (— den von p^2 —) schon längst. Es ist nämlich, wie ja nicht anders zu erwarten war, kein anderer als derjenige, den wir mit C zu bezeichnen gewohnt sind (vgl. Gleichung (25.)). Die Coefficienten der zweiten und dritten Zeile sind uns noch nicht vorgekommen; wir wollen sie beziehungsweise mit L und M bezeichnen, so dass also

$$(\text{Zu } 95.)\qquad \triangle \frac{1}{b_0} = Cp^2 + L . 2pq \cos w + M . q^2$$

herauskommt.

Um nun zunächst den Coefficienten L möglichst einfach und übersichtlich, sowie zur numerischen Berechnung geeignet darzustellen, erinnern wir uns der in Gruppe (92.) zusammengestellten und ihrer Bedeutung nach definierten Abkürzungszeichen g_1, g_2, g_3 und δ', h', ε', so auch der Definitionsgleichungen für (ra), $\overline{ra}$ u. s. w. in § 10. Wir erlangen dann leicht folgenden Ausdruck für L:

$$(96.)\quad \left\{\begin{aligned} L &= \frac{\frac{1}{r_1} - \frac{1}{a}}{n_4 n_3 n_2 n_1} \left\{\zeta_1^2 \eta_1^2 \xi_1^2 (ra) + \zeta_1^2 \eta_1^2 (rx) + \zeta_1^2 (ry) + (rz)\right\} + \\ &+ \frac{\frac{1}{r_1} - \frac{1}{a}}{n_4 n_3 n_2 n_1} \left[\delta . n_4 n_3 n_2 \xi_1 (\mathfrak{x} + \mathfrak{y} + \mathfrak{z}) + h . n_4 n_3 \eta_1 \xi_1^2 (\mathfrak{y} + \mathfrak{z}) + \varepsilon . n_4 \zeta_1 \eta_1^2 \xi_1^2 \mathfrak{z}\right], \end{aligned}\right.$$

$$\text{abgekürzt: } L = \frac{\frac{1}{r_1} - \frac{1}{a}}{n_4 n_3 n_2 n_1} H, \text{ wo } H = \{\} + [\,],$$

und zwar ohne irgend welche Auslassung oder Vernachlässigung.

Endlich wollen wir an dieser Stelle (— mehr aus theoretischem Interesse —) auch die dritte Zeile von (95.) etwas näher betrachten. Wir wollen uns, um eine Vorstellung von dem ungefähren Werte des M zu bekommen, mit einem nur angenäherten Werte desselben begnügen, und lassen daher das mit den in der Regel sehr kleinen Factoren δ, h, ε Behaftete bei Seite, nehmen folglich auch die $\xi\ \eta\ \zeta$ je $= 1$ an. So erlangen wir: zunächst

$$M \mp \frac{1}{n_4 n_3 n_2 n_1}(\overline{ra} + n_1 g_1^2 \overline{rx} + n_2 n_1 g_2^2 \overline{ry} + n_3 n_2 n_1 g_3^2 \overline{rz}),$$

und wenn man mit Hülfe von (92.) die g wegschafft:

$$(97.) \left\{ \begin{array}{l} M \mp \dfrac{\left[\frac{1}{r_1} - \frac{1}{a}\right]^2}{n_4 n_3 n_2 n_1} \times \\ \times \left[\dfrac{\overline{ra}}{\left[\frac{1}{r_1} - \frac{1}{a}\right]^2} + \dfrac{1}{n_1} \dfrac{\overline{rx}}{\left[\frac{1}{r_2} - \frac{1}{x_1}\right]^2} + \dfrac{1}{n_2 n_1} \dfrac{\overline{ry}}{\left[\frac{1}{r_3} - \frac{1}{y_1}\right]^2} + \dfrac{1}{n_3 n_2 n_1} \dfrac{\overline{rz}}{\left[\frac{1}{r_4} - \frac{1}{z_1}\right]^2} \right]. \end{array} \right.$$

Wenn wir hierin, wie gewöhnlich geschehen muss, $n_1 = n$, $n_2 = \frac{1}{n}$, $n_3 = N$, $n_4 = \frac{1}{N}$ setzen, so geht der viergliedrige in [] befindliche Ausdruck in denjenigen über, für welchen wir oben in Gleichung (54.) unter Berücksichtigung der chromatischen Näherungsgleichung einen Näherungwert

$$\frac{1}{2}\left(\frac{1}{f} + \frac{1}{F}\right) \quad \text{oder} \quad \frac{1}{2}(1 - \omega)\frac{1}{f} \quad \text{oder} \quad \frac{1}{2}\frac{1}{\Phi}$$

gefunden haben, und es ist demnach:

$$(98.) \quad M \mp \left[\frac{1}{r_1} - \frac{1}{a}\right]^2 \frac{1}{2} \frac{1 - \omega}{f}; \quad \text{und wenn } a = \infty: \ M \mp \frac{1}{2} \frac{1}{r_1^2} \frac{1}{b_0},$$

wobei ich bemerke, dass es auf unserer freien Entschliefsung beruht, ob wir uns mit dem Näherungswerte begnügen wollen, denn der Ausdruck für M in (95.) setzt uns in den Stand, den Betrag auch in aller Schärfe numerisch zu berechnen.

§ 47.

Die neue Bedingungsgleichung.

Die sphäristische Bedingungsgleichung (41.) ist nur ein specieller Fall der allgemeineren Gleichung $\triangle \frac{1}{b_0} = 0$, wo aus (95.) zu ersehen ist, was eigentlich $\triangle \frac{1}{b_0}$ bedeutet. In der That, wenn man den Winkel $\overline{01}$ sich bis auf Null abnehmend denkt, so verschwinden in (95.) die beiden untersten Zeilen, und nur die oberste bleibt übrig, also gerade dasselbe was in (41.) enthalten ist.

Sollten in aller Strenge für jeden Wert von p, w und q die vierten Bildweiten dieselben sein, dann müsste die Gleichung erfüllt werden (vgl. 95.).

$$Cp^2 + L.2pq\cos w + Mq^2 = 0.$$

Die Coefficienten C, L, M sind ja bezüglich jener drei Gröſsen constant. Die Variable p kann jeden Wert annehmen von $p = 0$ bis $p = \mathfrak{p}$ d. i. gleich der halben Apertur; die Variable $\cos w$ jeden Wert zwischen -1 und $+1$. Die Gröſse q, d. i. $r_1.\sin\overline{01}$ haben wir bisher als eine reine Constante angesehen, denn wir hatten uns die Aufgabe so gestellt: den Weg eines Lichtstrahles zu verfolgen, welcher ursprünglich einem Punkte des Objectes angehörte, der, von m_1 aus gesehen, um den bestimmt vorgeschriebenen Winkel $\overline{01}$ seitwärts lag. Allein bei einem beliebigen anderen Punkte eines im allgemeinen in der Entfernung a befindlichen ausgedehnten Objectes ist ein anderer Winkel $\overline{01}$ in Gültigkeit (sowie auch eine andere Hauptebene auftritt). Eigentlich sollte also die eben aufgestellte Gleichung vollständig erfüllt werden. Indessen, da uns die Mittel fehlen, dies vollständig zu bewirken, müssen wir uns damit genügen lassen, den Wert $\triangle \frac{1}{b_0}$ wenigstens von p und w unabhängig zu machen. Dies wird erreicht werden, wenn wir auſser $C = 0$ auch

$$L = 0$$

zu machen suchen. Die Verificierung dieser Gleichung (welche letztere die unerlässlich zu erfüllende Bedingung ausspricht, wenn verlangt wird, dass auch die heteronomen Strahlen gleichweit von der letzten brechenden Fläche entfernt, die vierte Nebenaxe schneiden sollen), wird uns freilich, um es so auszudrücken, den letzten noch disponiblen Pfeil kosten; ein Umstand, der insofern einige Besorgniss erregt, als uns hinterdrein, wie es scheint, kein Mittel mehr übrig bleiben wird, die ebenso notwendige Einzahl der vierten Nebenaxe herbeizuführen. Näheres hierüber unten in § 48.

Der Coefficient L ist in Gleichung (96.) dargestellt. Da derselbe, wie man sieht, den Factor $\left[\frac{1}{r_1} - \frac{1}{a}\right]$ enthält, und (— bei einem

Fernrore —) $a = \infty$ ist, den Factor $\frac{1}{r_1}$: so gewinnt es beim ersten oberflächlichen Anblicke den Anschein, als ob man den Coefficienten L unter anderem auch dadurch, — und zwar mit leichter Mühe —, zum Verschwinden bringen könnte, dass man $r_1 = \infty$, d. h. die erste brechende Fläche plan sein liefse. Jedoch dieser Anschein ist trügerisch, denn es soll ja das Product $2pq\cos w.L$ gleich Null werden; q aber ist $= r_1 \sin\overline{01}$. Wäre daher

$$L = \frac{\frac{1}{r_1}}{n_4 n_3 n_2 n_1} H,$$

so würde $q.L$ nicht Null, sondern $= \frac{\sin\overline{01}}{n_4 n_3 n_2 n_1} H$ sein. Es bleibt also nichts weiter übrig als es so einzurichten, dass $H = 0$ werde.

Die rechte Seite von (96.) besteht aus zwei Teilen. Wir wollen das in {} Eingeschlossene mit H^* und das in den eckigen Klammern [] Befindliche mit H_*, und endlich die Summe beider mit H bezeichnen.

So haben wir denn die Bedingung:

(99.)
$$H = H^* + H_* = 0,$$
worin
$$H^* = \zeta_1^2 \eta_1^2 \xi_1^2 (ra) + \zeta_1^2 \eta_1^2 (rx) + \zeta_1^2 (ry) + (rz)$$
und
$$H_* = \delta.n_4 n_3 n_2 \xi_1 (\mathfrak{x} + \mathfrak{y} + \mathfrak{z}) + h.n_4 n_3 \eta_1 \xi_1^2 (\mathfrak{y} + \mathfrak{z}) + \varepsilon.n_4 \zeta_1 \eta^2 \xi^2 \mathfrak{z}.$$
Aber
$$L = \frac{\frac{1}{r_1} - \frac{1}{a}}{n_4 n_3 n_2 n_1} H = 0.$$

Wir wollen die Bedingungsgleichung $H = 0$ die heteronomische nennen.

Wegen Kleinheit von δ, h und ε wird der zweite Teil von H, nämlich H_*, dem ersten gegenüber in der Regel (aber nicht immer) geringfügig sein, so dass man bei der numerischen Berechnung zunächst nur den ersten Teil H^* ins Auge zu fassen braucht.

§ 48.

Die Einzahl der vierten Nebenaxe.

Welche Bedingung zu erfüllen sei, sagt uns bereits die Gleichung (88.). Wir erinnern uns, dass

nach (28.) $P = (ra)e_1^2 + (rx)e_2^2 + (ry)e_3^2 + (rz)e_4^2$,

nach (88.) $\Theta = \delta\xi_1 \triangle \frac{1}{x_0} + h\eta_1 \triangle \frac{1}{y_0} + \varepsilon\zeta_1 \triangle \frac{1}{z_0}$;

und nach (29.) $\triangle \frac{1}{x_0} = \frac{1}{n_1} \overline{ra} e_1^2;$

$$\triangle \frac{1}{y_0} = \frac{\xi_1^2}{n_2 n_1} \overline{ra} e_1^2 + \frac{1}{n_2} \overline{rx} e_2^2;$$

$$\triangle \frac{1}{z_0} = \frac{\eta_1^2 \xi_1^2}{n_3 n_2 n_1} \overline{ra} e_1^2 + \frac{\eta_1^2}{n_3 n_2} \overline{rx} e_2^2 + \frac{1}{n_3} \overline{ry} e_3^2.$$

Im Hinblicke auf die Gruppe (29.) kann man auch schreiben

$$\triangle \frac{1}{x_0} = n_4 n_3 n_2 \zeta_0^2 \eta_0^2 \xi_0^2 \triangle \frac{1}{b_0} - \xi_0^2 \overline{rx} e_2^2 - n_2 \eta_0^2 \xi_0^2 \overline{ry} e_3^2 - n_3 n_2 \zeta_0^2 \eta_0^2 \xi_0^2 \overline{rz} e_4^2,$$

$$\triangle \frac{1}{y_0} = n_4 n_3 \zeta_0^2 \eta_0^2 \triangle \frac{1}{b_0} - \eta_0^2 \overline{ry} e_3^2 - n_3 \zeta_0^2 \eta_0^2 \overline{rz} e_4^2,$$

$$\triangle \frac{1}{z_0} = n_4 \zeta_0^2 \triangle \frac{1}{b_0} - \zeta_0^2 \overline{rz} e_4^2.$$

Multiplicieren wir diese drei Gleichungen der Reihe nach mit $\delta \xi_1$, $h \eta_1$, $\varepsilon \zeta_1$ und addieren sie zusammen, so bekommen wir eine Gleichung für Θ, und wenn wir diese letztere von der oben stehenden $P = (ra) e_1^2 \ldots$ u. s. w. abziehen, so giebt dies für $P - \Theta$ die folgende Gleichung:

$$P - \Theta = (ra) e_1^2 + \left(1 + \delta \xi_0 \left[\frac{1}{r_2} - \frac{1}{x_1}\right]\right) (rx) e_2^2 +$$

$$+ \left(1 + \delta n_2 \eta_0^2 \xi_0 \left[\frac{1}{r_3} - \frac{1}{y_1}\right] + h \eta_0 \left[\frac{1}{r_3} - \frac{1}{y_1}\right]\right) (ry) e_3^2 +$$

$$+ \left(1 + \delta n_3 n_2 \zeta_0^2 \eta_0^2 \xi_0 \left[\frac{1}{r_4} - \frac{1}{z_1}\right] + h n_3 \zeta_0^2 \eta_0 \left[\frac{1}{r_4} - \frac{1}{z_1}\right] + \varepsilon \zeta_0 \left[\frac{1}{r_4} - \frac{1}{z_1}\right]\right) (rz) e_4^2 -$$

$$- \left(\delta . n_4 n_3 n_2 \zeta_0^2 \eta_0^2 \xi_0 + h . n_4 n_3 \zeta_0^2 \eta_0 + \varepsilon n_4 \zeta_0\right) \triangle \frac{1}{b_0}.$$

Nun untersuchen wir mit Hülfe der Gleichungen in Gruppe (92.) den Inhalt derjenigen so eben jetzt aufgetretenen drei Parenthesen, deren jede mit $(1 + \delta \ldots)$ anfängt, und finden dass derselbe nichts anderes ist, als

in der ersten: $1 + \frac{\delta'}{g_1}$; zweiten: $1 + \frac{\delta' \eta_0}{g_2} + \frac{h' g_1}{g_2}$;

dritten: $1 + \frac{\delta' \zeta_0 \eta_0}{g_3} + \frac{h' \zeta_0 g_1}{g_3} + \frac{\varepsilon' g_2}{g_3}$.

Daher können wir die Gleichung für $P - \Theta$ unter Benutzung der aus Gleichung (93.) und (94.) uns bekannten Abkürzungszeichen auch folgendermaſsen darstellen:

$$(100.) \quad \begin{cases} P - \Theta = (ra) e_1^2 + \frac{1}{g_1} [\cdot] (rx) e_2^2 + \frac{1}{g_2} [:] (ry) e_3^2 + \frac{1}{g_3} [\,\vdots\,] (rz) e_4^2 - \\ \qquad - \left(\delta . n_4 n_3 n_2 \zeta_0^2 \eta_0^2 \xi_0 + h . n_4 n_3 \zeta_0^2 \eta_0 + \varepsilon . n_4 \zeta_0\right) \triangle \frac{1}{b_0}. \end{cases}$$

Durch Substitution aus (94.) und Anordnung nach Potenzen von p und q erhalten wir:

$$(101.)\quad \begin{cases} P-\Theta = p^2\left\{(ra)+\frac{\xi_0^2}{g_1}[\cdot](rx)+\frac{\eta_0^2\xi_0^2}{g_2}[:](ry)+\frac{\zeta_0^2\eta_0^2\xi_0^2}{g_3}[\,:\,](rz)\right\}+ \\ +2pq\cos w\left\{(ra)+\frac{\xi_0}{g_1}[\cdot]^2(rx)+\frac{\eta_0\xi_0}{g_2}[:]^2(ry)+\frac{\zeta_0\eta_0\xi_0}{g_3}[\,:\,]^2(rz)\right\}+ \\ +q^2\left\{(ra)+\frac{1}{g_1}[\cdot]^3(rx)+\frac{1}{g_2}[:]^3(ry)+\frac{1}{g_3}[\,:\,]^3(rz)\right\}- \\ -\left(\delta.n_4n_3n_2\zeta_0^2\eta_0^2\xi_0+h.n_4n_3\zeta_0^2\eta_0+\varepsilon.n_4\zeta_0\right).\triangle\frac{1}{b_0}. \end{cases}$$

Wenn wir die Abkürzungszeichen g_1, g_2, g_3 mit Hülfe der Gleichungen (92.) beseitigen, und den in {} befindlichen Coeff. von p^2 mit $\zeta_1^2\eta_1^2\xi_1^2\dfrac{\frac{1}{r_1}-\frac{1}{a}}{n_4n_3n_2n_1}$ multiplicieren, so verwandelt sich letzterer genau in dasjenige, was in Gleichung (95.) mit L bezeichnet wurde; woraus unter Rücksichtnahme auf (99.) hervorgeht, dass jener Coeff. von p^2 gleich $\zeta_0^2\eta_0^2\xi_0^2\,H$ sein müsse.

Multipliciert man ferner den in {} eingeschlossenen Coefficienten von $2pq\cos w$ mit $\dfrac{\zeta_1^2\eta_1^2\xi_1^2}{n_4n_3n_2n_1}\left[\dfrac{1}{r_1}-\dfrac{1}{a}\right]$, so verwandelt er sich in dasjenige, was wir in Gleichung (95.) M nannten; es ist daher

$$\text{Coefficient von } 2pq\cos w \text{ gleich } \zeta_0^2\eta_0^2\xi_0^2 n_4n_3n_2n_1\frac{M}{\frac{1}{r_1}-\frac{1}{a}}.$$

Führen wir endlich in der dritten und vierten Zeile der Gleichung (101.) die Abkürzungen Q und ϑ ein, so gestaltet sich die Gleichung:

$$(102.)\quad \begin{cases} P-\Theta = p^2.\zeta_0^2\eta_0^2\xi_0^2H+2pq\cos w.\zeta_0^2\eta_0^2\xi_0^2n_4n_3n_2n_1\frac{M}{\frac{1}{r_1}-\frac{1}{a}}+q^2.\frac{Q}{\frac{1}{r_1}-\frac{1}{a}}- \\ \qquad -\vartheta.\triangle\frac{1}{b_0} \\ \text{worin} \\ \qquad \vartheta = \delta.n_4n_3n_2\zeta_0^2\eta_0^2\xi_0+h.n_4n_3\zeta_0^2\eta_0+\varepsilon.n_4\zeta_0 \\ \text{ist, und} \\ \qquad Q=\overline{ra}+n_1\xi_0[\cdot]^3\overline{rx}+n_2n_1\eta_0\xi_0[:]^3\overline{ry}+n_3n_2n_1\zeta_0\eta_0\xi_0[\,:\,]^3\overline{rz}, \\ \text{und über } M \text{ und } H \text{ in (97.), (98.) und (99.) Auskunft gegeben ist.} \end{cases}$$

So wäre denn nach (88.) die Bedingungsgleichung für die Einzahl der vierten Nebenaxe

$$(103.)\quad \left\{ \begin{aligned} 0 &= P - \Theta - \frac{\triangle \frac{1}{b_0}}{\frac{1}{r_4} - \frac{1}{b_0}} = \\ &= p^2 . \zeta_0^2 \eta_0^2 \xi_0^2 H + 2pq \cos w . \zeta_0^2 \eta_0^2 \xi_0^2 n_4 n_3 n_2 n_1 \frac{M}{\frac{1}{r_1} - \frac{1}{a}} + q^2 . \frac{Q}{\frac{1}{r_1} - \frac{1}{a}} - \\ &\qquad - \left(\frac{1}{\frac{1}{r_4} - \frac{1}{b_0}} + \vartheta \right) \triangle \frac{1}{b_0} . \end{aligned} \right.$$

Hier zeigt sich nun ein zu unseren Gunsten dienender unerwarteter Umstand, nämlich: es liegt in dem Wesen des Problemes selbst, dass, wenn die zwei Gleichungen $C = 0$ und $H = 0$ (die sphäristische und heteronomische) erfüllt sind, alsdann ohne unser weiteres Zuthun das bedeutendste Glied in (103.) (Hp^2) vollständig, — und das geringfügigste $\left(\frac{1}{\frac{1}{r_4} - \frac{1}{b_0}} + \vartheta \right) \triangle \frac{1}{b_0}$ so gut wie vollständig in Wegfall kommen (da nämlich dann nach (95.) $\triangle \frac{1}{b_0}$ so gut wie Null ist, worüber § 51 handelt.)

(Es wollte, beiläufig gesagt, anfänglich gar nicht gelingen, den Nachweis zu führen, dass die in (95.) aufgetretenen, dort mit L — (später durch H ersetzt) — und M bezeichneten Coefficienten auch in der Bedingungsgleichung für die Einzahl der vierten Nebenaxe wieder zum Vorscheine kämen, und zwar in genauester Uebereinstimmung, selbst bei strengster Beachtung der mit ξ, η, ζ und δ, h, ε behafteten Partieen).

Eine gleiche Gunst wiederfährt uns nicht zum zweitenmale; denn dasjenige Glied, welches M als Factor enthält, kann nicht in Wegfall kommen, da M, wie uns aus den Betrachtungen des § 46 bekannt ist, gar nicht $= 0$ werden kann. Es ist also unmöglich die Gleichung (103.) ganz exact zu erfüllen. Wir werden unten seiner Zeit (siehe § 50) zu untersuchen haben, welchen Nachteil dies mit sich führt, und welche Beschränkung daraus entspringt.

Es gereicht übrigens zu einer gewissen Genugthuung zu wissen, dass wir die Gleichung (103.) selbst dann nicht einmal vollkommen erfüllen könnten, wenn auch — um das obige Bild nochmals anzuwenden — unsere Pfeile noch nicht alle verschossen wären.

Die Bedingung für die Einzahl der vierten Nebenaxe lässt sich auch noch in einer anderen Gestalt ausdrücken, die uns später von

Nutzen sein wird. Wir erlangen sie, wenn wir die zwei obigen Gleichungen für $r_4\sin\overline{04}$ und $r_4\sin 04$ verbinden. Nach (84.) ist

$$r_4\sin\overline{04} = \frac{\zeta_1\eta_1\xi_1}{n_4n_3n_2n_1}\cdot\frac{\frac{1}{r_1}-\frac{1}{a}}{\frac{1}{r_4}-\frac{1}{b_0}}\,r_1\sin\overline{01};$$ und so nach (87.)

$$r_4\sin 04 = r_4\sin\overline{04}\left[1+\frac{\triangle\frac{1}{b_0}}{\frac{1}{r_4}-\frac{1}{b_0}}-(P-\Theta)\right].$$

Wenn wir dies letztere mit Hülfe von (95.) und (103.) nach Potenzen von p entwickeln und anordnen, auch das aus (95.) hineinkommende L nach Maſsgabe von (99.) durch H ausdrücken, so wird

(104.) $$\sin 04 = \sin\overline{04}(1+J),$$

$$\text{wo } J = \left\{\begin{array}{l} p^2\left\{-\zeta_0^2\eta_0^2\xi_0^2 H+\left(\frac{1}{\frac{1}{r_4}-\frac{1}{b_0}}+\vartheta\right)C\right\}+ \\ +2pq\cos w\left\{-\frac{n_4n_3n_2n_1}{\frac{1}{r_1}-\frac{1}{a}}\zeta_0^2\eta_0^2\xi_0^2 M+\frac{\frac{1}{r_1}-\frac{1}{a}}{n_4n_3n_2n_1}\left(\frac{1}{\frac{1}{r_4}-\frac{1}{b_0}}+\vartheta\right)H\right\}+ \\ +q^2\left\{-\frac{Q}{\frac{1}{r_1}-\frac{1}{a}}+\left(\frac{1}{\frac{1}{r_4}-\frac{1}{b_0}}+\vartheta\right)M\right\} \end{array}\right.$$ (siehe § 50 Ende).

§ 49.
Schlussbetrachtung und Zusammenstellung.

Obgleich nun, wie wir gesehen haben, der schädliche Einfluss der Schiefe, d. i. der seitlichen Lage des Objectes (Heteronomie) sich nicht ganz vollständig beseitigen lässt, so muss doch ganz unzweifelhaft ein Doppelobjectiv, welches jenen schädlichen Einfluss zum bei weitem gröſsten Teile paralysiert, bessere Dienste thun als ein solches, bei dessen Composition die heteronomen Strahlen ganz auſser Acht gelassen worden sind. Zumal wenn sich noch finden sollte, (— was in der That der Fall ist —), dass die Erfüllung der Gleichung $H=0$ einerseits nicht allzusehr gegen die ebenfalls wünschenswerte Gleichung $D=0$, und andrerseits gegen die Gauſsische Forderung im Widerspruche stehe

(— welcher letzteren schon oben in § 20 vorläufig Erwähnung geschah, und auf welche wir unten zurückkommen werden —).

Demnach wären, um das hier auf einem Punkte zusammenzustellen, bei Construction eines möglichst aplanatischen Doppelobjectives die hier folgenden vier Bedingungsgleichungen zu erfüllen. (Dem gewöhnlich vorkommenden Falle entsprechend ist für n_1, n_2, n_3, n_4 gesetzt resp. n, $\frac{1}{n}$, N, $\frac{1}{N}$).

I. Die metrische (d. h. die Maſseinheit feststellende) Gleichung; auch Einheitsgleichung zu nennen:

$$\frac{n-1}{r_1} - \frac{n-1}{r_2} = 1.$$

II. Die chromatische (chromatistische), auch Farbengleichung:

$$\frac{1}{r_4} - \frac{1}{z_1} = \zeta_1^2 \left\{ \frac{1}{N} \left[\frac{1}{r_3} - \frac{1}{y_1} \right] - \eta_1^2 \frac{\partial n}{\partial N} \left[\left[\frac{1}{r_2} - \frac{1}{x_1} \right] - \xi_1^2 \frac{1}{n} \left[\frac{1}{r_1} - \frac{1}{a} \right] \right] \right\}.$$

III. Die sphärische (sphäristische) Gleichung:

$$C = \zeta_1^2 \eta_1^2 \xi_1^2 \overline{ra} + \zeta_1^2 \eta_1^2 \xi_0^2 n \overline{rx} + \zeta_1^2 \eta_0^2 \xi_0^2 \overline{ry} + \zeta_0^2 \eta_0^2 \xi_0^2 N \overline{rz} = 0,$$

$$\mathfrak{a} + \mathfrak{x} + \mathfrak{y} + \mathfrak{z} = 0.$$

IV. Die heteronomische Gleichung:

$$H^* = \zeta_1^2 \eta_1^2 \xi_1^2 (ra) + \zeta_1^2 \eta_1^2 (rx) + \zeta_1^2 (ry) + (rz),$$

$$H_* = \frac{\delta}{n} \xi_1 (C - \mathfrak{a}) + h \eta_1 \xi_1^2 (C - \mathfrak{a} - \mathfrak{x}) + \frac{\varepsilon}{N} \zeta_1 \eta_1^2 \xi_1^2 \mathfrak{z},$$

$$H^* + H_* = H = 0,$$

(doch ist der Coefficient von $2pq\cos w$ in der Gleichung (95.) für $\triangle \frac{1}{b_0}$ nicht H, sondern L, d. i. $\left[\frac{1}{r_1} - \frac{1}{a}\right] H$.)

Um nun gleich beim Aufschlagen dieser Stelle dem Leser über die Gröſse der in jedem besonderen Falle noch übrigen Fehler Auskunft zu geben, mögen hier die Gleichungen für $\frac{1}{b}$ und $\sin 04$ beigefügt werden. Der gröſseren Allgemeinheit wegen habe ich das a beibehalten (— und nicht $\frac{1}{a} = 0$ angenommen —); ferner ist für M dessen Näherungswert aus (98.) eingesetzt, und endlich nach (90.) $r_1 \sin \overline{01}$ anstatt q geschrieben worden.

$$\text{(105.)} \quad \frac{1}{b} = \frac{1}{b_0} + p^2 . C + p . 2 \left(1 - \frac{r_1}{a}\right) \sin \overline{01} \cos w . H + \\ + \left(1 - \frac{r_1}{a}\right)^2 \frac{1 - \omega}{2} \cdot \sin^2 \overline{01}.$$

$$(106.)\qquad \sin 04 = \sin\overline{04}\,(1+J),$$

$$\text{wo } J = \left\{\begin{array}{l} p^2\left\{-\zeta_0^2\eta_0^2\xi_0^2 H + \left(\dfrac{1}{\frac{1}{r_4}-\frac{1}{b_0}}+\vartheta\right)C\right\}+ \\ +2pr_1\sin\overline{01}\cos w\left[\dfrac{1}{r_1}-\dfrac{1}{a}\right]\left\{-\dfrac{1-\omega}{2}+\left(\dfrac{1}{\frac{1}{r_4}-\frac{1}{b_0}}+\vartheta\right)H\right\}+ \\ +r_1^2\sin^2\overline{01}\left\{-\dfrac{Q}{\frac{1}{r_1}-\frac{1}{a}}+\left(\dfrac{1}{\frac{1}{r_4}-\frac{1}{b_0}}+\vartheta\right)\dfrac{1-\omega}{2}\left[\dfrac{1}{r_1}-\dfrac{1}{a}\right]^2\right\}. \end{array}\right.$$

Betreffs Q und ϑ siehe (102.), wegen der ganzen letzten Zeile § 50 Ende.

Diese Gleichungen lauten, wenn $C=0$ und $H=0$ sind, wie wir später sehen werden:

$$(105\text{a.})\qquad \frac{1}{b} = \frac{1}{b_0} + \frac{1}{8}\frac{1}{b_0}\sin^2\mathfrak{S}\ (\text{im Max.}) \qquad \text{nach § 51.}$$

$$(106\text{a.})\qquad \sin 04 = \sin\overline{04}\left(1 \overset{+}{\underset{-}{\text{oder}}} \frac{1}{8}\frac{\mathfrak{P}}{b_0-r_4}\sin^2\mathfrak{S}\right)(\text{im Max. Gl.}(108.)).$$

Fehlergrenzen und einzelne Anwendungen. (§§ 50—52.)

§ 50.

Der unvermeidliche Fehler an $\sin\overline{04}$.

Da es uns in der Folge öfter darauf ankommt, die in den beiden letzten Gleichungen vorkommenden Winkel $\overline{01}$ und $\overline{04}$ durch einen anderen zu ersetzen, so wird es dienlich sein, zunächst an die bekannten Sätze zu erinnern, (leicht nachweisbar aus (84.) und (31.)),

1. dass ein auf ein (einfaches oder aus mehreren dicht an einander stehenden Linsen zusammengesetztes) Objectiv ganz nahe bei dem Hauptpole auftreffender seitlicher Strahl so gut wie gar nicht von seiner Richtung abgelenkt wird, sondern ungebrochen hindurchgeht (— die Krümmungsradien mögen übrigens sein, welche sie wollen —); und
2. dass der (seitliche) Objectspunkt, der Hauptpol und der Bildpunkt beinahe vollständig in einer geraden Linie liegen. (Die drei Punkte A, O_1, B in der zur Versinnlichung dienenden Fig. 7.)

In der Fig. 10 ist demnach O_1BA eine Gerade, die mit der Hauptaxe den Winkel s bildet. Gehört der Strahl der äufsersten Grenze des ausgedehnten Objectes an, so nennt man jenen Winkel den **scheinbaren Halbmesser des Gesichtsfeldes**, weil ein in Punkt O_1 befindlich gedachtes Auge den äufsersten Punkt A um den Winkel s seitwärts von der Hauptaxe abliegend erblicken würde. In diesem Falle, wo er also seinen gröfsten Wert hat, bezeichnen wir ihn mit dem Buchstaben $\mathfrak{s}$; desgleichen den **scheinbaren Durchmesser**, welcher doppelt so grofs, also $= 2\mathfrak{s}$ ist, mit $\mathfrak{S}$ (ähnlich wie wir oben die gröfsten Werte von p und $2p$, d. i. die halbe und die ganze Apertur des Objectives mit $\mathfrak{p}$ und $\mathfrak{P}$ bezeichneten).

Nun zeigt die Fig. 8 (— sin oder tg nach Belieben —), dass

$$aA = m_1A.\sin\overline{01}, \quad \text{und auch Fig. 10.} \quad aA = O_1A.\sin s, \quad \text{daher:}$$

$$m_1A.\sin\overline{01} = O_1A.\sin s \quad \text{d. i.} \quad (a-r_1)\sin\overline{01} = a.\sin s.$$

Ferner ist $B\beta = m_4B.\sin\overline{04}$, und auch $= O_1B.\sin s$, folglich

$$(b_0-r_4)\sin\overline{04} = b_0.\sin s.$$

Daher also:

$$(107.) \begin{cases} \left(1-\frac{r_1}{a}\right)\sin\overline{01} \doteq \sin s. \quad \text{Auch} \quad \left[\frac{1}{r_1}-\frac{1}{a}\right]\sin\overline{01} \doteq \frac{1}{r_1}\sin s. \\ (b_0-r_4)\sin\overline{04} \doteq b_0\sin s. \dots . \left(\frac{1}{r_4}-\frac{1}{b_0}\right)\sin\overline{04} \doteq \frac{1}{r_4}\sin s. \end{cases}$$

Aus der Gleichung (106.) ersehen wir nun: Selbst wenn C und H beide absolut gleich Null wären, so würde dennoch die rechte Seite der Gleichung nicht verschwinden, ja nicht einmal bezüglich p und w constant ausfallen, wegen des daselbst übrig gebliebenen Fehlers an $\sin 04$, welcher ist:

$$\mathfrak{d}.\sin 04 = -\left(1-\frac{r_1}{a}\right)(1-\omega)\cos w.p\sin\overline{01}\sin\overline{04}$$

also

$$\mathfrak{d}.[(b_0-r_4)\sin 04] = -p\cos w \times \left(1-\frac{r_1}{a}\right)\sin\overline{01} \times (b_0-r_4)(1-\omega)\sin\overline{04}.$$

Bedenken wir, dass in unserem Falle, wo $a=\infty$, die Gröfse $1-\omega = \frac{1}{b_0}$ ist, so erlangen wir mit Hülfe von (107.):

$$\mathfrak{d}[(b_0-r_4)\sin 04] = -p\sin^2 s\cos w.$$

Da $\cos w$ jede Gröfse zwischen -1 und $+1$ annimmt, so werden die vierten Nebenaxen m_4t und m_4u von der mittleren zwischen ihnen befindlichen, dem constanten Winkel $\overline{04}$ zugehörigen Nebenaxe m_4B nach der einen und nach der anderen Seite gleichweit abweichen. Die Summe beider Abweichungen, d. i. die Länge tu beträgt $2p.\sin^2 s$, und wenn p und s ihre gröfsten Werthe $\mathfrak{p}$ und $\mathfrak{s}$ annehmen, $2\mathfrak{p}\sin^2\mathfrak{s}$, d. i.:

$$(108.) \quad \text{Max.}\,\mathfrak{d}[(b_0-r_4)\sin 04] = \tfrac{1}{4}\mathfrak{P}\sin^2\mathfrak{S}.$$

Unzweifelhaft muss eine solche Ausbreitung der Nebenaxen der Schärfe des Bildes Eintrag thun; der Fehler wird nur dann unmerklich werden, wenn die halbe Klaffungsweite Bu oder Bt dem durch das Ocular $\mathfrak{o}\mathfrak{o}$ schauenden Auge unter einem Winkel, der höchstens $=j$ ist, erscheint. (Vgl. oben § 32.) Zwar befindet sich das Auge des Beschauers nicht genau in der Verlängerung der Nebenaxe $m_4 B$, aber die Abweichung ist bei der Kleinheit der Axenwinkel eine so geringe, dass wir zum Zwecke einer bloſsen Schätzung getrost die Sache so ansehen können, als ginge die Verlängerung der vierten Nebenaxe mitten durch den Augapfel, oder als ereignete sich der ganze Vorgang an der Hauptaxe. Es ist also $Bu \doteq \varphi \sin j$ (ganz wie oben bei Gleichung (71.)). Und wir gelangen somit zu der Limitation:

$$(109.) \quad \frac{1}{8}\mathfrak{P}.\sin^2\mathfrak{S} \leqq \varphi \sin j \quad \text{oder} \quad \leqq \frac{1}{m'} b_0 \sin j.$$

φ ist die Brennweite des Oculares, $\frac{\varphi}{b_0} = \frac{1}{m'}$; m' der Vergröſserungsindex.

Hier sehen wir denn, dass jener unvermeidliche Fehler an dem vierten Axenwinkel dem Producte $\mathfrak{P}.\sin^2\mathfrak{S}$ eine obere Schranke setzt, welche respectiert werden muss, wenn ein ausgedehntes Bild nicht blos in seiner Mitte, sondern auch nach seinen Grenzen hin deutlich erscheinen soll. Für die eine der in Frage stehenden Gröſsen $\mathfrak{P}$ und $\mathfrak{S}$, nämlich für $\mathfrak{P}$ (die Apertur), sind uns schon in den Gleichungen (76.) (77.) (78.) der Einschränkungen genug bereitet worden.

In Berücksichtigung der auf einige concrete Fälle gemachten Anwendungen, sowie der Prechtl'schen Warnung in § 38, dürften unsere kühnsten Hoffnungen sich wohl darauf beschränken, es bis zu einer Apertur von etwa $\mathfrak{P} = \frac{1}{10} b_0$, selbst bei den gröſsten Instrumenten, zu bringen. Setzen wir einmal dies in (109.), und nehmen ein enorm groſses $m' = 2000$; endlich für $\sin j$ einen mittleren Wert $= \sin 10''$: so ergiebt sich

$$\sin^2\mathfrak{S} \leqq 0.04 \sin j; \quad \log\sin\mathfrak{S} = 7.144$$
$$\angle\, \mathfrak{S} = 4'46''.$$

$\log 0.04$	8.602
$\log\sin 10''$	5.686
$l\sin^2\mathfrak{S}$	4.288
$l\sin\mathfrak{S}$	7.144

Also ein Gesichtsfeld von (unter diesen Umständen) ganz unerhört groſser, ja unmöglicher Ausdehnung.

Es ist bekannt, dass bereits eine Schranke für das Gesichtsfeld existiert, nämlich diejenige, welche von Seiten des Oculares bereitet wird. Vgl. Prechtl, S. 162. Nämlich die halbe brauchbare Oeffnung

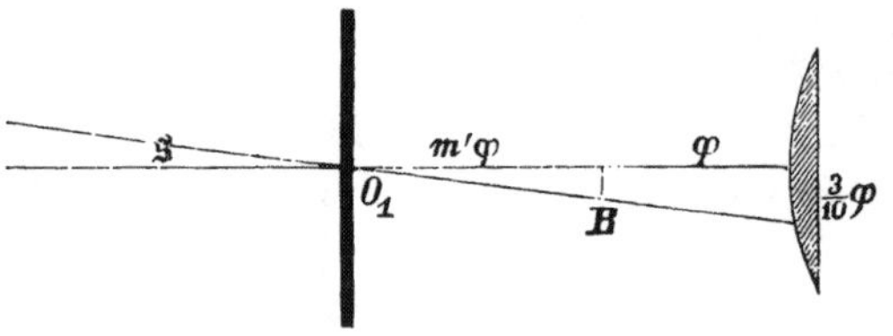

eines einfachen, am passendsten plan-convexen Oculares darf nicht gröfser gemacht werden als $\frac{3}{10}\varphi$. Daher kommt:

$$\tfrac{3}{10}\varphi \leqq (m'+1)\varphi \sin \mathfrak{S},$$

folglich

$$\text{(110.)} \qquad \sin \mathfrak{S} \leqq \frac{3}{5}\,\frac{1}{m'+1},$$

was bei **starken** Vergröfserungen beinahe auf dasselbe hinauskommt wie $\frac{3}{5m'}$; bei Anwendung eines Doppel-oculares aber $\frac{6}{5m'}$.

Denn es ist hierbei zu bemerken, dass die Formel (110.) Gültigkeit besitzt für die stärkste Vergröfserung, welche die alten Forscher für zulässig erachteten, und zu deren Erreichung man sich eines ganz einfachen (— aus einer einzigen Linse von $^2/_9$ bis $^2/_{10}$ Zoll Brennweite bestehenden —) Oculares zu bedienen gezwungen war. Für schwächere Vergröfserungen dagegen wurden und werden noch heute sogenannte achromatische Oculare (— aus **zwei nicht** dicht aneinander stehenden Linsen bestehend —) angewandt, wodurch die bei einem einfachen Oculare unvermeidlichen farbigen Ränder beseitigt werden, und aufserdem eine Erweiterung des Gesichtsfeldes auf ungefähr das Doppelte erzielt wird, so dass alsdann die Gleichung gilt: $\sin \mathfrak{S} \leqq \frac{1{,}2}{m'+1}$.

Die Gleichung (110.) giebt uns für $m' = 2000$ $\sin \mathfrak{S} \leqq 0.0003$; $\log \sin \mathfrak{S} \leqq 6.477$, woraus kommt $\angle\, \mathfrak{S} \leqq 62''$.

Die Grenze also, welche dem Gesichtsfelde unausweichlich von Seiten des **Oculares** gesetzt wird, ist (— wenigstens in unserem speciellen Falle —) ganz gewaltig enger, als die wegen des Fehlers am vierten Axenwinkel. Es wird daher der genannte Fehler **vollkommen unschädlich** sein, vorzugsweise bei sehr starken Vergröfserungen.

Ich will diesen Gegenstand nicht verlassen, ohne auf das interessante scheinbare Paradoxon aufmerksam gemacht zu haben, dass der **axiale** Fehler (— um ihn so zu nennen —) bei starken Vergröfserungen viel weniger störend einwirkt, als bei schwachen (also im allgemeinen bei kleinen Fernrören). Denn bei sehr hohen Werten von m' wird nach (110.) das Gesichtsfeld seitens des Oculares so gewaltig eingeengt, dass die andere Schranke (von (109.)) gegen sie ganz in Wegfall kommt, wie ja das eben dagewesene Beispiel thatsächlich zeigte.

Setzen wir den Fall, es handle sich um ein Fernror, dessen stärkste

Vergröfserung $m' = 80$ (anstatt wie oben 2000) sei, dann haben wir, wenn wir wiederum $\frac{\mathfrak{P}}{b_0} = \frac{1}{10}$ rechnen, nach (109.)

$$\sin^2\mathfrak{S} \leqq \frac{80}{m'}\sin j \leqq \sin j;\ (\log\sin j = 5.686);$$

$$\log\sin\mathfrak{S} \leqq 7.843;\ \angle\ \mathfrak{S} \leqq 23'\,57''\ \text{(axial)}.$$

Die ocularische Schranke dagegen ist nach (110.)

$$\sin\mathfrak{S} \leqq \tfrac{3}{5}\cdot\tfrac{1}{81} = \tfrac{1}{135};\ \log\sin\mathfrak{S} \leqq 7.870;\ \angle\ \mathfrak{S} \leqq 25'29''\ \text{(ocul.)}.$$

Hier ist also die axiale Schranke schädlicher als die ocularische, und dies wird in noch höherem Grade der Fall sein, wenn die stärkste Vergröfserung noch geringer angenommen wird. —

Der Betrag der dritten Zeile in (106): $\sin\overline{04}\times r_1^2\sin^2\overline{01}\{\}$ ist unter allen Umständen so geringfügig, dass er gegen den von Gleichung (109.), der so eben besprochen worden ist, ganz in Wegfall kommt.

§ 51.

Der unvermeidliche Fehler an b_0.

Dieser rürt her von dem constanten Gliede in (105.) $\left(1-\frac{r_1}{a}\right)^2\frac{1-\omega}{2}\sin^2\overline{01}$, also für $a = \infty$ und nach (107.) $\frac{1}{2}\sin^2 s\frac{1}{b_0}$, im Maximum $\frac{1}{2}\frac{1}{b_0}\sin^2\mathfrak{s}$, oder $\frac{1}{8}\frac{1}{b_0}\sin^2\mathfrak{S}$.

Mögen C und H Null sein, oder irgend welche Werte haben: immer fällt $\frac{1}{b}$ für die heteronomen Strahlen um den Betrag jenes Gliedes gröfser aus als für die axonomen, b aber um

$$b_0^2\cdot\frac{1}{8}\frac{1}{b_0}\sin^2\mathfrak{S},\quad \text{d. i.}\quad \mathfrak{d}b_0 = \frac{1}{8}b_0\sin^2\mathfrak{S}$$

kleiner.

Dieses Mindermafs ist aufserordentlich gering. Machen wir nach (110.) das Gesichtsfeld $\mathfrak{S}$ so grofs, als es wegen des Oculares angeht, so bekommen wir

$$\mathfrak{d}b_0 = \frac{9}{200}\frac{1}{(m'+1)^2}b_0,$$

wo m' die Vergröfserungszahl bedeutet.

Der Wert $\mathfrak{d}b_0$ wird am gröfsten ausfallen, wenn man m' möglichst klein annimmt. Sei daher (nach Gleichung (74.)) ungefähr $m' = \frac{\mathfrak{P}''}{0.06''}$, und wenn wir $\mathfrak{P}$ wieder $= \frac{b_0}{10}$ nehmen: $m' = \frac{b_0''}{0.6''} = \frac{5}{3}b_0$, wo b in Zollen auszudrücken ist. Demnach also

$$\max.\ \mathfrak{d}b_0 \doteq \frac{9}{200}\,\frac{9}{25\,b_0^2}\cdot b_0 \doteq \frac{0.0162}{b_0}\ (b \text{ in Zollen}).$$

Dies beträgt bei einem Objective von 50″ Brennweite etwa 0.0003 Zoll und bei einem von 396″ (à la Wash.) 0.00 004 Zoll. Bei Anwendung eines Doppel-oculares wird $\sin\mathfrak{S}$ verdoppelt, $\mathfrak{d}b_0$ aber vervierfacht.

Der Einfluss dieses Gliedes in (105.) geht dahin, dass das in Gestalt einer kleinen Kreisfläche auftretende Bild des ausgedehnten Objectes nicht vollkommen eben ist, sondern ein wenig kugelschalenförmig, mit der convexen Seite dem Oculare zugewandt. Ein betrachtendes Auge muss sich der nach den Grenzen des Gesichtsfeldes hin um eine Spur veränderten Entfernung accommodieren. Der Reinheit und Schärfe des Bildes geschieht keinerlei Eintrag.

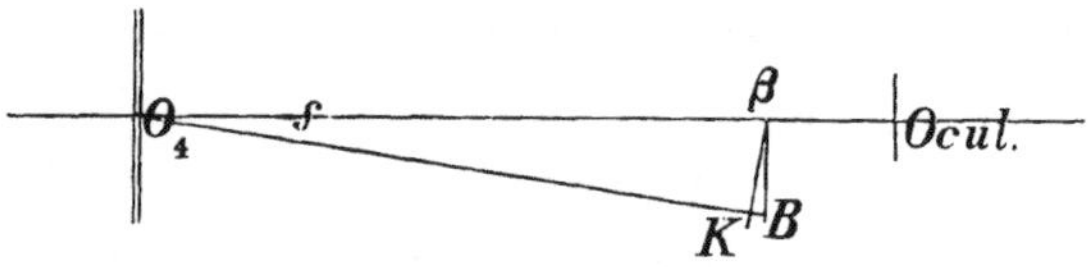

Geometrisch construiert erscheint $\mathfrak{d}b_0$ d. i. $\frac{1}{8}b_0\sin^2\mathfrak{S}$ als der Unterschied zwischen der Hypotenuse O_4B und der Kathete $O_4\beta$. Beschreibt man mit $O_4\beta$ als Radius um O_4 einen Kreisbogen, der die Hypotenuse O_4B in K schneidet, so ist KB dieser Unterschied. Denn es ist

$$O_4\beta = O_4B\cos\mathfrak{s};\ O_4B - O_4\beta = KB = O_4B(1-\cos\mathfrak{s}) = O_4B.2\sin^2\frac{\mathfrak{s}}{2} =$$
$$= b_0.2.\sin\frac{\mathfrak{s}}{2} \doteq b_0.\frac{1}{2}\sin^2\mathfrak{s} \doteq \frac{1}{8}b_0\sin^2\mathfrak{S}.$$

§ 52.

Fehler an b_0 bei Nichterfüllung der Gleichung $H = 0$.

Weit ungünstiger liegt die Sache, wenn zwar $C = 0$, aber H nicht gleich Null ist; dann haben wir nach (105.) mit Anwendung von (107.)

$$\mathfrak{d}\frac{1}{b_0} = 2p\sin s\cos w.H, \quad \text{daher} \quad \mathfrak{d}b_0 = -b_0^2.2p.\sin s\cos w.H,$$

letzteres auf der vierten Nebenaxe gemessen. Aus demselben Grunde wie oben § 50 (hinter Gleichung (108.)) thun wir so, als vollzöge sich der ganze Vorgang an der Hauptaxe O_4O (siehe Fig. 11). — Sei B der Ort des Circumpolarstrahlenbildes, also $O_4B = b_0$. — Einer bestimmten Elongation O_4T' entspricht jetzt nicht (wie bei axononomen Strahlen) ein einziger Punkt als ihr Zonenbild, vielmehr gehen von dem betreffenden Parallelkreise Strahlen aus, welche die Axe teils diesseits, teils jenseits B schneiden (— da ja $\cos w$ alle möglichen Werte zwischen -1 und $+1$ annimmt —); und zwar finden diese

Durchschnitte auf der ganzen Strecke $g'i'$ statt, die dadurch markiert wird, dass wir uns die beiden Stücken

$$Bg_1 = Bi_1 = b_0^2 . 2p \sin s . H,$$

deren jedes wir mit $\frac{\mathfrak{d}}{2}$ bezeichnen wollen, von B aus nach links und rechts abgeschnitten denken.

Um nicht missverstanden zu werden bemerke ich: In jedem einzelnen bestimmten Austrittspunkte z. B. T' dringt allerdings nur ein einziger Strahl aus dem Glase heraus; in welchem Punkte zwischen g_1 und i_1 er die Axe schneidet, das ist (— aufser von p —) von dem dem fraglichen Strahle zugehörigen Werte von $\cos w$ abhängig. Schliefslich aber müssen alle in gleicher Elongation wie OT' austretenden Strahlen den Querschnitt passieren, dessen Halbmesser $d'k'$ ist. — Es ist wohl zu beachten, dass in dem vorliegenden Falle (— abweichend von allen ähnlichen früheren z. B. auf S. 83ff.) der Halbmesser der sphäristischen Abweichung nicht durch einen Marginalstrahl und einen gewissen mittleren Zonenstrahl, sondern durch die äufsersten Marginalstrahlen allein bestimmt wird. Denn eine jede mittlere Zone (— z. B. die Zone der Elongation O_4T'' —) entsendet Strahlen, welche die Axe auf einer Strecke $g''i''$ durchschneiden, deren Halbierungspunkt wieder B ist; nur dass die Strecke $g''i''$ wegen des kleineren p von geringerer Länge, folglich innerhalb $g'i'$ eingeschlossen ist, weshalb denn alle von T'' nach der Strecke $g''i''$ hin überhaupt zu ziehen möglichen Geraden — nach Bedarf verlängert — entweder den Halbmesser $d'k'$, oder aber den $d''k'$ durchschneiden müssen.

Die Gröfse von $d'k'$ bestimmt sich folgendermafsen

$$O_4g' = b_0 - \frac{\mathfrak{d}}{2}; \quad O_4i' = b_0 + \frac{\mathfrak{d}}{2};$$

$$d'k' = d'g' \sin T'g'O_4, \text{ und auch } = d'i' \sin T'i'O_4.$$

Allein wegen der Geringfügigkeit der ganzen Länge $g'i'$ kann man die Winkel $T'g'O_4$ und $T'i'O_4$ als einander gleich, und auch als gleich dem Winkel $T'BO_4$ ansehen also auch

$$\text{(111.)} \quad k'd' = \frac{\mathfrak{d}}{2} \sin T'BO_4 \mp \frac{\mathfrak{d}}{2} \frac{p}{b_0} = b_0^2 2p \sin s . H . \frac{p}{b_0};$$

und daher im Maximum

$$\text{(112.)} \quad \begin{cases} \dfrac{\varrho}{b_0} \mp \sin i_x = \dfrac{1}{4} H \mathfrak{P}^2 \sin \mathfrak{S}. \\[2ex] H = \dfrac{4 \sin i_x}{\mathfrak{P}^2 \sin \mathfrak{S}}. \end{cases}$$

Wir setzen $\sin i_x = \tau . \sin i_\beta$ (τ sei ein kleiner echter Bruch); dann nach (72a.) $\sin i_\beta = \frac{0.0003}{\mathfrak{P}_{lin}}$, und nach (110.) $\sin \mathfrak{S} = \frac{6}{5m'}$, also $\mathfrak{S}$ so grofs, als die ocularische Schranke erlaubt, so wird

$$(112\text{a.}) \qquad H = \frac{0.001\, m'\tau}{\mathfrak{P}_{lin}} \left(\frac{b_0}{\mathfrak{P}}\right)^2 \frac{1}{b_0^2}.$$

Wäre z. B. $\mathfrak{P} = 108$ Lin., $m' = 360$, $\tau = \frac{1}{12}$, $\frac{b_0}{\mathfrak{P}} = 15$, $b_0 = 2.71$, so berechnet sich $H \leqq 0.00\,851$. —

Nach Gleichung (71.) soll $\varrho \leqq \varphi \sin j$ sein, demnach aus (112.)

$$(113.) \qquad \frac{1}{4}\frac{b_0}{\varphi}\mathfrak{P}^2 \sin \mathfrak{S} \quad \text{oder} \quad \frac{1}{4} m' \mathfrak{P}^2 \sin \mathfrak{S} \leqq \frac{1}{H} \sin j.$$

Hier sehen wir das Product der drei Gröfsen m', $\mathfrak{P}^2$, $\sin \mathfrak{S}$, deren jede einzelne wir möglichst grofs zu haben wünschten, in beengende Fesseln eingeschmiedet, welche nur dadurch gelüftet, — ja völlig gesprengt werden können, dass wir festsetzen:

H so nahe als möglich $= 0$.

Jeden noch obschweben Zweifel dürften noch einige Anwendungen auf concrete Fälle zerstreuen. — Soll wiederum $\angle\, \mathfrak{S}$ diejenige Gröfse haben, welche ihm die ocularische Schranke zubilligt, so haben wir für $\sin \mathfrak{S}$ seinen Wert aus (110.) in (113.) zu setzen und erhalten

$$(114.) \qquad H \leqq \frac{10}{3} \frac{\sin j}{\mathfrak{P}^2} = \frac{10}{3} \frac{\sin j}{b_0^2} \left(\frac{b_0}{\mathfrak{P}}\right)^2, \qquad \text{(für Doppelocular)},$$

eine Gleichung, ebenso interessant, wie die vorige, da sie weder m' noch φ, b_0, $\mathfrak{S}$ enthält. Setzen wir $j = 10''$, was immer zulässig ist, und $b_0 = 2{,}71$ wie in (112a.), so erhalten wir

$$\text{für } \frac{b_0}{\mathfrak{P}} = 15 \qquad H = 0.00\,495.$$

Nehmen wir aber, wenigstens als anzustrebendes Ziel

$$\frac{b_0}{\mathfrak{P}} = 10, \text{ so wird } H = 0.00\,220.$$

(Anstatt des jetzigen 495 gab Gleichung (112a.) 851, weil dort $\angle\, j_x$ sich auf $17''$ stellt, gegen $10''$ hier.)

Hieraus ist wohl zu entnehmen, dass es geraten sei, die Krümmungsradien derartig zu bestimmen, dass der Wert des H hübsch nahe bei Null bleibe. Dies Postulat hat Herschel durch seine zweite, oben in (60.) dargestellte Bedingungsgleichung freilich nur aus Zufall, d. h. ohne es beabsichtigt oder gewusst zu haben, annäherungsweise erfüllt, wovon im folgenden Paragraphen des weiteren die Rede sein wird. In dem eben vorliegenden Falle findet sich (mit unserem gewohnten $\omega = 0.631$)

die Herschel'sche Forderung als identisch mit $H^* = -0.01\,702$. Hierzu können aber leicht noch 50 Einheiten der fünften Decimale wegen H_* hinzutreten, so dass etwa $H = -0.01\,750$ sein wird. Hiernach würde allerdings die Apertur bei Anwendung der Herschel'schen Methode nicht $= \frac{1}{10} b_0$, ja nicht einmal $\frac{1}{15} b_0$, sondern nur eine erheblich kleinere, nämlich $\mathfrak{P} = \frac{1}{19.9} b_0$ zulässig sein.

§ 53.
Aehnlichkeit zwischen der heteronomischen und der zweiten Herschel'schen Gleichung.

Die erste rohe Annäherung an die heteronomische Gleichung werden wir erhalten, wenn wir vorläufig die kleinen Größen δ, h, ε als verschwindend, und die ξ, η, ζ als gleich 1 ansehen. Dann haben wir es zunächst nur mit $(ra)+(rx)+(ry)+(rz)$ zu thun. — Einen Näherungswert hierfür haben wir bereits oben in Gleichung (56.) aufgestellt. Wenn wir dort $f = 1$ (metr. Gl.) und $\frac{1}{F} = -\frac{\omega}{f} = -\omega$ (genäherte Farbengleichung) einführen, so erhalten wir

$$(115.)\qquad H^* \doteq \frac{n+1}{2n}\frac{1}{r_1} - \frac{n}{2n-2} - \frac{N+1}{2N}\omega\frac{1}{r_3} + \frac{2N+1}{2N}\omega - \frac{N}{2N-2}\omega^2.$$

Die zweite Herschel'sche Gleichung steht oben unter (60.). Dividieren wir dieselbe mit 8, so verwandelt sie sich in:

$$\frac{1}{8}\mathfrak{H} = \frac{n+1}{2n}\frac{1}{r_1} - \frac{\frac{3}{4}n+\frac{1}{4}}{2n-2} - \frac{N+1}{2N}\omega\frac{1}{r_3} + \frac{\frac{3}{2}N+1}{2N}\omega - \frac{\frac{3}{4}N+\frac{1}{4}}{2N-2}\omega^2.$$

Zieht man die obere von der unteren ab, so erhält man, da die Glieder, welche r_1 und r_3 enthalten, herausfallen:

$$-H^* + \frac{1}{8}\mathfrak{H} \doteq \frac{\frac{1}{4}n-\frac{1}{4}}{2n-2} - \frac{\frac{1}{2}N}{2N}\omega + \frac{\frac{1}{4}N-\frac{1}{4}}{2N-2}\omega^2 = \frac{1}{8} - \frac{1}{4}\omega + \frac{1}{8}\omega^2 \doteq \frac{1}{8}(1-\omega)^2.$$

Während also die heteronomische Gleichung, abgesehen von den mit δ, h, ε behafteten Gliedern, verlangt, es solle sein:

$$(ra)+(rx)+(ry)+(rz) \doteq 0,$$

so fordert die zweite Herschel'sche:

$$(ra)+(rx)+(ry)+(rz) \doteq -\frac{1}{8}(1-\omega)^2, \quad \text{d. i. (wenn } a=\infty) \doteq -\frac{1}{8}\frac{1}{b_0^2}.$$

Beide Forderungen liegen öfters nicht allzuweit aus einander, wie ja das Zahlenbeispiel des vorigen Paragraphen zeigte, jedoch nicht immer. Diesem zufälligen Glücksumstande mag es zuzuschreiben sein, dass die Mechaniker sich immer noch ziemlich gut stehen, wenn sie von den Angaben der Herschel-Barlow'schen Tafeln, als erstem Anhaltspunkte ausgehen, denn dann können sie doch nicht gar zu weit von der heteronomen Gleichung $H = 0$ abirren. Doch trifft dies nur zu, wenn der Zwischenraum h aufserordentlich klein oder gleich Null ist, weil schon ein geringfügiges h (etwa $= \varepsilon = 0{,}01$) den zweiten Teil der Correction an H_*, nämlich $h(C - \mathfrak{a} - \mathfrak{x})$ (§ 49. IV.) ansehnlich grofs macht, den ersten Teil $\frac{\delta}{n}(C - \mathfrak{a})$ verstärkend. Vgl. auch § 63, wo $H^* = -1016$; dagegen $H_* = -17\,186$, obwohl dort $h = 0$ ist.

Für $\omega = 0.631$, $N = 1.618$, $n = 1.524$ geben jene Tafeln

$$\frac{1}{r_1} = 0.546, \quad \text{und es berechnet sich} \quad H \doteqdot -0.01\,750.$$

Dagegen empfahl sich dem oben erwähnten Techniker (siehe § 24) als weit vorzüglicher: 0.587, woraus ungefähr $H \doteqdot -0.00\,325$ folgt.

Wir werden weiter unten finden, dass

$$\text{für} \quad \frac{1}{r_1} = 0.597 \quad H \text{ vollkommen} = 0 \text{ wird;}$$

überall $C = 0$ vorausgesetzt, und neben Erfüllung der Farbengleichung.

Von dieser Region ist Littrow mit $\frac{1}{r_1} = \frac{1}{-r_2} = 0.954$ sehr weit entfernt, da sich H ungefähr $= 0.13\,000$ stellt.

Erst neuerdings habe ich von einer dioptrischen Abhandlung Dr. Seidel's (München) Kenntniss erlangt (— sie steht in den Astronomischen Nachrichten, Altona 1856 —), in welcher (p. 326) auf Anerkennung einer Bedingungsgleichung $S(2) = 0$ gedrungen wird, mittelst deren „die Fehler des Bildes über das ganze Gesichtsfeld möglichst „verringert werden sollen" — eine Absicht, in deren Verfolgung (nach pag. 325) schon „der grofse Fraunhofer auf die bekannte ihm eigen„tümliche Construction des Fernror-objectives gebracht worden sei." — Demnach wäre jene Gleichung $S(2) = 0$ gleichbedeutend mit unserem $H = 0$. Auch hat Seidel bereits „eine merkwürdige Verbindung" mit der zweiten Herschel'schen Forderung erkannt, worüber p. 326ff. gehandelt wird. — Vgl. auch, was C. Moser, Hamburg 1879, in der Astron. Vierteljahrsschrift Band XIV. pag. 397; Anlage V. über die Vorteile des Herschel'schen Principes schreibt:

„Indem die sphärische Abweichung, soweit es zu erreichen ist, für „alle in der Axe gelegenen leuchtenden Punkte gehoben ist" (d. h. also: wenn beide Herschel'schen Gleichungen erfüllt sind), „ist das Objectiv „für alle gegen die Axe wenig geneigten Strahlen corrigiert, somit die

„sphärische Abweichung auch aufser der Axe annähernd gehoben „und annähernd die Bedingung erfüllt, dass die verschiedenen Zonen „des Objectives gleiche Vergröfserung geben (d. i. aufser gemeinschaft„lichem Brennpunkte auch gleiche Brennweiten haben)."

§ 54.
Beispiel, in welchem $C = 0$ und $H = 0$.

Wir stellen uns jetzt die Aufgabe (unter Beibehaltung der gewohnten Constanten n, N, ω, δ, ε), die vier Radien derartig zu bestimmen, dass die beiden Gleichungen (die sphäristische und heteronomische) $C = 0$ und $H = 0$, und gleichzeitig die chromatische ((44.), wie sie auf S. 37 steht) genau erfüllt werden.

Die Näherungsgleichung (115.) lautet in unseren Zahlen, Glied für Glied: logarithmisch

$$H^* = 9.91\,807\frac{1}{r_1} - 0.16\,262 - 9.70\,799\frac{1}{r_3} + 9.91\,698 - 9.71\,701,$$

d. i.

$$H^* = 9.91\,807\frac{1}{r_1} - 9.70\,799\frac{1}{r_3} - 0.06\,047 = 0.$$

Wir setzen dies vorläufig $= 0$, dürfen aber nicht vergessen, dass zu dem vollständigen H auch noch H_* gehört (siehe S. 125.). — Hierzu nehmen wir Gleichung (68.) (von S. 57) (logarithmisch)

$$C = 0.06\,302\frac{1}{r_1^2} - 0.58\,688\frac{1}{r_1} - 9.84\,849\frac{1}{r_3^2} + 9.83\,085\frac{1}{r_3} + 0.59\,301 = 0.$$

Aus H^* finden wir:

$$\frac{1}{r_3} = 0.21\,009\frac{1}{r_1} - 0.35\,247, \text{ folglich}$$

$$\frac{1}{r_3^2} = 0.42\,018\frac{1}{r_1^2} - 0.86\,359\frac{1}{r_1} - 0.70\,494.$$

Dies substituieren wir für $\frac{1}{r_3}$ und $\frac{1}{r_3^2}$ in die Gleichung C, und erhalten

$$-9.84\,522\frac{1}{r_1^2} + 0.37\,829\frac{1}{r_1} - 0.07\,336 = 0,$$

$$\frac{1}{r_1^2} - 0.53\,307\frac{1}{r_1} + 0.22\,814 = 0; \quad \frac{1}{r_1} = 0.23\,204 - \sqrt{0.46\,408 - 0.22\,814}.$$

Dies giebt:

$$nu\frac{1}{r_1} = 0.60\,170. \text{ Und dann } nu\frac{1}{r_3} = -1.27\,544.$$

Wir nehmen die Quadratwurzel mit dem Zeichen —, weil die entgegengesetzte Wahl des + uns zu weit von der Region entfernen würde, wo der Coefficient D noch relativ gering ausfällt. Wir sahen oben in § 29, dass $D = 0$ wurde für $\frac{1}{r_1} = 0.791$. — Wie ich nachträglich merkt habe, ist bei der Zahlenrechnung dieses Paragraphen ein kleiner Fehler untergelaufen, durch welchen die am Ende der vorigen Seite stehenden Werte von $\frac{1}{r_1}$ und $\frac{1}{r_3}$ um etwa 10 Einheiten der fünften Decimale anders ausgefallen sind, als sie ohne den Fehler ausgefallen sein würden. Dies ist jedoch ohne allen Nachteil, da die noch an ihnen anzubringende Correction beinahe das Funfzigfache des Fehlers ausmacht, wie wir alsbald sehen werden.

Berechnen wir nun mit den Näherungswerten

$$nu\frac{1}{r_1} = 0.60170,\quad nu\frac{1}{-r_2} = \frac{1}{n-1} - \frac{1}{r_1} = 1.30670,\quad nu\frac{1}{-r_3} = 1.27544,$$

und zwar nach den exacten Formeln, die Werte von H^* und C. (Ein Hiatus ist nicht vorhanden, da r_2 und r_3 beide negativ, und absolut genommen $r_3 < r_2$ ist; also $h = 0$ $\eta_0 = \eta_1 = 1$).

Wir finden $H^* = +209$ und $C = -32$.

Nun berechnen wir H_* nach der Gleichung auf S. 114, wozu dreistellige Logarithmen ausreichen, und finden $H_* = -50$. So sind denn

$$H = +159 \quad (\log 7.201) \qquad \text{und} \qquad C = -32 \quad (\log 6.505)$$

die Resultate unserer bisherigen Berechnung. Eigentlich sollte $H = 0$ und $C = 0$ geworden sein. Das, was ihnen hieran fehlt nennen wir beziehungsweise den Fehler an H, und den Fehler an C, und bezeichnen sie mit $\mathfrak{d}H$ und $\mathfrak{d}C$. Daher

$$\mathfrak{d}H = -159 = -\overline{7.201},\quad \mathfrak{d}C = +32 = +\overline{6.505}.$$

Um diese Fehler zu beseitigen, wenden wir die Differentialgleichungen an. Wir differentiieren die beiden Gleichungen für H^* und C und erhalten (logarithmisch)

$$9.918\ \mathfrak{d}\frac{1}{r_1} - 9.708\ \mathfrak{d}\frac{1}{r_3} = \mathfrak{d}H.$$

Ferner

$$\begin{array}{ll} 2 & 0.301 \\ \frac{1}{r_1} & 9.779 \\ & \underline{0.063} \end{array} \qquad \begin{array}{ll} 2 & 0.301 \\ \frac{1}{-r_3} & 0.106 \\ & \underline{9.848} \end{array}$$

$$\underbrace{(0.143 - 0.587)}_{-0.393}\ \mathfrak{d}\frac{1}{r_1} + \underbrace{(0.255 + 9.831)}_{+0.394}\ \mathfrak{d}\frac{1}{r_3} = \mathfrak{d}C.$$

So haben wir die zwei Gleichungen:

$$9.918\ \mathfrak{d}\frac{1}{r_1} - 9.708\ \mathfrak{d}\frac{1}{r_1} = \mathfrak{d}H,$$

$$-0.393\ \mathfrak{d}\frac{1}{r_1} - 0.394\ \mathfrak{d}\frac{1}{r_3} = \mathfrak{d}C.$$

Sie haben die allgemeine Form:

$$(116.)\quad \begin{cases} h_1\ \mathfrak{d}\frac{1}{r_1} - h_3\ \mathfrak{d}\frac{1}{r_3} = \mathfrak{d}H, \\ -c_1\ \mathfrak{d}\frac{1}{r_1} + c_3\ \mathfrak{d}\frac{1}{r_3} = \mathfrak{d}C, \quad \text{und ihre Lösung mittelst} \\ h_1 c_3 - h_3 c_1 = v \quad \text{ist:} \\ \mathfrak{d}\frac{1}{r_1} = c_3\frac{\mathfrak{d}H}{v} + h_3\frac{\mathfrak{d}C}{v} \;\Big|\; \mathfrak{d}\frac{1}{r_3} = c_1\frac{\mathfrak{d}H}{v} + h_1\frac{\mathfrak{d}C}{v}. \end{cases}$$

In unserem speciellen Falle ist:

h_1	9.918	h_3	9.708
c_3	0.394	c_1	0.393
$\log v =$	0.312	—	0.101
	0.211 →		9.796
$\log v =$			9.897, $\log\frac{1}{v} = 0.103$,

c_3	0.394	h_3	9.708		c_1	0.393	h_1	9.918
$\frac{\mathfrak{d}H}{v}$	7.304	$\frac{\mathfrak{d}C}{v}$	6.608		$\frac{\mathfrak{d}H}{v}$	7.304	$\frac{\mathfrak{d}C}{v}$	6.608
$\mathfrak{d}\frac{1}{r_1} =$	− 7.698	+	6.316		$\mathfrak{d}\frac{1}{r_3} =$	− 7.697	+	6.526
	1.382 →		1.364			1.171 →		1.141
$\log\mathfrak{d}\frac{1}{r_1} =$			− 7.680		$\log\mathfrak{d}\frac{1}{r_3} =$			− 7.667
$nu\,\mathfrak{d}\frac{1}{r_1} =$			− 0.00 479		$nu\,\mathfrak{d}\frac{1}{r_3} =$			− 0.00 465.

Die alten Werte waren:

$$\frac{1}{r_1} = +0.60\,170 \qquad \frac{1}{r_3} = -1.27\,544,$$

Die corrigierten werden sein:

$$\frac{1}{r_1} = \underline{\underline{0.59\,691}} \qquad \frac{1}{r_3} = -\underline{\underline{1.28\,009}}.$$

Obwohl die nötig gewordenen Correctionen — 479 und — 465 (gegenüber den geringen Fehlern — 159 und + 32) ziemlich grofs ausgefallen sind, so sind dennoch die neuen Werte von $\frac{1}{r_1}$ und $\frac{1}{r_3}$ keiner Aenderung weiter bedürftig, wovon man sich allerdings in jedem einzelnen Falle dadurch überzeugen muss, dass man H und C nochmals mit den corrigierten Werten von $\frac{1}{r_1}$ und $\frac{1}{r_3}$ berechnet. Wir brauchen freilich für diesmal das nicht zu thun, da ich in unserem ersten Zahlenbeispiele schon zum voraus den Wert des ersten Radius, oder vielmehr des Reciprocums $\frac{1}{r_1}$ gleich 0.59 691 angenommen hatte, so dass auch die Gleichung $H = 0$ verificiert werden musste, was ich vorläufig verschwieg. Wir haben also jetzt nur noch zu untersuchen, ob wirklich dort $H = 0$ ist. Wir hatten auf S. 64 (logar.)

(ra)	8.60 415	(rx)	— 0.00 159	(ry)	0.02 237	(rz)	— 8.95 430.

Hierzu

$\zeta_1^2\xi_1^2$	1 012	ζ_1^2	114	ζ_1^2	114		
	8.61 427		— 0.00 273		+ 0.02 351		— 8.95 430

numeri 0.04 114 — 1.00 630 + 1.05 563 — 0.09 001 das ist = + 46.

Dies ist H^*. — Wir berechnen nun auch H_* nach S. 114.

$\frac{\delta}{n}$	8.517	$\frac{\varepsilon}{N}$	7.791
$-\mathfrak{a}$	— 8.390	$\mathfrak{z}$	8.739
ξ_1	4	$\zeta_1\xi_1^2$	10
	— 6.911	+	6.540;

numeri — 81 + 34 = — 47.

Demnach also $H = H^* + H_* = 46 - 47 = -0.00\,001$.

Obgleich nun das erste Zahlenbeispiel alle vier Bedingungsgleichungen verificiert, so würde dennoch ein nach dessen Angaben construiertes Objectiv, — wie schon oben in § 35 gezeigt wurde —, den höchsten Zwecken noch lange nicht genügen. Die Ursache liegt in der relativ beträchtlichen Gröfse des Coefficienten D.

In dem dritten Zahlenbeispiele dagegen war dieser Coefficient gleich Null, darum die grofse Apertur (Ende des § 36). Aber dafür steht es bezüglich der heteronomischen Gleichung dort um so schlimmer. Wir können H leicht berechnen nach den Zahlen von S. 71.

(ra)	8.84 813	(rx)	— 9.44 244	(ry)	9.96 583	(rz)	— 8.72 428
$\zeta_1^2\xi_1^2$	1 369	ζ_1^2	178	ζ_1^2	178		
	+ 8.86 182		— 9.94 422		+ 9.96 761		— 8.72 428

ni: + 0.07 275 — 0.87 946 + 0.92 814 — 0.05 300, das ist = 6843 = H^*.

$$\begin{array}{rrrr}
\frac{\delta}{n} & 8.517 & \frac{\varepsilon}{N} & 7.791 \\
-\mathfrak{a} & -8.760 & \mathfrak{z} & 8.349 \\
\xi_1 & 6 & \zeta_1\xi_1^2 & 13 \\
\hline
 & -7.283 & + & 6.153;
\end{array} \quad ni: \; -192+14=-178=H_*,$$

$$H=H^*+H_*=6843-178=\underline{6665}; \quad \log=8.824.$$

Nach Gleichung (114.) muss sein

$$\left(\frac{\mathfrak{P}}{b_0}\right)^2 \leqq \frac{10}{3}\,\frac{\sin j}{b_0^2}\,\frac{1}{H},$$

woraus mit den dortigen Datis und dem jetzigen H sich findet

$$\frac{\mathfrak{P}}{b_0}=\overline{8.260}, \qquad \mathfrak{P}\doteq\frac{1}{55}b_0,$$

eine allerdings gänzlich ungenügende Apertur.

§ 55.
Ein Kunstgriff, um die Apertur zu erweitern.

Dass unser erstes Zahlenbeispiel, aller aufgewandten Bemühung ungeachtet dennoch den erwünschten Erfolg vermissen lässt, das liegt, — um nochmals hierauf zurückzukommen —, an dem Gliede De^4. Wir haben leider kein Mittel weiter zur Verfügung, um den Coefficienten D zum Verschwinden zu bringen. Die vier Krümmungsradien sind vollständig bestimmt, und können keinerlei Abänderung mehr vertragen, ohne irgend eine der Bedingungsgleichungen zu verletzen. — Und dennoch ist man im Stande, durch geringfügige, innerhalb der Grenzen des Erlaubten angebrachte Abänderungen etwas für Erweiterung der Apertur, resp. Erhöhung des Vergrößerungs-index zu thun.

Der nicht blos in diesem einzelnen Falle, sondern ganz allgemein anwendbare Kunstgriff (— dessen namentlich Littrow bei seiner Methode sich bedient —) besteht darin:

> dass man den Coefficienten C nicht ganz vollkommen zum Verschwinden bringt, sondern ihm einen kleinen Wert belässt, dessen Vorzeichen jedoch entgegengesetzt ist demjenigen des Gesammtbetrages aller folgenden Glieder.

Also man richtet es so ein, dass in der Entwickelung

$$\frac{1}{b}=\frac{1}{b_0}+Ce^2+De^4+Ee^6+\cdots$$

das Glied Ce^2 den Betrag des ganzen Ueberrestes $De^4+Ee^6+\cdots$ teilweise aufhebt. Besonders zweckmäfsig ist es, wenn für die äussersten Randstrahlen, deren Elongation $= \mathfrak{e}$ ist die Aufhebung eine vollständige und demnach

$$(117.)\qquad C\mathfrak{e}^2 + D\mathfrak{e}^4 + E\mathfrak{e}^6 + \cdots = 0$$

ist. Wegen relativer Kleinheit der sämmtlichen noch höheren Glieder genügt für die Praxis vollkommen die Erfüllung der abgekürzten Gleichung

$$C\mathfrak{e}^2 + D\mathfrak{e}^4 + E\mathfrak{e}^6 = 0,$$

ja sogar für weniger hoch gesteckte Ziele schon

$$C\mathfrak{e}^2 + D\mathfrak{e}^4 = 0.$$

Durch Erfüllung der Gleichung (117.) wird bewirkt, dass das Bild der äussersten Zonenstrahlen genau mit dem Centralstrahlenbilde zusammentrifft. Keineswegs aber gilt das Gleiche von den Bildern der mittleren Zonen, was schon in § 37 besprochen worden ist, jedoch wird ihre Längenabweichung ansehnlich geringer. Freilich kommt es hierauf eigentlich nicht an, sondern einzig und allein auf die Gröfse von ϱ, das ist: des Radius der Lateralabweichung.

Aus unseren bisherigen Betrachtungen geht mit Leichtigkeit hervor, wie man es anzufangen habe, die Bedingung (117.) zu erfüllen. Zunächst bestimmt man (wie in § 54 geschehen ist) aus der sphäristischen und heteronomischen Näherungsgleichung die Reciproca der Radien $\frac{1}{r_1}$ und $\frac{1}{r_3}$, und corrigiert dieselben unter Anwendung der Differentialgleichungen (116.) bis sich C vollständig gleich Null zeigt, so gut dies eben mittelst fünfstelliger Logarithmen möglich ist. (Denn in Wahrheit kann dann immer noch C gar leicht um 10 und mehr Einheiten der fünften Decimale von Null verschieden sein). — D zu berechnen ist nicht unbedingt nötig, jedoch immerhin (— fünfstellig —) sehr wünschenswert.

Nunmehr entscheidet man sich über den der weiteren Rechnung zu Grunde zu legenden Wert von $\mathfrak{e}$ oder $\mathfrak{p}$, d. i. der halben Apertur, welche man dem Objective zu geben beabsichtigt, und führt nach Anleitung des § 30 (S. 74 und 75) die siebenstellige trigonometrische Berechnung von $\frac{1}{b}$ vollständig aus, und lernt so durch Vergleichung mit $\frac{1}{b_0}$ die noch vorhandene Längenabweichung numerisch kennen.

Im Verlaufe der weiteren Rechnung behalten wir die beiden

Werte $\frac{1}{r_1}$ und $\frac{1}{r_2}$ unverändert bei, aber wir verändern $\frac{1}{r_3}$ und $\frac{1}{r_4}$, und zwar jedes von beiden um gleichviel und in gleichem Sinne so lange, bis $\frac{1}{b}$ sich vollkommen gleich $\frac{1}{b_0}$ zeigt. Da also $\frac{1}{r_1}$ und $\frac{1}{r_2}$ überhaupt sich nicht ändern, und andrerseits die Differenz $\frac{1}{r_3} - \frac{1}{r_4}$ sich gleich bleibt, so bleiben die Einheitsgleichung und die chromatistische erfüllt. — Das folgende Beispiel wird das Nähere im einzelnen klar stellen.

§ 56.
Ein Zahlenbeispiel dazu.

Wir legen die numerischen Data des ersten Zahlenbeispieles zu Grunde, und gewinnen daraus nach S. 125—127 die Werte der Radien $\frac{1}{r_1}$ und $\frac{1}{r_3}$ und ferner die sämmtlichen Zahlenergebnisse von S. 63 bis S. 68, von welchen wir dessen zum Behufe der siebenstelligen Rechnung benötigt sind, was auf folgender Seite zusammengestellt ist. Zuvor berechnen wir erst noch $\frac{1}{b_0}$ siebenstellig nach der Formel

$$\frac{1}{b_0} = 1 + \frac{n\delta}{x_0 x_1} + \frac{N\varepsilon}{z_0 z_1} + (N-1)\left(\frac{1}{r_3} - \frac{1}{r_4}\right),$$

was auf pag. 65 nur erst fünfstellig geschehen ist.

Nach S. 63 ist $\log \frac{n\delta}{x_0 x_1} = 7.51199$; daher $nu\left(1 + \frac{n\delta}{x_0 x_1}\right) = 1.003\,2508.$

Ferner da $\log N\varepsilon = 8.20\,898$ und nach S. 63

$$\log \frac{1}{z_0 z_1} = 8.23\,599$$

zusammen $\overline{6.44\,497}$, so ist $nu \frac{N\varepsilon}{z_0 z_1} = 0.000\,2786.$

Ferner ist $nu\left(\frac{1}{r_3} - \frac{1}{r_4}\right) = -1.025\,6983.$ Dies multipliciert mit $N-1$ d. i. 0.618 giebt $-0.633\,8815$. Demnach zusammen

$$nu \frac{1}{b_0} = 1.003\,2508 + 0.000\,2786 - 0.633\,8815 = \underline{0.369\,6479.}$$

$$\log \frac{1}{b_0} = 9.567\,7882, \quad \log b_0 = 0.432\,2118.$$

Data der siebenstelligen Rechnung:

						$nu\varepsilon$	0.010 0000
$\frac{1}{n-1}$	1.908 3969					$nu\delta$	0.050 1187
$nu\frac{1}{r_1}$	0.596 9100	$\log\frac{1}{r_1}$	9.775 9089	$\log\ r_1$	0.224 0911	nur_1	+ 1.675 2942
$nu\frac{1}{-r_2}$	1.311 4869	$\log\frac{1}{-r_2}$	0.117 7640	$\log -r_2$	9.882 2360	nur_2	− 0.762 4932
$nu\frac{1}{-r_3}$	1.280 0590	$\log\frac{1}{-r_3}$	0.107 2300	$\log -r_3$	9.892 7700	nur_3	− 0.781 2139
$nu\frac{1}{-r_4}$	0.254 3607	$\log\frac{1}{-r_4}$	9.405 4500	$\log -r_4$	0.594 5500	nur_4	− 3.931 4252

$\log n$ 0.182 9850, $\log\frac{1}{n}$ 9.817 0150, $\log N$ 0.208 9785, $\log\frac{1}{N}$ 9.791 0215,
$nur_1 - r_2 - \delta = 2.387\,6687$, $nur_2 - r_3 - h = 0.018\,7207$, $nur_3 - r_4 - \varepsilon = 3.140\,2113$.
Wir rechnen mit $\mathfrak{p}$ ungefähr $= \frac{1}{30}b$; also $\mathfrak{P} = \frac{1}{15}b$, abgerundet $\log\mathfrak{p} = 8.955$.

$\mathfrak{p}$	8.955 0000		
$\frac{1}{r_1}$	9.775 9089		
R_1	8.730 9089	R_1	3° 5′ 5″647
$\frac{1}{n}$	9.817 0150		
P_1	8.547 9239	P_1	2° 1′25″164
	8.267 6683	X	1° 3′40″483
$\frac{P_4}{X}$	0.280 2556		$r_1 - r_2 - \delta$
r_1	0.224 0911		2.387 6687
	0.504 3467	nu	3.194 0868
	0.746 7708	←	5.581 7555
X	8.267 6683		
$\frac{1}{r_2}$	− 0.117 7640		
R_2	− 9.132 2031	R_2	− 7°47′32″261
n	0.182 9850		
P_2	− 9.315 1881	P_2	− 11°55′29″238
			+ 4° 7′56″977
		X	+ 1° 3′40″483
	8.956 7625	Y	5°11′37″460
$\frac{P_2}{Y}$	− 0.358 4256		

	− 0.358 4256		$r_2 - r_3 - h$
r_2	− 9.882 2360		0.018 7207
	0.240 6616	nu	1.740 4502
	0.245 3080	←	1.759 1709
Y	8.956 7625		
$\frac{1}{r_3}$	− 0.107 2300		
R_3	− 9.309 3005	R_3	− 11°45′42″869
$\frac{1}{N}$	9.791 0215		
P_3	− 9.100 3220	P_3	− 7°14′15″700
			− 4°31′27″169
		Y	+ 5°11′37″460
	8.067 6344	Z	+ 0°40′10″291
$\frac{P_3}{Z}$	− 1.032 6876		$r_3 - r_4 - \varepsilon$
r_3	− 9.892 7700		3.140 2113
	+ 0.925 4576	nu	8.422 8216
	1.063 0717	←	11.563 0329
Z	8.067 6344		
$\frac{1}{r_4}$	− 9.405 4500		
R_4	− 8.536 1561		

R_4	— 8.536 1561	R_4	— 1°58′10″335
N	0.208 9785		
P_4	— 8.745 1346	P_4	— 3°11′15″823
			+ 1°13′ 5″488
		Z	+ 40′10″291
	8.517 7355	B	1°53′15″779
$\frac{P_4}{B}$	— 0.227 3991	nu	— 1.688 1035
			+ 1
	— 9.837 6538	←	— 0.688 1035
r_4	— 0.594 5500		
$\log b$	0.432 2038		

Folglich

$$\log\frac{1}{b} = 9.567\,7962$$

$$nu\frac{1}{b} = 0.369\,6547;$$

$$\text{aber}\quad nu\frac{1}{b_0} = 0.369\,6479$$

$$\frac{1}{b} - \frac{1}{b_0} = 0.000\,0068$$

$$\log\left(\frac{1}{b} - \frac{1}{b_0}\right) = \overline{4}.833.$$

Wir müssen nun probeweise andere Werte für $\frac{1}{r_3}$ und $\frac{1}{r_4}$ in Rechnung nehmen, welche dahin führen, dass $\frac{1}{b} - \frac{1}{b_0}$, welches jetzt gleich 68 Einheiten der siebenten Stelle beträgt, möglichst gleich Null werde. Um für die erste Probe gleich einen einigermaſsen zutreffenden Wert zu erlangen, bedenken wir erstens, dass $\frac{1}{b}$ zu groſs ausgefallen ist, wir also $\frac{1}{r_3}$ derart verändern müssen, dass $C\mathfrak{e}^2$, welches jetzt Null ist, negativ werde. — Wenn durch eine Aenderung an $\frac{1}{r_3}$ und $\frac{1}{r_4}$ nur der Coefficient C, und nicht auch D und E beeinflusst würden, so müsste man die Aenderung so einrichten, dass

$$C\mathfrak{p}^2 = -0.000\,0068,$$

logarithmisch:

$$C = -\frac{\overline{4}.833}{\overline{7}.910} = -\overline{6}.923$$

würde. (Hier ist nämlich $\overline{7}.910 = \mathfrak{p}^2$, weil $\mathfrak{p} = \overline{8}.955$.)

Freilich wird C nicht ganz um so viel, als dieser Ueberschlag ergiebt, geändert werden dürfen, weil gleichzeitig auch der Coefficient D abnimmt, (was wir allerdings nicht vorher wissen können), und folglich das Glied $D\mathfrak{e}^4$ nicht mehr in demselben Maſse den positiven Betrag erhöhen wird als jetzt.

Nun haben wir auf S. 127 die Gleichung

$$-\overline{0.393}\,\mathfrak{d}\frac{1}{r_1}+\overline{0.394}\,\mathfrak{d}\frac{1}{r_3}=\mathfrak{d}C,$$

d. h., da jetzt $\frac{1}{r_1}$ sich nicht mehr ändern soll,

$$\overline{0.394}\;\mathfrak{d}\frac{1}{r_3}=\mathfrak{d}C,\quad \text{oder}\quad \mathfrak{d}\frac{1}{r_3}=\overline{9.606}\,\mathfrak{d}C.$$

Bei den bisherigen Werten von $\frac{1}{r_3}$ und $\frac{1}{r_4}$ war der Fehler an C, wie wir eben sahen, annäherungsweise $-\overline{6.923}$. Demnach

$$\mathfrak{d}\frac{1}{r_3}=-\overline{9.606}\times\overline{6.923}=-\overline{6.529}=-\overset{\text{num.}}{0.000}\,3380.$$

Fügt man so viel zu den schon an sich negativen Werten von $\frac{1}{r_3}$ und $\frac{1}{r_4}$ hinzu, so erlangt man

$$nu\frac{1}{-r_3}=1.280\,3970\quad \text{und}\quad nu\frac{1}{-r_4}=0.254\,6987$$

als erste Näherungswerte.

Wiederholt man mit diesen Werten die letzte Hälfte der trigonometrischen Rechnung (von da an, wo zuerst r_3 auftritt bis zum Schlusse), so findet man, dass $\frac{1}{b}-\frac{1}{b_0}$ nicht mehr positiv, sondern bereits um den Betrag einiger Einheiten der siebenten Decimalstelle negativ ist, wir also schon etwas über das Ziel hinausgeschossen haben. — Bei dieser Geringfügigkeit und bei so vielmaligem Eingehen in die Tafeln ist naturgemäfs eine genaue Bestimmung der siebenten Decimale ausgeschlossen, wenn wir nicht gar mit 10stelligen Tafeln rechnen wollen. Gründen wir dennoch eine Interpolation auf die unsichere Basis, so erfahren wir, dass wir mutmaſslich das Richtige getroffen haben würden, wenn wir $\frac{1}{r_3}$ und $\frac{1}{r_4}$ anstatt um je 3380, nur um 3170 geändert hätten, dessen Logarithmus 6.501 ist.

Wir werden die Rechnung alsbald vornehmen; zuvor jedoch bestimmen wir, welche Aenderung der vorhin (S. 131) gefundene Wert von $\frac{1}{b_0}$ erleidet, wenn $\frac{1}{r_3}$ sich ändert.

Die Gleichung (38.) zeigt, dass die ganze Aenderung an $\frac{1}{b_0}$ (— dafern nur die Differenz $\frac{1}{r_3} - \frac{1}{r_4}$ dieselbe bleibt —) blos von dem Gliede $\frac{N\varepsilon}{z_0 z_1}$ herrüren wird. Nun ist nach (36.)

$$\frac{1}{z_0} = \frac{N-1}{N}\frac{1}{r_3} + \frac{1}{N}\frac{1}{y_1}, \quad \text{folglich} \quad \mathfrak{d}\frac{1}{z_0} = \frac{N-1}{N}\mathfrak{d}\frac{1}{r_3},$$

und da in unseren Fällen $\mathfrak{d}\frac{1}{z_0 z_1}$ vollkommen gleich $\mathfrak{d}\frac{1}{z_0^2}$ zu erachten ist, so haben wir

$$\mathfrak{d}\frac{1}{z_0 z_1} = 2\frac{N-1}{N}\frac{1}{z_0}\mathfrak{d}\frac{1}{r_3},$$

und demnach

$$\mathfrak{d}\frac{1}{b_0} = N\varepsilon \times \mathfrak{d}\frac{1}{z_0 z_1} = 2\varepsilon(N-1)\frac{1}{z_0}\cdot\mathfrak{d}\frac{1}{r_3},$$

	2ε	8.301
	$N-1$	9.791
(S. 63)	$\frac{1}{z_0}$	9.118
		7.210

d. i. in diesem speciellen Falle

$$\mathfrak{d}\frac{1}{b_0} = \overline{7.210}\,\mathfrak{d}\frac{1}{r_3},$$

und wegen $\mathfrak{d}\frac{1}{r_3} = -\overline{6.501}$:

$$\mathfrak{d}\frac{1}{b_0} = -3.711,$$

d. i. in numero —0.000 0005, so dass also, wenn wir $\frac{1}{r_3}$ und $\frac{1}{r_4}$ in der angegebenen Weise ändern, $\frac{1}{b_0}$ um fünf Einheiten der siebenten Decimale kleiner, also $\frac{1}{b_0} = \underline{0.369\,6474}$ sein wird.

Wir rechnen nun mit folgenden nach obiger Angabe abgeänderten Datis:

						r_2	—0.762 4932
$nu\frac{1}{-r_3}$	1.280 3760	$\log\frac{1}{-r_3}$	0.107 3375	$\log -r_3$	9.892 6625	$nu\, r_3$	—0.781 0205
$nu\frac{1}{-r_4}$	0.254 6777	$\log\frac{1}{-r_4}$	9.405 9909	$\log -r_4$	0.594 0091	$nu\, r_4$	—3.926 5315

$r_2 - r_3 - h$ 0.018 5273; $r_3 - r_4 - \varepsilon = 3.135\,5110$.

			$r_2 - r_3 - h$
			0.018 5273
			1.740 4502
	0.245 2602	←	1.758 9775
Y	8.956 7625		
$\frac{1}{r_3}$	− 0.107 3375		
R_3	− 9.309 3602	R_3	− 11°45′48″773
$\frac{1}{N}$	9.791 0215		
P_3	− 9.100 3817	P_3	− 7°14′19″300
			− 4°31′29″473
		Y	+ 5°11′37″460
	8.067 2192	Z	0°40′ 7″987
$\frac{P}{Z}$	− 1.033 1625		$r_3 - r_4 - \varepsilon$
r_3	− 9.892 6625		3.135 5110
	+ 0.925 8250	nu	8.429 9500
	1.063 1629	←	11.565 4610
Z	8.067 2192		
$\frac{1}{r_4}$	− 9.405 9909		
R_4	− 8.536 3730	R_4	− 1°58′13″879
N	0.208 9785		
P_4	− 8.745 3515	P_4	− 3°11′21″561
			+ 1°13′ 7″682
		Z	+ 0°40′ 7″987
		B	1°53′15″669

P_4	− 8.745 3515		
	8.517 7285	B	1°53′15″669
$\frac{P_4}{B}$	− 0.227 6230	nu	− 1.688 9743
			+ 1
	− 9 838 2030	←	− 0.688 9743
r_4	− 0.594 0091		
$\log b$	0.432 2121		
$\log \frac{1}{b}$	9.567 7879	nu	$\frac{1}{b} = 0.369\,6476$
	gegen		$\frac{1}{b_0} = \cdots\cdots 6474$

$$\frac{1}{b} - \frac{1}{b_0} = + \quad 2$$

Es treffen also schon die zweiten Näherungswerte von $\frac{1}{r_3}$ und $\frac{1}{r_4}$ so nahe zu, dass es vollkommen fruchtlos sein würde, noch weiter zu gehen, wenn wir uns nicht zu der mühsamen Rechnung mit 10stelligen Tafeln bequemen wollen.

Wir wollen nun die Abweichungsradien (ϱ) in beiden Fällen numerisch berechnen, um sie mit einander vergleichen zu können, und kehren daher zunächst zu dem ursprünglichen Beispiele auf S. 132 zurück.

Um die Gleichung (70.) für τ lösen zu können, müssen uns die Gröfsen C, D, E bekannt sein (aufser dem für beide Fälle fest angenommenen Werte von $\mathfrak{e}$ oder $\mathfrak{p} = \overline{8.955}$).

Das C anlangend, so hat uns dasselbe in diesem Beispiele bisher gleich Null gegolten, weil die Rechnung mit fünfstelligen Logarithmen dies ergab. Will man jedoch den Wert von C zu irgend einem Behufe genauer kennen lernen, so muss man ihn mit mehrstelligen Tafeln nach unseren exacten Formeln berechnen, was schon mit 7 Stellen recht mühsam ist (— zumal verglichen mit der auf S. 131 gezeigten, so einfachen Bestimmung von $\frac{1}{b_0}$ auf sieben Stellen —); jedoch dürfte es einen anderen bequemeren Weg überhaupt nicht geben. — Wir erhalten $C = 0.000\,1026$.

D kennen wir (S. 68) mit ausreichender Genauigkeit, $= 0.077\,4900$.

Umständlich und kaum mit siebenstelligen Tafeln ausführbar ist es, einen Wert für E zu finden, der wirklich als ein Näherungswert gelten könnte. Den hier folgenden halte ich (nach Ausführung einiger Rechnungen unter Zugrundlegung verschiedener Werte von p) für einigermaſsen zutreffend.

Wir bilden nun mit den Datis

$$\mathfrak{e} \text{ oder } \mathfrak{p} = \overline{8.955}, \quad C = \overline{6.011}, \quad D = \overline{8.889}, \quad E \neq \overline{0.120}$$

die Gleichung für τ (nach (70.), S. 79.), und erhalten (logarithmisch)

$$0 = 4.628\tau^5 - 4.549\tau^4 + 5.367\tau^3 - 5.241\tau^2 + 5.124\tau - 4.823.$$

Hieraus

$$nu\tau = 0.6025, \quad \log\tau = \underline{9.780.}$$

Ziemlich dasselbe gab uns oben der § 35, wo nämlich E ganz vernachlässigt, und C als vollkommen $= 0$ angenommen wurde, woraus wir ersehen, dass es einer präciseren Bestimmung des C gar nicht bedurft hätte.

Jetzt setzen wir dieses τ in die Gleichung (69.) ein und erhalten

$$\varrho = \overline{3.282}\, b_0.$$

Wir wenden uns nun wieder zu dem zweiten Falle. Es bleibt die halbe Apertur $\mathfrak{e}$ oder $\mathfrak{p}$ dieselbe; auch die Radien r_1 und r_2 von S. 132, dagegen gehören hierher die Radien r_3 und r_4 von S. 135.

Das C ist wieder siebenstellig berechnet worden; D fünfstellig. Bei letzterem sind einige Correctionen mehr als bisher anzubringen, da jetzt C von 0 verschieden ist. Am schwersten fällt die Correction $+C\mathfrak{x}_0^2(r_1 r_2 x)$ (siehe S. 24.) ins Gewicht, sie beträgt —49 Einheiten der fünften, also —4900 Einheiten der siebenten Decimale.

Den hierunter angegebenen Wert von E halte ich, gestützt auf einige Proberechnungen für einigermaſsen zutreffend. — Wir haben folgende Data:

$$\mathfrak{e} \text{ oder } \mathfrak{p} = \overline{8.955}, \quad C = -\overline{6.829}, \quad D = \overline{8.868}, \quad E \neq \overline{0.062}.$$

Wir erhalten nach (79.) logar.:

$$8.750\tau^3 - 8.671\tau^2 + 9.522\tau - 9.397 = 0.$$

Hieraus

$$nu\tau = 0.7572; \quad \log\tau = \underline{9.879.}$$

Und nunmehr mit Hülfe der Gleichung (80.)

$$\varrho = \overline{2.745} b_0.$$

Das ϱ des ersten Falles ist $3^2/_5$ mal so groß als dieses hier, und da in jedem von beiden Fällen $\varrho \leqq \varphi \sin j$ sein muss, so wird, (da $\frac{\varphi}{b} = \frac{1}{m'}$ ist), bei eben derselben Apertur im zweiten Falle eine $3^2/_5$ mal so starke Vergrößerung (m') zulässig sein, als im ersten, was denn doch eine ganz ansehnliche Verbesserung ist. Umgekehrt, wenn wir darauf verzichten, im zweiten Falle eine stärkere Vergrößerung anzuwenden, können wir (im zweiten Falle) gleich ein angemessen vergrößertes $\mathfrak{p}$ zu Grunde legen, wodurch die Ueberschrift über § 52 gerechtfertigt wird.

Lösen wir die Gleichung $C + 2De_*^2 + 3Ee_*^3 = 0$, (vgl. S. 90), so erhalten wir $\log e_* = 8.80\,976$ ($nu = 0.06\,453$); (dies ist verschieden von $\tau\mathfrak{e}$, dessen log gleich 8.834, $nu = 0.06\,823$).

Für dieses e_* ist die Abweichung in der Axe ein Maximum, und zwar ist:

$$\triangle \frac{1}{b_0} = Ce_*^2 + De_*^4 + Ee_*^6,$$

es findet sich numerisch $= -14{,}5$ Einheiten der siebenten Decimale Der $\log \left(-\triangle \frac{1}{b_0}\right)$ ist 4.161.

Hieraus

$$\triangle b_0 = \overline{4.161}\, b_0^2,$$

und da (S. 136) $b_0 = \overline{0.432}$:

$$\triangle b_0 = \overline{4.593}\, b_0.$$

Wie geringfügig dieses noch vorhandene Maximum der Longitudinalabweichung sei, davon können wir uns eine Vorstellung machen, wenn wir $\triangle b_0$ in Längenmaß berechnen. Wir nehmen einmal die riesigen Washington-er Dimensionen $b_0 = 396$ Zoll $= 4752$ Linien, und erhalten, da $\log 4752 = 3.677$ ist:

$$\triangle b_0 = \overline{8.270} \doteq \frac{1}{54} \text{ Linie.}$$

Es wird wohl niemand im Ernste zu behaupten wagen, dass es überhaupt menschenmöglich sei, zwei Gläser von 26″ Apertur so genau nach den berechneten Maßen zu schleifen und zusammenzusetzen, dass kein einziger von den in 33 Fuß! Entfernung sich wieder vereinigenden Strahlen auch nur $\frac{1}{54}$ Linie (!) Längenabweichung zeige.

Und dennoch ist dieselbe schon zu groß, als dass die der Länge von 396 Zoll nach Ansicht der alten Theoretiker eigentlich zukommende stärkste Vergrößerung (§ 33 gegen E.) $m' = 1980$ zulässig erschiene, wenn man es streng nehmen will. Denn es ist (S. 138) $\varrho = \overline{2.745}\, b_0$, und dies muss $\leqq \varphi \sin j$ sein. Dies giebt, da $\frac{b}{\varphi} = m'$ ist, für

$$\sin j = \sin 10'' = \overline{5.686}:$$

$$m' \leqq \frac{\overline{5.686}}{\overline{2.745}} \text{ d. i. } \leqq \overline{2.941},\ \leqq 873$$

anstatt des gehofften 1980.

§ 57.
Hebung eines Bedenkens.

Wir sind, um eine Verbesserung herbeizuführen, von der ganz strengen Erfüllung der Gleichung $C = 0$ ein wenig abgewichen, und könnten befürchten, dadurch vielleicht einen argen Verstoſs gegen die heteronome Gleichung $H = 0$ begangen zu haben.

Dem ist jedoch nicht so, da eine geringe Aenderung an C nur einen geringen Einfluss auf H ausübt, wie wir sogleich an dem numerischen Beispiele sehen werden.

Wir fanden bei dem ersten Beispiele (S. 128.)

$$\zeta_1^2\, \xi_1^2 (ra) = 0.04\,114; \quad \zeta_1^2 (rx) = -1.00\,630,$$

und wenn wir mit den abgeänderten Radien r_3 und r_4 (S. 135) die übrigen Bestandteile von H^* berechnen, finden wir

$$\zeta_1^2 (ry) = 1.05\,584; \quad (rz) = -0.09\,006; \qquad \text{also zusammen}$$
$$H^* = +64;$$

Hierzu kommen die Correctionen

$$H_* = -81 + 35 \quad = -46;$$

folglich alles in allem

$$H = H^* + H_* = +18; \quad \text{Einheiten der V. Decimale.}$$

Nach Gleichung (114.), (S. 122) darf aber selbst bei einer Apertur $\mathfrak{P} = 0.1\ b_0$ der Coefficient H immer noch 220 betragen; folglich ist die Abweichung 18 ohne allen Nachteil.

Eine andere Frage ist die, ob nicht etwa die Gleichung für sin04 in unzulässlichem Maſse zu Schaden komme (Gleichung (106), S. 115). Hierauf ist zu antworten: So wie in der Gleichung für $\frac{1}{b}$ die geringe Abweichung von C vorteilhaft ist, wenn nur die Gleichung

$$C\mathfrak{c}^2 + D\mathfrak{e}^4 + E\mathfrak{e}^6 = 0$$

erfüllt wird, indem diese drei Glieder für $e = \mathfrak{e}$ vollständig — und für jedes kleinere e wenigstens teilweise — sich compensieren, so wird in der Gleichung für $\sin 04$ mutmaſslich eine ähnliche Compensation statt haben, was wir freilich nicht mit voller Bestimmtheit wissen können, da uns bei dieser Gleichung die weitere Entwickelung auf höhere Potenzen fehlt. Aber selbst wenn dies nicht wäre, so wird uns folgende Untersuchung über den

Fehler an dem Winkel 04 bei Nichterfüllung der Gl. $C = 0$,

(welche eigentlich schon oben vor oder hinter § 52 hätte stehen sollen) den gewünschten Aufschluss erteilen. Dieser Fehler ist gemäſs (106.)

$$\mathfrak{d}.\sin\overline{04} = p^2 \frac{C}{\frac{1}{r_4} - \frac{1}{b_0}} \sin.\overline{04}.$$

Beiderseits mit $(b_0 - r_4)$ multiplicierend erhalten wir:

$$\mathfrak{d}(b_0 - r_4)\sin\overline{04} = p^2 \frac{C}{\frac{1}{r_4} - \frac{1}{b_0}} (b_0 - r_4)\sin\overline{04}.$$

Der Fehler an dem Winkel $\overline{04}$, welcher letztere in Fig. 10 $\beta m_4 B$ ist, ist nichts anderes als $\angle Bm_4 t$ oder $\angle Bm_4 u$; und demnach, da $(b_0 - r_4)\sin\overline{04}$ nichts anderes ist, als die Linie $B\beta$: ist

$$\mathfrak{d}(b_0 - r)\sin\overline{04} = Bu \quad \text{oder} \quad Bt$$

d. i. der Durchmesser*) der Kugelabweichung, welcher der Einschränkung unterworfen ist $\leqq 2\varphi.\sin j$ sein zu müssen. Demnach:

$$\varrho = \frac{1}{2} p^2 \frac{C}{\frac{1}{r_4} - \frac{1}{b_0}} (b_0 - r_4)\sin\overline{04} = \frac{1}{2} p^2 \frac{C}{\frac{1}{r_4} - \frac{1}{b_0}} b_0 \sin s \leqq \varphi \sin j,$$

wobei wir uns erinnern, dass nach Gleichung (107.)

$(b_0 - r_4)\sin\overline{04} \neq b_0.\sin s$ ist. Da $s = \frac{1}{2}\mathfrak{S}$, $p = \frac{1}{2}\mathfrak{P}$,

so erlangen wir:

$$\mathfrak{P}^2 \sin \mathfrak{S} \leqq 16 \cdot \frac{1}{C}\left(\frac{1}{r_4} - \frac{1}{b_0}\right)\frac{\varphi}{b_0}\sin j. \qquad \left(\frac{\varphi}{b_0} = \frac{1}{m'}\right).$$

Daher nach (110), ein doppeltes Ocular vorausgesetzt,

$$(118.) \quad C \leqq \frac{40}{3}\frac{1}{\mathfrak{P}^2}\left(\frac{1}{r_4} - \frac{1}{b_0}\right)\sin j, \qquad \text{(absol. genommen.)}$$

*) „Durchmesser" und nicht „Halbmesser"; denn Bu oder Bt ist in diesem Falle die ganze Abweichung.

In unserem speciellen Falle ist (nach S. 135)

$$\frac{1}{r_4} = -0.254_7\,; \quad \frac{1}{b_0} = 0.369_6\,; \quad \frac{1}{r_4} - \frac{1}{b} = 0.624 = \overline{9}.795.$$

$$\log \mathfrak{p} = 8.955 \text{ (S. 132)}; \ \log \mathfrak{P} = 9.256.$$

Demnach dürfte äufsersten Falles $\log C = 8.094$ betragen. Aber in Wahrheit ist ja (nach S. 137) nur

$$C = -\overline{6}.829, \quad nu\,C = -0.00\,067$$

nötig gewesen, um den beabsichtigten Vorteil zu erlangen.

$\frac{40}{3}$	1.125
$\frac{1}{\mathfrak{P}^2}$	1.488
$\frac{1}{r_4} - \frac{1}{b_0}$	9.795
$\sin j$	5.686
	8.094

Nur in **dem** einzigen Falle könnten Unzuträglichkeiten entstehen, wenn r_4 sehr nahe gleich b_0 und positiv, d. h. die vierte brechende Fläche hohl wäre, (— welches letztere bei Littrow jedesmal, bei Herschel-Barlow nie der Fall ist —), denn dann könnte die rechte Seite obiger Limitationsgleichung (118.) bedenklich klein ausfallen.

§ 58.
Wirksamste Verbesserung durch Wahl geeigneter Constanten.

Wir haben in dem Vorhergehenden gesehen, dass es einer nur geringfügigen Aenderung der Radien r_3 und r_4 bedurfte, um eine recht willkommene Verbesserung herbeizuführen. Auch die Erfahrung scheint dies zu bestätigen, denn die Mechaniker pflegen, nachdem sie die Gläser nach den berechneten oder schon früher erprobten Mafsen geschliffen haben, zunächst die Leistung des Objectives zu **probieren**, und, wenn sie noch nicht genügt, die dritte und vierte (— öfter wohl noch die zweite und dritte —) Fläche versuchsweise nach ein wenig abgeänderten Radien wiederholt aufs neue zu schleifen und zu polieren. Bei einiger Ausdauer erreichen sie hierdurch in der Regel ihren Zweck, mitunter freilich nicht ganz vollständig, denn es geschieht öfter als man wünscht, dass ein sonst in allen Stücken untadeliges Objectiv dennoch die in Aussicht genommene stärkste Vergröfserung nicht verträgt.

Mit den Daten unseres Zahlenbeispieles ist bei einer Oeffnung von $\frac{1}{15}b$ eine stärkere Vergröfserung als die 873fache der Theorie gemäfs ($j = 10''$ vorausgesetzt, § 56 Ende), überhaupt nicht zu erreichen. Dies würde ja selbst für ein Fernror von den riesigen Washingtoner Dimensionen genügen, wenn, wie wir oben (bei Gleichung (74a)) vermuteten, eine stärkere Vergröfserung aus anderen Gründen doch nicht gut anwendbar ist. Gar sehr erwünscht aber wäre eine Verkürzung der Gesammtbrennweite, d. i. des Rores.

Wenn $D = 0$ wäre (wie in § 36, S. 88.), dann würde sogleich ein günstigeres Resultat zu Tage treten. Allein wir sind nicht im Stande die Gleichung $D = 0$ zu erfüllen, ohne die heteronomische Gleichung $H = 0$ preiszugeben.

Dies könnte allerdings anders sein, wenn sich Glassorten mit solchen Werten von n, N, ω herstellen ließsen, bei denen (— nachdem die Radien so berechnet worden sind, dass die sphäristische, heteronomische und chromatistische Gleichung erfüllt worden sind —) der Coefficient D von selbst gleich Null würde, um es so auszudrücken, oder wenigstens sehr klein ausfiele.

Es existieren zwei Glassorten, welche Fraunhofer mit den Namen Kronglas No. 9 und Flintglas No. 13*) belegte, ungefähr mit den Constanten:

$$\begin{array}{ll} \text{Kronglas No. 9.} & n = 1.5349, \\ \text{Flintglas No. 13.} & N = 1.6463, \end{array} \quad \omega = 0.582.$$

Berechnet man hiermit die Radien, so dass die sphäristische, chromatische und heteronomische Gleichung erfüllt werden, und endlich auch den Coefficienten D, so findet man letzteren ungefähr

$$D = -0.03\,600, \quad \text{gegen} \quad D = +0.07\,749$$

in unserem ersten Beispiele S. 68, bei welchem gleichfalls wirklich existierende Brechungs- und Zerstreuungsverhältnisse zu Grunde gelegt worden waren, nämlich

$$n = 1.524, \quad N = 1.618, \quad \omega = 0.631.$$

Denkt man sich nun, dass die obigen Zahlen n, N, ω durch continuierliche Aenderung in diese letzteren übergehen, folglich auch D von -3600 nach $+7749$ hin wandere, so muss an irgend einer Stelle $D = 0$ zu Tage kommen. Es ist wohl kaum zu bezweifeln, dass eine jede zwischen zwei schon existierenden Glassorten liegende dritte sich wirklich herstellen lassen wird, wenn nur die Quantitäten der Ingredientien (vgl. Prechtl, S. 283) richtig bemessen werden.

Gäbe es nun z. B. zwei Glassorten mit den Constanten:

$$n = 1.53\,420_5, \quad N = 1.63\,427, \quad \omega = 0.60\,228,$$

so würden wir zunächst aus den zwei Näherungsgleichungen (logar.)

$$H^* + 9.91\,693 \frac{1}{r_1} - 9.68\,611 \frac{1}{r_3} - 0.04\,795 = 0$$

$$C + 0.06138 \frac{1}{r_1^2} - 0.58069 \frac{1}{r_1} - 9.82586 \frac{1}{r_3^2} + 9.85797 \frac{1}{r_3} + 0.58146 = 0$$

als erste Näherungswerte $\log \frac{1}{r_1} = 9.809$, $\log \frac{1}{-r_3} = 0.081$ finden,

---

*) Ueber Flintglas No. 13 vgl. unten § 77 gegen Ende. Fraunhofer selbst mag von dieser Glasart vielleicht nur ein kleines Probestück besessen haben.

mittelst derselben die fünfstellige Rechnung für H^*, H_*, C durchführen, und dann mittelst der Differentialgleichungen, welche diesmal so ausfallen:

$$\overset{h_1}{9.917}\,\mathfrak{d}\frac{1}{r_1} - \overset{h_3}{9.686}\,\mathfrak{d}\frac{1}{r_3} = \mathfrak{d}H, \quad \nu = h_1 c_3 - h_3 c_1 = \overline{9.902},$$

$$-\overset{c_1}{0.368}\,\mathfrak{d}\frac{1}{r_1} + \overset{c_3}{0.369}\,\mathfrak{d}\frac{1}{r_3} = \mathfrak{d}C, \qquad \frac{1}{\nu} = \overline{0.098},$$

$$\mathfrak{d}\frac{1}{r_1} = c_3\frac{\mathfrak{d}H}{\nu} + h_3\frac{\mathfrak{d}C}{\nu}; \quad \mathfrak{d}\frac{1}{r_3} = c_1\frac{\mathfrak{d}H}{\nu} + h_1\frac{\mathfrak{d}C}{\nu},$$

(alles logarithmisch) die Werte von $\frac{1}{r_1}$ und $\frac{1}{r_3}$ zu corrigieren haben.

Nach einmaliger Correctur, und wenn wir diesmal nicht unser bisheriges übermäfsig grofses δ,

sondern vielmehr $\begin{cases} nu\,\delta = 0.031\,6228, & nu\,\varepsilon = 0.01 \\ \log\delta = 8.5, & \log\varepsilon = 8.0 \end{cases}$

setzen, erhalten wir folgende Ergebnisse, welche der siebenstelligen (trigon.) Berechnung zur Grundlage dienen:

	ni	li		li	ni
$\frac{1}{n-1}$	1.871 9409				
$\frac{1}{r_1}$	0.641 1609	9.806 9670	r_1	0.193 0330	1.559 6710
$\frac{1}{-r_2}$	1.230 7800	0.090 1804	$-r_2$	9.909 8196	0.812 4930
$\frac{1}{-r_3}$	1.207 1800	0.081 7720	$-r_3$	9.918 2280	0.828 3769
$\frac{1}{-r_4}$	0.254 7651	9.406 1400	$-r_4$	0.593 8600	3.925 1838

$\log n\,0.185\,8834$, $\log\frac{1}{n}\,9.814\,1166$, $\log N\,0.213\,3238$, $\log\frac{1}{N}\,9.786\,6762$

$nu\,r_1 - r_2 - \delta = 2.3405412$, $r_2 - r_3 - h = 0.0158839$, $r_3 - r_4 - \varepsilon = 3.0868069$.

Fünfstellig berechnet sich $nu\,C = -0.00\,003$, dagegen siebenstellig richtiger: $\underline{C} = +0.000\,\underline{0669}$, $\log C \mp 5.825$.

Fünfstellig $nu\,H^* = +0.00\,024$, $nu\,H_* = -0.00\,023$, $(H = 0)$.

D fünfstellig, incl. Correctionen mit Hülfe des richtigeren $C = +7$, findet man $nu\,\underline{D} = -0.00\,\underline{034}$, $\log D = -6.531$.

Also $D = -34$ gegen 7749 des ersten Zahlenbeispieles.

Ich setze noch her als siebenstellig gefunden: (logar.)

ξ_1	0.003 0769	Kein Hiatus.		ζ_1	0.000 6296
$\frac{1}{x_1}$	9.351 8684	$\frac{1}{y_1} = \frac{1}{y_0}$	0.001 0564	$\frac{1}{z_1}$	9.161 6092
$-[x]$	0.163 0472	$-[y]$	0.344 3167	$-[z]$	9.601 8924
$-(x)$	0.204 7078	$-(y)$	0.585 2199	$-(z)$	9.688 9709

(Bezeichnungsweise aus § 79.) Ferner:

(ra) 8.668 8451; (rx) —9.980 3163; (ry) 0.004 1332; (rz) —9.005 4313;

$\overline{ra}$ 8.475 8121; $n.\overline{rx}$ 0.329 2469; $\overline{ry}$ —0.348 4499; $N\overline{rz}$ 8.820 6475.

$$nu \frac{1}{b_0} = 0.398\,6905 \quad \text{(beinahe dasselbe wie } \log b_0 = 0.399\,3642).$$

Jetzt berechnen wir siebenstellig trigonometrisch $\frac{1}{b}$, ausgehend von einem relativ grofsen $\mathfrak{p}$; wir nehmen etwa

$$\mathfrak{p} = \tfrac{1}{16} b_0, \quad \text{also} \quad \mathfrak{P} = \tfrac{1}{8} b_0, \quad \text{d. i.} \quad \log \mathfrak{p} = 9.195\,2442.$$

Wir finden $nu \frac{1}{b} = 0.398\,7008$, demnach $nu \frac{1}{b} - \frac{1}{b_0} = 0.000\,0103$.

Dieses letztere muss gleich sein $C\mathfrak{e}^2 + D\mathfrak{e}^4 + E\mathfrak{e}^6$, oder sehr nahe gleich $C\mathfrak{p}^2 + D\mathfrak{p}^4 + E\mathfrak{p}^6$, und da uns C und D hinlänglich genau bekannt sind, so lässt sich E annähernd bestimmen; es zeigt sich

$$\underline{\log E} \mp \underline{9.762}, \quad \underline{nu\,E} \mp \underline{0.578}.$$

Hätten wir uns die Mühe nehmen wollen, durch eine nochmalige Correction von $\frac{1}{r_1}$ und $\frac{1}{r_3}$ (nach den Differentialgleichungen) den Wert des C, der gegenwärtig noch 7 bis 8 Einheiten der fünften Decimale beträgt, noch vollständiger auf Null herabzubringen, so würde auch D sich ein wenig geändert haben, jedoch so unbedeutend, dass nach wie vor das Glied $D\mathfrak{p}^4$, wenn es sich um eine blofse Näherungsrechnung handelt, vernachlässigt werden könnte. Auch der Wert des E würde kaum merklich anders ausgefallen sein, so dass wir also berechtigt sind behufs näherungsweiser Bestimmung der gröfsten zulässigen Apertur die Gleichung (78.) S. 88 in Anwendung zu bringen

co	2.545
$\frac{1}{m'}$	7.080
$\sin j$	5.686
$\frac{1}{E}$	<u>0.238</u>
7)	<u>65.549</u>
	9.364

$$\overline{7.455}\, b_0 E \mathfrak{P}^7 = \varrho \leqq \varphi \sin j, \quad \text{oder} \quad \mathfrak{P}^7 \leqq \overline{2.545} \frac{1}{m'} \frac{\sin j}{E}.$$

Nehmen wir $j = 10''$, was ja immer zulässig ist, und die Vergröfserung $m' = 832 = \overline{2.920}$ (vgl. § 33 Ende) so erhalten wir $\log \mathfrak{P} = 9.364$

und da diesmal $\underline{\log b_0 = 0.399}$,

so ist $\log \frac{b_0}{\mathfrak{P}} = 1.035$, $nu = 10.84$, und wir haben das erfreuliche Resultat $\mathfrak{P} = \frac{1}{10.84}b_0$, welche Apertur gleich ist der des Beispieles in § 36, ja sogar noch etwas günstiger; nur mit dem gewaltigen Vorteile, dass diesmal vermöge der günstigen Constanten neben $C = 0$ und $D = 0$ auch die Gleichung $H = 0$ erfüllt ist. Das Ergebniss überbietet den Washingtoner Refractor ganz ansehnlich. Jener brauchte, wenn sein 26zölliges Objectiv aus unseren hypothetischen Glasarten angefertigt wäre, nur $\frac{10.84}{15.2} \times 33$ d. i. etwa 23—24 Fuſs lang zu sein, anstatt 33. Hätte unser jetzt behandeltes Objectiv eine Oeffnung von 312 Linien, wie solche das Washington-er Instrument besitzt, so berechnete sich

nach (72a.) $\angle\, i_\beta = 0.200$ Secunden,
nach (78.) $\angle\, i_x \lessapprox 0.012$ Secunden;

es wäre also die Kugelabweichung nur ein äuſserst geringer Bruchteil des unvermeidlichen Beugungsfehlers. Und hierbei ist das Hülfsmittel des § 56 noch nicht einmal in Anwendung gebracht worden. Letzteres bietet übrigens in unserem zuletzt betrachteten Falle, wo nämlich

C, D und H alle drei gleich Null,

oder wenigstens sehr nahe gleich Null sind, nur ein theoretisches Interesse. In der Praxis würde es sich um eine sogenannte Haarspalterei drehen. Denn für $\log \mathfrak{p} = 9.056$, d. i. $\mathfrak{p} = {}^1/_{22} b_0$, haben wir **ohne** Anwendung des Hülfsmittels

$$C\mathfrak{p}^2 + D\mathfrak{p}^4 + E\mathfrak{p}^6 = \overline{3.991} - \overline{2.755} + \overline{4.098} \overset{ni}{=} 9.8 - 0.6 + 12.5$$

also zusammen

$$\triangle \frac{1}{b_0} = 0.000\overset{nu}{0}021_7, \quad \log \triangle \frac{1}{b_0} = 4.336.$$

Es ist aber

$$\triangle b_0 = b_0^2 \triangle \frac{1}{b_0} = b_0 . \triangle \frac{1}{b_0} \times b_0,$$

und da jetzt $\log b_0 = 0.399$ ist:

$$\triangle b_0 = \overline{4.735} b_0, \quad \text{und in numero} \quad \triangle b_0 = 0.000\,0054_3 . b_0.$$

Dies beträgt, wenn, wie auf S. 150, $b_0 = 4752$ Linien genommen wird, ungefähr ${}^1/_{39}$ Linie! bei 33 Fuſs Rorlänge!

Nach Littrow S. 69. soll ja sogar

$$\triangle b_0 = 0.000\overset{nu}{0}426_6 . b_0,$$

d. i. eine beinahe **achtmal** so groſse Längenabweichung gestattet sein!

III. Teil.

Die Gaufs-ische Bedingung.

§ 59.

Wesen der Gaufs'schen Forderung; und ungefähre Gröfse des Fehlers, wenn nichts dagegen geschieht.

Es ist bereits in § 20 auf S. 47 gesagt worden, dass es darauf ankommt, die Aenderung unschädlich zu machen, welche die rechte Seite der Gleichung

$$\frac{1}{b} = \frac{1}{b_0} + Ce^2 + De^4 + Ee^6 + \cdots$$

erleidet, wenn anstatt der mittleren Brechungsverhältnisse n und N vielmehr die Werte $n \pm \partial n$, $N \pm \partial N$ (im allgemeinen den $\begin{Bmatrix}\text{violetten}\\ \text{roten}\end{Bmatrix}$ Strahlen entsprechend) in Rechnung genommen werden. (n und N gehören ungefähr den grünen Strahlen an.)

Wenn wir die Krümmungsradien, wie wir bisher gethan haben, derartig bestimmen, dass der (exacten) chromatischen Gleichung (43. oder 44.) Genüge geschieht, so bleiben die gleichzeitigen Veränderungen von n und N auf das Anfangsglied $\frac{1}{b_0}$ der rechten Seite ohne allen Einfluss, d. h. es findet bei den Central- (und allernächsten Circumpolar-) strahlen keine Farbenzerstreuung statt. Da C, D, ... ebensogut wie $\frac{1}{b_0}$ Functionen von n und N sind, so werden die Wertschwankungen jener höheren Coefficienten einen schädlichen Einfluss ausüben, dessen bei weitem gröfster Teil von der Schwankung des C herrürt. — Littrow hält es nicht für nötig, hiergegen etwas zu thun (vgl. seine oben § 17 S. 32 angeführten Worte); es wäre ja schön, wenn dem so wäre, was leider nicht der Fall ist, wie wir weiter unten sehen werden. Aber Gaufs ist anderer Ansicht; er will die Farbenzerstreuung der Zonen- und Randstrahlen beseitigt wissen.

Untersuchen wir zunächst einmal, welcher numerische Unterschied in einem concreten Falle zu Tage tritt, wenn wir, anstatt C aus dem Brechungsindex n der grünen Strahlen zu berechnen, vielmehr denjenigen der violetten Strahlen $n + \partial n$ zu Grunde legen. Wir nehmen unser erstes Zahlenbeispiel.

∂n wird gewöhnlich und in genügender Weise gleich $\frac{1}{100}$ (dies ist eine reine Zahl) genommen, so dass wir also, wenn, wie in § 24,

bei dem Kronglase

für die grünen Strahlen $n = 1.524$ ist:
für die violetten $n+\partial n = v = 1.534,$
für die roten $n-\partial n = r = 1.514$
anzunehmen haben.

Wie grofs nun ∂N zu nehmen sei, erfahren wir aus der Gleichung

$$\omega = \frac{N-1}{n-1}\frac{\partial n}{\partial N} \quad \text{S. 38,} \quad \text{also} \quad \partial N = \frac{N-1}{n-1}\cdot\frac{1}{\omega}\cdot\partial n,$$

das ist in unseren Zahlen $\partial N = \frac{0.618}{0.524}\cdot\frac{1}{0.631}\cdot\frac{1}{100} = 0.01\,869$, daher

bei dem Flintglase

da (§ 24) grün $N = 1.618$ ist:
muss sein violett $N+\partial N = V = 1.63\,669,$
rot $N+\partial N = R = 1.59\,931.$

Wir berechnen nun mit den Radien von S. 62 und nach dem Muster von S. 63 und 64 den Wert von C mit den Brechungsverhältnissen $v = \underline{1.534}$ und $V = \underline{1.63\,669}$.

Jedoch ist hierbei zu beachten, dass die Berechnung von g (S. 63) wegfällt, welche dazu diente, $\frac{1}{-r_4}$ zu finden (oder vielmehr zunächst $\left.\frac{1}{-r_4}-\frac{1}{z_1}\right)$, da $\frac{1}{-r_4}$ bereits feststeht.

Ferner, dass wir $\frac{1}{y_0}$ nicht nach der dort angewandten Formel

$$\frac{1}{y_0} = 1+\frac{n\delta}{x_0 x_1}$$

berechnen dürfen; es wäre nämlich die dieser analoge Formel

$$\frac{1}{y_0} = 1+\frac{v\delta}{x_0 x_1}$$

falsch. Vielmehr haben wir entweder nach Gleichung (36.)

$$\frac{1}{y_0} = (v-1)\frac{1}{-r_2}+\frac{v}{x_1},$$

oder auch nach Gleichung (38.)

$$\frac{1}{y_0} = \frac{1}{a}+(v-1)\left(\frac{1}{r_1}-\frac{1}{r_2}\right)+\frac{v\delta}{x_0 x_1}$$

zu rechnen. — In dieser letzteren Gleichung ist nun

$$(v-1)\left(\frac{1}{r_1}-\frac{1}{r_2}\right)=\frac{v-1}{n-1}(n-1)\left(\frac{1}{r_1}-\frac{1}{r_2}\right),$$

und mit Zuziehung der Einheitsgleichung (40.) S. 32:

$$=\frac{v-1}{n-1}=\frac{n+\partial n-1}{n-1}=1+\frac{\partial n}{n-1}.$$

Demnach

$$(119.)\quad \frac{1}{y_0}=\frac{1}{a}+1+\frac{\partial n}{n-1}+\frac{v\delta}{x_0 x_1},$$

wo $\partial n = 0{,}01$. —

Führen wir die ganze Rechnung aus, so finden wir den Coefficienten $C = -1114$; anstatt $+7$; auf S. 64. Das C der violetten Strahlen weicht demnach von dem C der mittleren (etwa der grünen) Strahlen um 1121 ab.

Wenn man nun bedenkt, dass das C der roten Strahlen um ebensoviel, jedoch nach der entgegengesetzten Seite hin abweichen muss (— in Wirklichkeit findet man, wenn man mit r und R anstatt n und N fünfstellig rechnet, $C = +1133$; —), folglich das Stück der Hauptaxe, auf welchem sich die verschiedenen farbigen Bilder befinden, in der Länge $2 \times 0{,}01\,121\ b_0^2 \mathfrak{p}^2$ beträgt (— in den Washingtoner Dimensionen mehr als $2^1/_4$ Linie —), so wird man die Anstellung einer näheren Untersuchung nicht ohne weiteres von der Hand weisen dürfen. Aehnliches gilt von der Abweichung an H (die in unserem Zahlenbeispiele nach oben und unten $+410$ und -410 beträgt), obwohl hier, gemäfs der auf S. 135 angestellten Betrachtung, schon eine etwas gröfsere Freiheit gestattet ist, und im äufsersten Notfalle durch Beschränkung des Gesichtsfeldes (— Verkleinerung der betreffenden Diaphragmaöffnung —) einige Abhülfe geschafft werden könnte.

An eine Milderung durch passende Wahl der Constanten, — ähnlich der Mafsnahme des § 58 —, kann bei der Gröfse der Abweichung nicht gedacht werden, vorzüglich deshalb nicht, weil die für den dort vorliegenden Zweck als passend befundenen Constanten — für C der violetten Strahlen eine noch etwas gröfsere Abweichung (nämlich -1157) aufweisen, als die mit den Daten des ersten Zahlenbeispieles heraus gerechnete (-1121).

§ 60.
Gegenmittel.

Um die aus der Farbenzerstreuung der Zonen- und Randstrahlen entspringenden Nachteile zu beseitigen, kann man auf zwei verschiedene Weisen zu Werke gehen.

Die erste Art wäre die, von welcher schon oben S. 51 die Rede war, nämlich die Radien gleich von vorn herein derartig zu bestimmen, dass eben C sich nicht ändert, wenn man auch v und V oder r und R an die Stelle von n und N treten lässt, und dies wäre, wie oben schon geschehen, analytisch auszudrücken durch die Gleichung $\underline{\partial C = 0}$ (für n und N). Natürlich müsste gänzlich abgesehen werden von der Erfüllung der heteronomischen Gleichung $H = 0$, (resp. der zweiten Herschel'schen) an deren Stelle vielmehr die eben angeführte Gleichung $\partial C = 0$ zu erfüllen sein würde.

Oder zweitens, man müsste die Aenderung des C immerhin als ein unvermeidliches Uebel zwar zulassen, jedoch den schädlichen Einfluss durch anderweite Mittel, von denen unten die Rede sein wird, abzuschwächen, wo nicht ganz unbemerklich zu machen versuchen.

Die erstere Methode ist ja offenbar die radicalere, und konnte daher bis jetzt auch als die vorzüglichere gelten. Denn in der That, wenn wir, ohne anderweiten Schaden anzurichten, die Bedingung $\partial C = 0$ zu erfüllen im Stande wären, so würden wir einfach aller weiteren Künsteleien überhoben sein. Und man glaubte sich in dieser glücklichen Lage zu befinden, da man ja — wegen gänzlicher Nichtbeachtung der der heteronomen Strahlen — noch eine Freiheit, mit der man nichts rechtes anzufangen wusste, geradezu übrig hatte.

Wir wollen versuchen, zunächst in die alten Fufstapfen zu treten, und, indem wir die heteronomen Strahlen ihrem Verhängnisse der Zersplitterung anheim geben, jene noch vorhandene Freiheit zur Erfüllung der mehrgenannten Bedingungsgleichung $\partial C = 0$ zu verwenden.

§ 61.
Näherungsgleichung für ∂C.

Das vollständig richtige Differential ∂C aus der exacten Gleichung für C (siehe Gleichung (25.), auch S. 115) zu entwickeln, ist zwar nicht unausführbar, würde aber eine überaus beschwerliche und weitläufige Arbeit sein, denn

$$\frac{1}{x_1},\ \frac{1}{y_1},\ \frac{1}{z_1},\ \overline{ra},\ \overline{rx},\ \overline{ry},\ \overline{rz},\ \xi_1,\ \eta_1,\ \zeta_1,$$

sind sammt und sonders Functionen von n und N, zum Teil recht verwickelte. Dagegen ist es ziemlich einfach zu einer Näherungsgleichung zu gelangen.

Wir besitzen bereits eine Näherungsgleichung (58.), S. 42 für C, und wenn wir diese (anstatt der exacten) nach n und N differentiieren, so werden wir eine Näherungsgleichung für ∂C gewinnen. — Setzen wir, damit die n und N sich nicht verbergen, sondern offen hervortreten, in der Gleichung (58.) $(n-1)\left(\frac{1}{r_1}-\frac{1}{r_2}\right)$ für $\frac{1}{f}$, desgleichen $(N-1)\left(\frac{1}{r_3}-\frac{1}{r_4}\right)$ für $\frac{1}{F}$; führen auch der Kürze wegen (vorübergehend) die Zeichen ein:

$$\frac{1}{\mathfrak{r}}=\frac{1}{r_1}-\frac{1}{r_2},\quad \frac{1}{\mathfrak{R}}=\frac{1}{r_3}-\frac{1}{r_4},\quad \text{wodurch}\quad \frac{1}{f}=\frac{n-1}{\mathfrak{r}},\quad \frac{1}{F}=\frac{N-1}{\mathfrak{R}}$$

wird, so haben wir:

$$(120.)\left\{\begin{aligned}&2C \mathrel{+\!\!\!=} 2\overline{ra}+2n\overline{rx}+2\overline{ry}+2N\overline{rz} \mathrel{+\!\!\!=}\\ &\quad \mathrel{+\!\!\!=} \frac{n-1}{\mathfrak{r}}\frac{n+2}{n}\frac{1}{r_1^2}-\left(\frac{n-1}{\mathfrak{r}}\frac{4n+4}{n}\frac{1}{a}+\frac{n-1}{\mathfrak{r}}\frac{2n+1}{\mathfrak{r}}\right)\frac{1}{r_1}+\\ &\quad\quad +\frac{n-1}{\mathfrak{r}}\frac{3n+2}{n}\frac{1}{a^2}+\frac{n-1}{\mathfrak{r}}\frac{3n+1}{\mathfrak{r}}\frac{1}{a}+\frac{n-1}{\mathfrak{r}}\frac{n^2}{\mathfrak{r}^2}+\\ &+\frac{N-1}{\mathfrak{R}}\frac{N+2}{N}\frac{1}{r_3^2}-\left(\frac{N-1}{\mathfrak{R}}\frac{4N+4}{N}\frac{1}{y_1}+\frac{N-1}{\mathfrak{R}}\frac{2N+1}{\mathfrak{R}}\right)\frac{1}{r_3}+\\ &\quad\quad +\frac{N-1}{\mathfrak{R}}\frac{3N+2}{N}\frac{1}{y_1^2}+\frac{N-1}{\mathfrak{R}}\frac{3N+1}{\mathfrak{R}}\frac{1}{y_1}+\frac{N-1}{\mathfrak{R}}\frac{N^2}{\mathfrak{R}^2}.\end{aligned}\right.$$

Wenn nun h sehr klein ist, etwa wie δ und ε, so kann statt $\frac{1}{y_1}$ als Näherungswert gesetzt werden $\frac{1}{y_0}$.

Ferner bezüglich eines Fernror-objectives, wo $\frac{1}{a}=0$ ist, kann man auch $\frac{n-1}{\mathfrak{r}}$ für $\frac{1}{y_1}$ schreiben.

Lassen wir alles mit a Behaftete weg und differentiieren alsdann nach n und N, so entsteht die Gleichung:

$$\begin{aligned}&\left(\frac{\partial n}{\mathfrak{r}}\frac{n+2}{n}-\frac{n-1}{\mathfrak{r}}\frac{2\partial n}{n^2}\right)\frac{1}{r_1^2}-\frac{4n-1}{\mathfrak{r}^2}\partial n\cdot\frac{1}{r_1}+\frac{3n^2-2n}{\mathfrak{r}^3}\partial n+\\ &+\left(\frac{\partial N}{\mathfrak{R}}\frac{N+2}{N}-\frac{N-1}{\mathfrak{R}}\frac{2\partial N}{N^2}\right)\frac{1}{r_3^2}-\left\{\frac{\partial N}{\mathfrak{R}}\frac{4N+4}{N}\frac{n-1}{\mathfrak{r}}-\right.\\ &\left.-\frac{N-1}{\mathfrak{R}}\frac{4\partial N}{N^2}\frac{n-1}{\mathfrak{r}}+\frac{N-1}{\mathfrak{R}}\frac{4N+4}{N}\frac{\partial n}{\mathfrak{r}}+\frac{4N-1}{\mathfrak{R}^2}\partial N\right\}\frac{1}{r_3}+\\ &+\frac{\partial N}{\mathfrak{R}}\frac{3N+2}{N}\frac{(n-1)^2}{\mathfrak{r}^2}-\frac{N-1}{\mathfrak{R}}\frac{2\partial N}{N^2}\frac{(n-1)^2}{\mathfrak{r}^2}+\frac{N-1}{\mathfrak{R}}\frac{3N+2}{N}\frac{2(n-1)}{\mathfrak{r}^2}\partial n+\\ &+\frac{6N-2}{\mathfrak{R}^2}\partial N\frac{n-1}{\mathfrak{r}}+\frac{N-1}{\mathfrak{R}}\frac{3N+1}{\mathfrak{R}}\frac{\partial n}{\mathfrak{r}}+\frac{3N^2-2N}{\mathfrak{R}^3}\partial N \mathrel{+\!\!\!=} 2\partial C \mathrel{+\!\!\!=} 0.\end{aligned}$$

Etwas zusammengezogen schreibt sich diese Gleichung:

$$\frac{n^2+2}{n^2\mathfrak{r}}\partial n\cdot\frac{1}{r_1^2}-\frac{4n-1}{\mathfrak{r}^2}\partial n\cdot\frac{1}{r_1}+\frac{3n^2-2n}{\mathfrak{r}^3}\partial n+\frac{N^2+2}{N^2\mathfrak{R}}\partial N\cdot\frac{1}{r_3^2}-$$
$$-\left\{\frac{4N^2+4}{N^2\mathfrak{R}}\frac{n-1}{\mathfrak{r}}\partial N+\frac{4N-1}{\mathfrak{R}^2}\partial N+\frac{4(N+1)(N-1)}{N\mathfrak{R}\mathfrak{r}}\partial n\right\}\frac{1}{r_3}+$$
$$+\frac{3N^2+2}{N^2\mathfrak{R}}\frac{(n-1)^2}{\mathfrak{r}^2}\partial N+\frac{6N-2}{\mathfrak{R}^2}\frac{n-1}{\mathfrak{r}}\partial N+\frac{2(N-1)(3N+2)}{N\mathfrak{R}\mathfrak{r}}\frac{n-1}{\mathfrak{r}}\partial n+$$
$$+\frac{3N^2-2N}{\mathfrak{R}^3}\partial N+\frac{(N-1)(3N+1)}{\mathfrak{R}^2\mathfrak{r}}\partial n \ddagger 2\partial C \ddagger 0.$$

Führen wir nun unsere Längenmafseinheit

$$\frac{n-1}{\mathfrak{r}}=\frac{1}{f}=\frac{1}{1}=1$$

ein; setzen ferner nach Mafsgabe der genäherten Farbengleichung (49.) $\frac{N-1}{\mathfrak{R}}=-\omega$; dividieren die ganze Gleichung mit ∂n, und schreiben $\frac{N-1}{n-1}\frac{1}{\omega}$ anstatt $\frac{\partial N}{\partial n}$, oder auch, wo dies einfacher erscheint, $-\frac{1}{n-1}$ anstatt $\frac{\partial N}{\partial n}\frac{1}{\mathfrak{R}}$: so erhalten wir eine Gleichung, in welcher jedes einzelne Glied den Bruch $\frac{1}{n-1}$ als Factor aufzuweisen hat, und welche (zum Zwecke der Beseitigung desselben) mit $n-1$ multipliciert, sich folgendermafsen gestaltet:

$$(121.)\quad\left\{\begin{aligned}&2(n-1)\frac{\partial C}{\partial n}\ddagger\frac{n^2+2}{n^2}\frac{1}{r_1^2}-\frac{4n-1}{n-1}\frac{1}{r_1}-\\&\qquad-\frac{N^2+2}{N^2}\frac{1}{r_3^2}+\left(\frac{4N^2+4}{N^2}-\frac{4-N}{N(N-1)}\omega\right)\frac{1}{r_3}+\\&\qquad+\frac{3n^2-2n}{(n-1)^2}-\frac{3N^2+2}{N^2}+\frac{4\omega}{N(N-1)}-\frac{\omega^2}{(N-1)^2}.\end{aligned}\right.$$

[Wir fügen gleich hinzu die Gleichung

$$(122.)\quad\left\{\begin{aligned}&2(n-1)\frac{\partial H}{\partial n}\ddagger\frac{n^2+1}{n^2}\frac{1}{r_1}-\frac{N^2+1}{N^2}\frac{1}{r_3}-\\&\qquad-\frac{2n-1}{n-1}+\frac{2N^2+1}{N^2}-\frac{\omega}{N(N-1)},\end{aligned}\right.$$

zu welcher man — ausgehend von Gleichung (56.), S. 41 — auf ganz ähnlichem, jedoch weit kürzerem Wege gelangt. Diese letzte Gleichung, von welcher nur selten Anwendung gemacht werden dürfte, ist hier nur gelegentlich mit aufgeführt worden].

§ 62.
Numerische Berechnung der Radien.

Legen wir diejenigen Zahlenwerte von n, N, ω (auch dasselbe δ und ε) zu Grunde, wie in dem ganzen ersten Teile, so würden wir die ersten Näherungswerte für $\frac{1}{r_1}$ und $\frac{1}{r_3}$ aus den beiden Gleichungen: erstens (68.) S. 57, und zweitens (121.) vor. S. zu bestimmen haben, nachdem wir in diese letztere die speciellen Zahlenwerte, — namentlich auch $\underline{\frac{1}{100}}$ für $\underline{\partial n}$ —, eingesetzt hätten. Diese beiden Gleichungen sind demnach: (logarithmisch)

$$(68.)\quad \left\{ \begin{array}{l} C \ddagger 0.06\,302 \frac{1}{r_1^2} - 0.58\,688 \frac{1}{r_1} - 9.84\,849 \frac{1}{r_3^2} + 9.83\,085 \frac{1}{r_3} + \\ \qquad\qquad + 0.59\,301 \ddagger 0, \end{array} \right.$$

$$(123.)\quad \left\{ \begin{array}{l} \partial C \ddagger 8.24\,941 \frac{1}{r_1^2} - 8.96\,754 \frac{1}{r_1} - 8.22\,612 \frac{1}{r_3^2} + 8.58\,438 \frac{1}{r_3} + \\ \qquad\qquad + 9.05\,857 \ddagger 0. \ - \end{array} \right.$$

Addiert man beide zusammen, so erhält man:

$$(124.)\quad \left\{ \begin{array}{l} C_v \ddagger 0.06\,965 \frac{1}{r_1^2} - 0.59\,719 \frac{1}{r_1} - 9.85\,873 \frac{1}{r_3^2} + 9.85\,480 \frac{1}{r_3} + \\ \qquad\qquad + 0.60\,552 \ddagger 0, \end{array} \right.$$

wo $\underline{C_v}$ soviel bedeutet wie $\underline{C + \partial C}$, oder das mittelst $\underline{v}$ und $\underline{V}$ (anstatt n und N) berechnete C; dieses letztere mag dann auch durch C_n bezeichnet werden. Die zwei Gleichungen (68.) und (124.) zeigen ganz parallel neben einander her schreitende und wenig von einander abweichende Zahlencoefficienten.

Die Näherungsgleichung (124.) lässt sich auch ohne Vornahme der auf vor. S. ausgeführten Differentiierung dadurch gewinnen, dass man in die betreffende Näherungsgleichung des § 19 v und V anstatt n und N einsetzt. Es würde aber irrig sein, (— woran man wohl im ersten Augenblicke denken könnte —) hierzu die Gleichung (59.) S. 42 zu wählen, wie man leicht finden wird; man muss vielmehr auf die Gleichung (58.) S. 42 und die Bedeutung von $\frac{1}{f}$, $\frac{1}{F}$, $\frac{1}{y_1}$ zurückgreifen, und wird so die folgende mit (124.) gleichbedeutende Gleichung erhalten, deren Vergleichung mit (59.) nicht ohne Interesse ist:

$$(125.)\quad \begin{cases} C_v \mp \lambda \cdot \dfrac{v+2}{2v}\dfrac{1}{r_1^2} - \lambda^2 \dfrac{2v+1}{2v-2}\dfrac{1}{r_1} - \\ \quad -\psi \dfrac{V+2}{2V}\dfrac{1}{r_3^2} + \left(\psi\lambda \dfrac{2V+2}{V} - \psi^2 \dfrac{2V+1}{2V-2}\right)\dfrac{1}{r_3} + \\ + \lambda^3 \dfrac{v^2}{2(v-1)^2} - \psi\lambda^2 \dfrac{3V+2}{2V} + \psi^2\lambda \dfrac{3V+1}{2V-2} - \psi^3 \dfrac{V^2}{2(V-1)^2} \mp 0, \end{cases}$$

wo $\lambda = \dfrac{v-1}{n-1}$ und $\psi = \dfrac{V-1}{N-1}\,\omega$ zu nehmen ist.

Eliminieren wir nun aus den beiden Gleichungen (68.) und (123.) oder (124.) die beiden Glieder, welche $\left(\dfrac{1}{r_3}\right)^2$ enthalten, so erlangen wir eine Gleichung für $\dfrac{1}{r_3}$ wie folgt:

$$\frac{1}{r_3} = 9.64\,516\,\frac{1}{r_1^2} + 8.46\,249\,\frac{1}{r_1} - 9.97\,451.$$

Substituieren wir dies für $\dfrac{1}{r_3}$ in eine der oberen Gleichungen, so entsteht eine Gleichung, die nur noch die einzige Unbekannte $\dfrac{1}{r_1}$ enthält, jedoch biquadratisch ist, und deren zwei reelle Wurzeln (neben zwei imaginären) sind

$$\log\frac{1}{r_1} = 0.41\,284, \quad \text{oder} \quad = (-)\,0.67\,304.$$

Wir ziehen den positiven Wert vor, weil mit dem negativen $(-\,\overline{0.67\,304})$ der dritte Radius r_3 gleich $\frac{1}{5}$ bis $\frac{1}{10}f$, und demzufolge die zugehörige Kugelfläche, — eine hübsche Apertur vorausgesetzt —, beinahe eine Halbkugel; die vierte Fläche aber n o c h stärker gekrümmt sein müsste.

Sei also

$$\log\frac{1}{r_1} = \underline{0.41\,284} \quad \text{und wie man zunächst findet,} \quad \log\frac{1}{r_3} = \underline{0.31\,993}.$$

Man vermutet nicht anders, als dass diese beiden Werte, welche, wie man sich durch Substitution überzeugen kann, die beiden Näherungsgleichungen (68.) und (124.) anullieren, auch nahezu die e x a c t e n Gleichungen für C_n und C_v verificieren müssten. Allein dem ist nicht so, denn wir erhalten, wenn wir mit den eben genannten Radien nach dem Muster auf S. 63 und 64 C_n berechnen, $\underline{C_n = +\,1562}$; (Einheiten der 5. Decimale).

Berechnen wir nun auch C mit den Brechungscoefficienten v und

V, so finden wir $\underline{C_v = +2570}$; woraus man findet dass $\underline{\partial C = 1008}$; ist, also weit entfernt von Null.

Die Ursache, weshalb trotz Erfüllung der Näherungsgleichungen dennoch eine so grofse Abweichung stattfindet, liegt darin, dass bei den sehr grofsen Werten von $\frac{1}{r_1}$ und $\frac{1}{r_3}$ (in num. 2.587 und 2.089) die bei der Gewinnung jener Gleichungen (§ 19) beliebte Vernachlässigung der Gröfsen δ und ε viel stärker in's Gewicht fällt. Daher kommt es auch, dass wir uns zum Zwecke der fernerweiten Correctionen nicht gut der Differentialgleichungen (in ähnlicher Weise wie auf S. 127 und sonst) bedienen können; wir würden uns nur ziemlich langsam der Wahrheit nähern. Das nächstemal würden wir auf $\frac{1}{r_1} = 2.91$ (num.), und darnach auf $\frac{1}{r_1} = 3.07$, und so vielleicht noch ein paarmal auf höhere Zwischenstufen verwiesen werden. Darum ist es wohl vorzuziehen, dass man auf mehrmalige Anwendung der sonst so schnell fördernden Differentialgleichungen verzichtet und sich lieber durch Interpolieren hilft.

Setzt man, nachdem sich der erste Näherungswert $nu\frac{1}{r_1} = 2{,}587$ so wenig bewährt hat, nunmehr gleich $nu\frac{1}{r_1} = 3.000$, und sucht dazu (nach Anweisung von § 25) diejenigen Werte von $\frac{1}{r_3}$ und auch von $\frac{1}{r_4}$, die geeignet sind $C_n = 0$ nach den exacten Formeln zu verificieren, — es ist $\frac{1}{r_3} = \overset{nu}{2.50\,156}$ —, so giebt die Rechnung für C_v, ebenfalls nach den exacten Formeln $C_v = +228;$.

Wir nehmen nun aufs neue $\frac{1}{r_1}$ um ein gutes Teil gröfser, etwa $nu\frac{1}{r_1} = 3.500$, verfahren ganz ebenso, wie eben angegeben, und erlangen $\frac{1}{r_1} = 3.03\,486$, $C_n = 0$, $C_v = -464;$.

Aus den beiden vorstehenden Ergebnissen folgern wir interpolierend, dass $nu\frac{1}{r_1} = 3.16\,032$ mutmafslich das richtige sein müsse; und so ist es in der That, denn wir erhalten die folgenden Zahlenergebnisse:

$\frac{1}{n-1}$ 1.90 840 $\qquad \log\delta$ 8.7 $\quad \log\varepsilon$ 8.0

$nu\frac{1}{r_1}$	3.16 032	$\log\frac{1}{r_1}$	0.49 973	$\log r_1$	9.50 027	$nu\, r_1$	0.31 624
$nu\frac{1}{r_2}$	1.25 192	$\log\frac{1}{r_2}$	0.09 758	$\log r_2$	9.90 242	$nu\, r_2$	0.79 877
$nu\frac{1}{r_3}$	2.66 932	$\log\frac{1}{r_3}$	0.42 640	$\log r_3$	9.57 360	$nu\, r_3$	0.37 463
$nu\frac{1}{r_4}$	3.95 977	$\log\frac{1}{r_4}$	0.59 767	$\log r_4$	9.40 233	$nu\, r_4$	0.25 254

$nu n = 1.524, \quad N = 1.618, \quad \omega = 0.631, \quad \log\frac{\partial n}{\partial N}\, 9.72\,837.$

Kein Hiatus weil $r_3 < r_2$. $h = 0, \quad \frac{1}{y_0} = \frac{1}{y_1}, \quad \eta_0 = \eta_1 = 1,$

ξ_1	0.02 432			ζ_1	0.00 743
$\frac{1}{x_1}$	0.06 041	$\frac{1}{y_1}$	0.03 957	$\frac{1}{z_1}$	0.23 700
$-\frac{1}{r_2}+\frac{1}{x_1}$	—9.01 154	$-\frac{1}{r_3}+\frac{1}{y_1}$	—0.19 698	$-\frac{1}{r_4}+\frac{1}{z_1}$	—0.34 907
$-\frac{1}{r_2}+\frac{n+1}{nx_1}$	9.81 384	$-\frac{1}{r_3}+\frac{N+1}{y_1}$	9.29 760	$-\frac{1}{r_4}+\frac{N+1}{Nz_1}$	—0.06 717
g	0.07 410				

$\zeta_1^2\eta_1^2\xi_1^2(ra)$ 0.11 529 $\quad \zeta_1^2\eta_1^2(rx)$ 8.44 153 $\quad \zeta_1^2(ry)$—8.58 144 $\quad (rz)$—0.11 518

nu 1.30 404 $\quad nu$ 0.02 764 $\quad nu$—0.03 815 $\quad$ —1.30 371

$\mathfrak{a}$ 0.61 502 $\quad \mathfrak{x}$ 7.58 741 $\quad \mathfrak{y}$—8.72 978 $\quad \mathfrak{z}$— 0.60 973

nu 4.12 116 $\quad nu$ 0.00 387 $\quad nu$—0.05 368 $\quad nu$— 4.07 127

Dagegen gerechnet mit v und V:

$nu v = 1.534 \qquad nu V = 1.63\,669$

ξ_1	0.02 463			ζ_1	0.00 754
$\frac{1}{x_1}$	0.06 607	$\frac{1}{y_1}$	0.04 827	$\frac{1}{z_1}$	0.24 337
$-\frac{1}{r_2}+\frac{1}{x_1}$	—8.94 258	$-\frac{1}{r_3}+\frac{1}{y_1}$	—0.19 082	$-\frac{1}{r_4}+\frac{1}{z_1}$	—0.34 408
$-\frac{1}{r_2}+\frac{v+1}{vx_1}$	9.82 697	$-\frac{1}{r_3}+\frac{V+1}{y_1}$	9.44 302	$-\frac{1}{r_4}+\frac{V+1}{Vz_1}$	—0.05 630

$\mathfrak{a}$ 0.61 839 $\quad \mathfrak{x}$ 7.47 612 $\quad \mathfrak{y}$—8.86 545 $\quad \mathfrak{z}$—0.61 096

nu 4.15 327 $\quad nu$ 0.00 299 $\quad nu$—0.07 336 $\quad nu$—4.08 282.

In beiden Fällen ist $\mathfrak{a}+\mathfrak{x}+\mathfrak{y}+\mathfrak{z} = +8$; d. h. es ist, soweit es mit nur fünfstelligen Tafeln zu erreichen ist,

$$C_n = 0 \quad \text{und auch} \quad C_o = 0, \quad \text{d. i.} \quad \partial C = 0.$$

§ 63.
Die erste Methode ungenügend.

Schon darin liegt ein grofser Mangel, dass eine ganz geringe Abänderung der Radien sehr bedeutende Abweichungen an C_n und $\frac{1}{b}$ herbeiführt, so dass das Objectiv unbrauchbar werden muss, wenn der ausführende Techniker nicht auf das allergenaueste die Mafse der Radien und Glasdicken getroffen hat.

Aber ganz abgesehen hiervon fallen die beiden Gröfsen H und D so enorm grofs aus, dass an eine genügende Leistungsfähigkeit des Objectives gar nicht zu denken ist.

Aus den Zahlen des vorigen Paragraphen ergiebt sich $H^* = -\underline{1016}$; dies liesse sich bei gehöriger Einschränkung der Apertur und des Gesichtsfeldes zur Not ertragen, wenn nur nicht die bis hierher als solche betrachtete „Correction" H_* den Betrag —17 186; erreichte, welcher zu H^* noch hinzutritt, so dass das vollständige $\underline{H = -18\,202}$; wird.

$\frac{\delta}{n}$	8.517	$\frac{\varepsilon}{N}$	7.791
$(C-\mathfrak{a})$	—0.615	$\mathfrak{z}$	—0.610
ξ_1	24	$\zeta_1 \xi_1^2$	56
	—9.156		—8.457

ni —0.14 322—0.02 864 = —17 186;

Noch ungünstiger steht es bezüglich des Coefficienten D. Die numerischen Werte der vier Bestandteile der ersten Zeile von D (S. 24) fallen so aus:

$ni \quad +6.539 + 0.000 - 0.065 - 32.051 \quad$ d. i. $= -25.577$.

Die zweite, dritte und vierte Zeile betragen

$ni \quad -0.176 - 1.949 + 21.652 \quad$ d. i. $= +19.527$,

die fünfte und siebente (mit δ und ε behaftet)

$ni \quad +1.531 + 0.302 \quad$ d. i. $= +\ \ 1.833$

zusammen — 4.217,

Also nu $\underline{D = -421\,700}$; Einheiten der fünften Decimale!, während wir oben (S. 138—139) bei denselben Brechungs- und Zerstreuungsverhältnissen nicht einmal den schädlichen Einfluss eines D von nur 7749 solcher Einheiten in vollkommen genügender Weise zu heben im Stande waren. — Vornehmlich wegen der zu grofs ausfallenden Werte von D und H zeigt sich diese u. a. auch von Grunert (s. oben S. 47) empfohlene Methode als nicht anwendbar, wenigstens im allgemeinen, denn es bleibt immerhin denkbar, dass bei anderen Constanten n, N, ω, namentlich auch durch freiwillige Einführung eines Hiatus h (— wodurch nach S. 24, sechste Zeile in D, eine enorm grofse positive Correction $+h.3(\mathfrak{a}+\mathfrak{x})^2$ zu Tage tritt —) ein besserer Erfolg erreicht werden könne.

Das von Gaufs selbst berechnete Beispiel (Zeitschr. für Astron. von Lindenau und Bohnenberger IV p. 345) zeigt weiter nichts — und sollte weiter nichts zeigen — als dass es möglich sei, für zwei weit auseinander liegende Farben den Randstrahlen ziemlich dieselbe Vereinigungsweite zu verschaffen, wie den Centralstrahlen. Und dies leisten auch die angegebenen Zahlenresultate in genügendem Mafse, wenn man mit Huyghens annimmt (vgl. § 67 gegen Ende) dass der scheinbare Halbmesser des chromatischen Abweichungskreises 20 bis 26 Minuten betragen darf. Freilich die sphäristische Bedingungsgleichung $C = 0$, d. h. dass C für mittlere Strahlengattungen (gelb, grün) möglichst nahe gleich 0 sei, musste bei den einmal gegebenen Constanten n, N, ω unerfüllt bleiben. In der That berechnet sich aus den Gaufs'schen Radien $C = 0.01\,267_{53}$. (Hierbei ist die Brennweite des Kronglases $= 1$ gesetzt, statt wie bei Gaufs $= 10\,000$). Daher kommt es, dass der scheinbare Halbmesser der sphärischen (— nicht der chromatischen —) Aberration j_x, welcher etwa $= 10''$ sein darf, bei einer Vergröfserung von $m' = 832$ sich auf $373''$ berechnet ($\angle\, i_x = 0''.45$), also um das 37-fache zu grofs. Und was H betrifft, so finde ich $H^* = -0.01\,671$. Schon dies würde unzulässig sein; aber es tritt noch hinzu die sogenannte Correction $H_* = -0.07\,231$, folglich zusammen $H = -0.08\,902$. — In dem Zahlenbeispiele des vorigen Paragraphen war ja $C_v = C_n = C_r$ wirklich $= 0$ und folglich $\angle\, j = 0$, aber dafür steht es, wie wir ja gesehen haben, um die Gröfsen D und H desto übeler.

§ 64.

Andere Methode; Wesen derselben.

In dem an einem Beispiele von ganz gewöhnlichen Zahlendaten hervorgetretenen Misserfolge liegt gewissermafsen die Nötigung, auf irgend ein anderweites Auskunftsmittel Bedacht zu nehmen. Zum Glücke lässt sich ein solches ausfindig machen, und zwar ein allgemein anwendbares (wie auch dasjenige des § 55 war), d. h. welches unter allen Umständen zum Nutzen gereichen wird, gleichviel ob man im übrigen dem Herschel'schen, dem Littrow'schen, dem von mir verfochtenen (— § 52 —), oder einem beliebigen anderen Systeme den Vorzug einräumen mag. —

Es ist

$$\frac{1}{b} = \frac{1}{b_0} + Ce^2 + De^4 + Ee^6 + \cdots$$

Hier sind $\frac{1}{b_0}$, C, D, E, ... sammt und sonders Functionen der

Radien und der mittleren (etwa den grünen Strahlen zugehörigen) Brechungsindices n und N. Wir haben gelernt die Radien derartig zu bestimmen, dass der Betrag der Glieder $Ce^2+De^4+Ee^6+\cdots$, so lange e eine gewisse obere Grenze nicht überschreitet, nur einen immer noch erträglichen Nachteil ausüben könne.

Wenn aber anstatt n und N vielmehr $n\pm\partial n$ und $N\pm\partial N$ eingesetzt werden, dann bekommen im allgemeinen jene Gröfsen $\frac{1}{b_0}$, C, D, E, ..., andere Werte. — Die ganze Aenderung beträgt:

$$(126.)\quad \partial\frac{1}{b}=\partial\frac{1}{b_0}+e^2\partial C+e^4\partial D+e^6\partial E+\cdots \quad \text{(nach } n \text{ und } N).$$

Wir sind bisher stets darauf bedacht gewesen, das Anfangsglied $\partial\frac{1}{b_0}$ des rechts stehenden Ausdruckes gleich Null zu machen (siehe Gleichung (43.) S. 37), d. h. die Radien so zu berechnen, dass neben der sphäristischen auch die chromatische Gleichung erfüllt wurde, um dadurch zu erreichen, dass der Gesammtbetrag der rechten Seite von (126.) möglichst geringe ausfiele. Jedoch genauer betrachtet, erscheint dies nicht gerade als das zweckmässigste, denn wenn auch hierdurch das Hauptglied $\partial\frac{1}{b_0}$ vollkommen auf Null gebracht wird, so verschwindet damit keineswegs die ganze rechte Seite, sondern es wird sich dann das nunmehrige Hauptglied $\underline{+e^2\partial C}$, welches nach dem Ergebnisse unserer Untersuchung in §§ 60—63 nicht weggeschafft werden kann, geltend machen. Und gar nicht unbedeutend, denn es fand sich in einem speciellen Falle $nu\partial C=-0.01\,121$; (S. 148) für die violetten, und $+1121$; für die roten Strahlen, im ganzen also eine Schwankung von 2240; Einheiten der 5. Decimale. — Wir erkennen, dass es besser gewesen wäre, dem $\partial\frac{1}{b_0}$ einen gewissen positiven Wert zu belassen, damit zwischen den beiden Gliedern

$$\partial\frac{1}{b_0}+e^2\partial C, \quad \text{oder speciell} \quad \partial\frac{1}{b_0}-0.01\,121\,e^2$$

eine Compensation stattgefunden hätte.

Wir werden daher bewusster- und zweckentsprechenderweise die exacte Gleichung für $\partial\frac{1}{b_0}$, welche sich unter No. (43.) S. 37 unter der Form

$$\partial\frac{1}{b_0}=\mathfrak{T}.\partial N+\mathfrak{U}.\partial n=0$$

aufgestellt findet, von jetzt an nicht mehr aufrecht erhalten, sondern vielmehr die Krümmungsradien auf Grund einer Gleichung

$$\partial \frac{1}{b_0} = \mathfrak{T}\partial N + \mathfrak{U}\partial n = \mathfrak{S}\partial n$$

berechnen, in welcher wir rechts $\mathfrak{S}.\partial n$ anstatt Null gesetzt haben, wobei denn freilich noch die Hauptsache zu erledigen bleibt, nämlich die zweckmässigste Festsetzung der Costante $\mathfrak{S}$, worüber sich für den Augenblick nur soviel sagen lässt, dass $\mathfrak{S}$ positiv sein muss, wenn (wie so eben da war) ∂C negativ ist, und umgekehrt.

Diese innerhalb erlaubter Grenzen vorzunehmende Abweichung von der exacten Farbengleichung unterscheidet sich wesentlich von jener, welche die älteren Forscher und Bearbeiter des Feldes der Achromasie und Aplanesie sich gestatten zu dürfen glaubten, denn diese erfüllten ja die exacte Gleichung (die sie überhaupt gar nicht aufstellten) niemals, hielten es vielmehr für ausreichend, die genäherte Farbengleichung in irgend einer der Formen (45.), (46.), (49.) zu verificieren. (So selbst Herschel und Barlow, wie die von ihnen berechneten Tafeln zeigen). Sie begingen damit eine grofse Ungenauigkeit, welche mitunter einen (scheinbaren) Abweichungshalbmesser von 90 und mehr Minuten hervorbringen kann. Darum drang Littrow mit Recht darauf, die Sache strenger zu nehmen, ohne jedoch die wirklich exacte Gleichung herzuleiten und zu befolgen; er begnügt sich vielmehr mit einer genauer zutreffenden Näherungsgleichung. Zunächst nämlich geht er nicht von der exacten Gleichung für $\frac{1}{b_0}$ aus, sondern von einer etwas abgekürzten, allerdings von hochgradiger Annäherung. Diese (— bei Littrow pag. 31 —) würde in unserer Bezeichnung lauten

$$\frac{1}{b_0} = (n-1)\left(\frac{1}{r_1} - \frac{1}{r_2}\right) + (N-1)\left(\frac{1}{r_3} - \frac{1}{r_4}\right) + \frac{n\delta}{x_0^2} + \frac{N\varepsilon}{z_0^2},$$

welche, verglichen mit unserer (S. 30.), Gruppe (38.), dritte Zeile), zeigt, dass (— abgesehen von $\frac{1}{a}$ —) das Glied $\frac{h}{y_0 y_1}$ weggelassen ist, weil bei der Littrow'schen Methode r_3, absolut genommen, in der Regel (— jedoch nicht immer —) gröfser als r_2 ausfällt, und folglich $h = 0$ gesetzt werden darf; — und zweitens dass $\frac{1}{x_0^2}$ und $\frac{1}{z_0^2}$ dasteht anstatt $\frac{1}{x_0 x_1}$ und $\frac{1}{z_0 z_1}$.

Nun aber ferner bei der Differentiierung dieser Gleichung (— wodurch doch eben die Farbengleichung gewonnen wird —) wirft Littrow das Differential $\partial \frac{N\varepsilon}{z_0^2}$ des letzten Gliedes, als unbedeutend, ganz weg (vgl. Littrow pag. 73, ganz unten). In der Regel ist dies unschädlich, wie die nähere Untersuchung zeigt; nur wenn ε etwas grofs ist, kann ein Nachteil entstehen. Und darum empfiehlt es sich eben nicht, in diesem Punkte Littrow's Beispiele zu folgen.

§ 65.
Beiläufig über Littrow's Methode.

{Dagegen ist es — um dies gelegentlich anzuführen — durchaus unstatthaft, das letzte Glied $\frac{N\varepsilon}{z_0^2}$ oder richtiger $\frac{N\varepsilon}{z_0 z_1}$, dessen Differential zur Not vernachlässigt werden darf, auch dann abzuwerfen, wenn es sich um die genaue Berechnung von $\frac{1}{b_0}$ selbst $\left(\text{— nicht von } \partial \frac{1}{b_0}\right)$ handelt, wenn man sich nicht gefährlichen Selbsttäuschungen aussetzen will. In solchen ist bei der Berechnung seiner Tafeln der übrigens so hoch verdiente Verfasser befangen gewesen und geblieben.

Abgesehen davon, dass anstatt $\delta = 0.033$ aus Versehen durchweg $\delta = 0.01$ in Rechnung genommen (siehe Littrow p. 135) —, dass ferner, wie schon vorhin bemerkt, h auch in solchen Fällen gleich Null genommen worden ist, wo es nicht geschehen durfte — hat **nicht** die Gleichung

$$\frac{1}{b_0} = (n-1)\left(\frac{1}{r_1} - \frac{1}{r_2}\right) + (N-1)\left(\frac{1}{r_3} - \frac{1}{r_4}\right) + \frac{n\delta}{x_0^2} + \frac{N\varepsilon}{z_0^2},$$

welche sich bei Littrow auf pag. 31 findet, zur Grundlage gedient, sondern die Gleichung

$$\frac{1}{b_0} = (n-1)\left(\frac{1}{r_1} - \frac{1}{r_2}\right) + (N-1)\left(\frac{1}{r_3} - \frac{1}{r_4}\right) + \frac{n\delta}{x_0^2},$$

an welcher das Endglied $\frac{N\varepsilon}{z_0^2}$ einfach ausgelassen worden (vgl. Littrow pp. 114, 118, 130, 137).

In dem Beispiele, welches der Verfasser pag. 129 zur Erläuterung seiner Methode als Muster aufstellt, findet er mittelst jener unvollständigen Gleichung y', d. i. bei uns $b_0 = 3.70\,229$, und zwar ist die Rechnung vollständig richtig geführt. Berechnen wir aber mit den von Littrow gefundenen Radien

$$r_1 = -r_2 = 1.06; \quad r_3 = -1.04\,394; \quad r_4 = 3.29\,651$$

und aus den übrigen Datis

$$n = 1.53, \quad N = 1{,}58, \quad \frac{\partial n}{\partial N} = \frac{2}{3}, \quad \delta = 0.01$$

(wie Littrow), jedoch mit Beachtung von $\varepsilon = 0.01$ (welches Littrow vernachlässigt): so finden wir zunächst

$$(n-1)\left(\frac{1}{r_1}-\frac{1}{r_2}\right)+(N-1)\left(\frac{1}{r_3}-\frac{1}{r_4}\right)+\frac{n\delta}{x_0x_1}=0.27\overset{nu}{0}\,1083,$$

beinahe wie bei Littrow, welcher 0.270 1030 giebt, doch würde bei einem dreimal so großen δ, wie es doch mindestens sein müsste, hier schon der Unterschied 159, also der Fehler an b_0 $b_0^2 \times 159 \mp 13 \times 159$ d. i. 2067 oder 20 bis 21 Einheiten der 5. Decimale betragen, was allein schon für kaum erträglich erachtet werden muss. Diese Abweichung kommt nur erst **daher**, dass Littrow anstatt $\frac{n\delta}{x_0x_1}$ das etwas bequemere $\frac{n\delta}{x_0^2}$ gesetzt hat.

Allein es kommt noch mehr dazu. Da der absolute Wert von r_2 größer ist als der von r_3, so ist ein Hiatus unvermeidlich, dessen Größe sich ungefähr $h = 0.002$ berechnet und der notwendig hätte beachtet werden müssen. Denn das noch hinzuzufügende Glied $+\frac{h}{y_0y_1}$ ist ungefähr ebenso groß wie h selbst, also $+0.00\,200$. Dies muss mit b_0^2, d. i. rund 13, multipliciert werden, so dass also der Fehler an b_0 über 2 600 Einheiten der 5. Decimale ausmacht.

Nun fehlt noch das Glied $+\frac{N\varepsilon}{z_0\,z_1}$, welches sich findet gleich 0.00 126, dreizehnmal genommen 1638; demnach der Gesammtfehler an b_0 über 4200; Einheiten, um welche bei Littrow b_0 zu groß angegeben ist. Das ist (für $b_0 = 3{,}7$)

$$\triangle\, b = 0.01\,140.b_0,$$

während Littrow selbst (p. 69) höchstens

$$\triangle\, b = 0.00\,004_{266}\,b_0$$

dulden wollte(!!), welch' letzteres, wenn man es haarscharf nehmen will, schon viel zu groß ist, denn wir mussten in einem gewissen Falle (bei uns S. 138) schon

$$\triangle\, b = \overline{4.593}\,b_0 = 0.00\,\overset{nu}{0}00_{38}\,b_0$$

für ungenügend erachten.

Ohne Zweifel hat sich Littrow durch die Geringfügigkeit des Fehlers an dem Differentiale ohne nähere Untersuchung zu der Annahme verleiten lassen, dass man auch bei der Berechnung von $\frac{1}{b_0}$ selbst das Glied $\frac{N\varepsilon}{z_0z_1}$ über Bord werfen dürfe, und that dies ohne Argwohn.

Wahrhaft schmerzlich ist es zu sehen, welche Sorgfalt der Verfasser aufgeboten hat, die Radien so zu bestimmen, dass sie ein Resultat für b liefern, welches wenigstens bis zur fünften Decimalstelle (— siehe Littrow p. 136, die letzte Columne, überschrieben y'—(y'), in unserer Bezeichnung b_0—b —) mit einem um mehr als 4200; Einheiten falsch berechneten b_0 (wie wir gesehen haben) zusammentreffe. Bei so groſsen Abweichungen von der Wahrheit muss man den Mechanikern wohl Glauben schenken, wenn sie aussagen, dass sie der Tafeln sich nur bedienen könnten, um zu einer ersten rohen Annäherung zu gelangen, im übrigen aber auf Probieren und allmähliches Corrigieren angewiesen seien.

Was aber im übrigen die von Littrow ein für allemal festgehaltene Bestimmung $r_1 = -r_2$ betrifft, so fallen bei den thatsächlich existierenden Brechungs- und Zerstreuungs-verhältnissen die Gröſsen D und H ungebürlich groſs aus, D ungefähr —12 000; so dass selbst das Hülfsmittel des § 55 nicht im Stande ist, den Schaden auch nur einigermaſsen genügend zu verhüten. Ferner H ungefähr $= 13\,000$;, daher wird nicht ein groſses, sondern gerade umgekehrt nur ein sehr kleines Gesichtsfeld zulässig sein, oder nur eine schwache Vergröſserung und eine geringe Apertur (nach Gleichung (113.)), alles ungünstiger als bei Herschel, desgleichen weit ungünstiger als in unserem dritten Zahlenbeispiele, wo $D = 0$ und $H = 6660$; ist.}

§ 66.
Vorläufige Einführung des Abweichungsradius.

Nach der kleinen Abschweifung des vorigen Paragraphen kehren wir zurück zu der Gleichung (126.). Das Increment $\partial \frac{1}{b_0}$ werden wir also von jetzt an nicht $= 0$, sondern, wie schon bemerkt, $= \mathfrak{S} \partial n$ setzen, wo $\mathfrak{S}$ eine reine Constante sein soll. —

∂n muss im Maximum so groſs genommen werden, dass die Brechungsindices $n + \partial n$ und $n - \partial n$, wenn auch nicht den äuſsersten Enden, so doch schon ziemlich lichtschwachen Partieen des Spectrums angehören; es reicht aus, wenn, wie schon oben S. 147 geschehen, $\partial n = 0.01$ (s. S. 168) und folglich ∂N $1^3/_4$ bis $2^1/_2$ mal so groſs — je nach der Nummer des Flintglases — genommen wird.

Multiplicieren wir die Gleichung (126.) linkerseits mit $(-b^2)$, rechts mit $(-b_0^2)$, so wird dadurch die Gleichheit nur unmerklich gestört. Links erhalten wir: $-b^2 \partial \frac{1}{b}$, d. i. ∂b, das Längenincrement der Bildweite b, und so:

$$\partial b \mp -(\mathfrak{S}\partial n + e^2\partial C + e^4\partial D + \cdots).b_0^2.$$

Jedoch ist dieses ∂b eigentlich nur die Hälfte der Längenabweichung, denn rechnen wir mit den Brechungsindices der roten Strahlen $n-\partial n$ und $N-\partial N$, so bleibt die rechte Seite der Gröfse nach dieselbe, dem Zeichen nach aber wird sie entgegengesetzt, weil die Gröfsen ∂n, ∂C, ∂D, ... ihre Zeichen wechseln, während $\mathfrak{S}$, e^2, e^4, ... unverändert bleiben. Wir haben also hier ganz denselben Fall wie in § 52, wo ebenfalls ein Längenstück, welches dort mit $\frac{1}{2}\mathfrak{d}$ bezeichnet wurde (— hier aber mit ∂b —), einmal diesseits, das anderemal jenseits des in der Mitte befindlichen mittleren Bildortes angetragen werden musste. In diesem Falle bestimmt sich der Radius des Abweichungskreises aus der dort (S. 121.) gefundenen Gleichung (111.)

$$k'd' \mp \frac{\mathfrak{d}}{2}\frac{p}{b_0}, \quad \text{oder auch} \quad \mp \frac{\mathfrak{d}}{2}\frac{e}{b_0}, \qquad \text{folglich jetzt hier:}$$

$$k'd' \mp \partial b \times \frac{e}{b_0},$$

d. i. (absolut genommen)

$$(127.) \begin{cases} k'd' \mp (e\mathfrak{S}.\partial n + e^3\partial C + e^5\partial D + \cdots) \times b_0; & \text{abgekürzt:} \\ k'd' \mp \left[\frac{\mathfrak{S}.\partial n}{\partial C} e + e^3\right] b^0 \partial C, \end{cases}$$

woraus sich die Gröfse $k'd'$ für jedes e ergiebt, sobald $\mathfrak{S}$ festgestellt sein wird.

§ 67.
Bestimmung der Constante $\mathfrak{S}$.

Es ist nicht das zweckmässigste, etwa das $\mathfrak{S}$ so zu wählen, dass die beiden Glieder $\mathfrak{S}\partial n + e^2\partial C$ in der obigen Entwickelung von ∂b für $e = 0$ und $e = \mathfrak{e} = \mathfrak{p}$ (halbe Apertur) einander vollständig aufheben, wie man wohl im ersten Augenblicke vermuten könnte. Es kommt vielmehr darauf an, dass die in [] eingeschlossene Gröfse in Gleichung (127.), und somit $k'd'$ so wenig als möglich von Null abweiche in dem ganzen Bereiche von $e = 0$ bis $e = \mathfrak{e}$ oder $\mathfrak{p}$.

Wir schreiben (vorübergehend) abgekürzt $-c$ anstatt $\frac{\mathfrak{S}\partial n}{\partial C}$, wo denn c eine positive Zahl ist, und haben so, da es doch nur auf die abs. Gröfse ankommt:

$$[\,] = u = ce - e^3.$$

Dies ist, wenn wir e als Abscisse und u als Ordinate ansehen, die Gleichung einer Curve (siehe Fig. 12.), welche sich von dem Coordinatenanfange O aus zu einem Maximum in dem Culminationspunkte $\mathfrak{C}$

11*

erhebt, dann aber wieder abwärts geht, die Abscissenaxe in einem Punkte l durchschneidet, und nun ins Negative hinein sich unendlich nach rechts und unten verläuft. — (Wir bezeichnen die Abscissen Om, Ol, Op kurz mit $\mathfrak{m}$, $\mathfrak{l}$, $\mathfrak{p}$).

Die gröfste Erhebung in $\mathfrak{C}$ findet statt bei der Abscisse $\mathfrak{m}$, und es muss, wie die Differentiierung lehrt,

$$c-3\mathfrak{m}^2=0, \quad \text{also} \quad \mathfrak{m}=\sqrt{\frac{c}{3}}$$

sein. Der Betrag des Maximums ist

$$\mathfrak{C}m=c\mathfrak{m}-\mathfrak{m}^3=\frac{2}{3}c.\sqrt{\frac{c}{3}}.$$

Die Länge der Sehne $\mathfrak{l}$ aber bestimmt sich aus Gleichung:

$$c.\mathfrak{l}-\mathfrak{l}^3=0, \quad \text{also} \quad \mathfrak{l}=\sqrt{c}.$$

Sowohl die Höhe $\mathfrak{C}m$ des Bogens, als auch die Länge der Sehne Ol wachsen, nehmen ab und verschwinden mit der Gröfse von c, oder was dasselbe ist, des noch unbestimmten G.

Wir ziehen durch den Punkt p eine unbegrenzte Parallele PP' zu der U-axe OU. Nehmen wir nun c sehr klein gegen Op oder $\mathfrak{p}$, so dass die Bogenhöhe $\mathfrak{C}m$ und die Sehnenlänge Om oder $\mathfrak{m}$ gering ausfallen im Vergleiche resp. mit pQ und Op, so ist nicht $\mathfrak{C}m$ das am schädlichsten einwirkende Moment, sondern pQ; und es ist einleuchtend, dass es zur Besserung gereichen wird, wenn wir c so weit vergröfsern, dass $\mathfrak{C}m=pQ$ werde. Darüber hinaus dürfen wir nicht gehen, denn es würde sonst pQ zwar noch weiter verkleinert, aber das andere schädliche Moment $\mathfrak{C}m$ vergröfsert werden. Es müssen also $\mathfrak{C}m$ und pQ der Gröfse nach gleich, der Beziehung nach aber entgegengesetzt sein; also

$$\mathfrak{C}m, \quad \text{d. i.} \quad c\mathfrak{m}-\mathfrak{m}^3=-(c.\mathfrak{p}-\mathfrak{p}^3) \quad \text{d. i.} \quad pQ.$$

Hieraus

$$c(\mathfrak{m}+\mathfrak{p})-(\mathfrak{m}^3+\mathfrak{p}^3)=0.$$

Diese zwei Glieder enthalten den gemeinschaftlichen Factor $(\mathfrak{m}+\mathfrak{p})$, mit welchem man, da er niemals $=0$ werden kann, dividieren darf, wodurch man erlangt

$$c-(\mathfrak{m}^2-\mathfrak{m}\mathfrak{p}+\mathfrak{p}^2)=0;$$

Nun ist aber nach Obigem $c=3\mathfrak{m}^2$, folglich

$$2\mathfrak{m}^2+\mathfrak{m}\mathfrak{p}-\mathfrak{p}^2=0,$$

eine Gleichung, welche abermals durch $(\mathfrak{m}+\mathfrak{p})$ dividierbar ist, so dass herauskommt:

$$2\mathfrak{m}-\mathfrak{p}=0, \qquad \mathfrak{m}=\frac{1}{2}\mathfrak{p},$$

$$\sqrt{\frac{c}{3}} = \frac{1}{2}\mathfrak{p}; \quad c = \frac{3}{4}\mathfrak{p}^2; \quad -c = \frac{G\partial n}{\partial C} = -\frac{3}{4}\mathfrak{p}^2;$$

$$(128.) \quad \begin{cases} G = -\frac{3}{4}\mathfrak{p}^2\frac{\partial C}{\partial n}, & \text{und folglich } k'd' \text{ im Max.:} \\ \varrho \; + \; \frac{1}{4}\mathfrak{p}^3 b_0 \partial C. & \text{(Vgl. Gl. (127.)).} \end{cases}$$

Das Maximum des Abweichungsradius ist nun aber diejenige (auf der Axe senkrecht stehende) Länge, welche dem durch das Ocular aus der Entfernung φ sehenden Auge höchstens unter einem gewissen kleinen Sehwinkel erscheinen darf (— früher mit j bezeichnet —), den wir jetzt, wo es sich um die Farbenzerstreuung der Zonen- und Randstrahlen handelt, die Bezeichnung jj — sowie dem entsprechenden objectsseitig bezogenen Winkel die Bezeichnung ii — erteilen wollen.

So haben wir

$$(129.) \quad \begin{cases} \frac{1}{4}\mathfrak{p}^3 b_0 \partial C \leqq \varphi \sin jj \quad \text{oder} \quad \frac{m'}{4}\mathfrak{p}^3 \partial C \leqq \sin jj, \\ \frac{1}{4}\mathfrak{p}^3 \partial C = \sin ii. \end{cases}$$

wo m' die Vergröſserungszahl, $\mathfrak{p}$ die halbe Apertur, und ∂C soviel bedeutet wie $C_v - C_n$.

Wie groſs nun der Winkel jj in dem Falle der chromatischen Abweichung sein dürfe, ohne allzu störend aufzutreten, das erfahren wir durch die von Huyghens, Tob. Mayer und Anderen an einfachen Objectiven angestellten Beobachtungen und Messungen. Nach Littrow (pag. 259) erachtet Huyghens eine Gröſse von $jj = 28' \, 36''$ für zulässig; denn was dort mit dem Zeichen $d\varphi$, an anderen Stellen $d\varphi''$ bezeichnet wird, das ist eben so groſs wie unser Winkel jj, der scheinbare Halbmesser des Abweichungskreises. — Littrow selbst billigt eine Gröſse von 15 Minuten (pag. 252, 264), an anderen Stellen spricht er von „sechs und mehreren Minuten“ (pag. 67—68); — Angaben, an denen man in der That ganz irre werden kann.

Es ist ja an sich einleuchtend, dass eine Abweichung, welche vorzugsweise nur die Strahlen von extremer Brechbarkeit und geringster Intensität betrifft, unter sonst gleichen Umständen viel weniger schädlich sein müsse, als eine Abweichung der lichtstarken Strahlen mittlerer Brechbarkeit; und darum wird es gestattet sein dem $\angle\, jj$ einen gröſseren Betrag zu lassen, als dem $\angle\, j$. Dennoch aber fragt man verwundert: woher kommen solche abenteuerlichen Gröſsen-angaben wie 28 bis 29, oder auch nur 15 Minuten für den scheinbaren Halbmesser?

Herr Prof. Abbe äufsert sich hierüber: „Diese weite Grenze für die „chromatische Abweichung würde sich allerdings daraus erklären, dass „Littrow's Gewährsmann Huyghens, der die Achromasie nicht kannte, „in Bezug auf Farbendefecte noch nicht verwöhnt war, und nicht mehr „verlangte, als mit den damaligen Mitteln eben erreichbar schien.“

$\frac{1}{4}$	9.398
$\mathfrak{p}^3$	6.850
∂C	8.050
	4.298
sin 1''	4.686
	9.612
nu	0.409

Angenommen wir hätten es zu thun mit den Datis des ersten Zahlenbeispieles, und es sollte $\mathfrak{p} = \overline{8.950}$ sein, entsprechend $\mathfrak{p} = \frac{1}{30.4} b_0$, $\mathfrak{P} = \frac{1}{15.2} b_0$, so würde, da nach § 59, p. 148 $\partial C = 0.01\,121 = \overline{8.050}$ ist, der $\angle\, ii = 0''409$, und daher für $m' = 832$ der $\angle\, jj = 340'' = 5'40''$ betragen, dagegen ohne Anwendung der eben abgehandelten Methode sich auf das vierfache belaufen.

Denn das Verfahren des § 64ff. bringt eben den Abweichungsradius ϱ auf ein Viertel seiner Gröfse herab; ein mehreres ist unmöglich. — Die Maxima der Lateral-abweichung *kd* finden statt bei $p = \frac{1}{2}\mathfrak{p}$ und $p = \mathfrak{p}$. An zwei Stellen ist $kd =$ Null, nämlich bei $p = 0$ und $p = \mathfrak{p}\sqrt{\frac{3}{4}}$, d. i. nahezu $p \doteq \frac{7}{8}\mathfrak{p}$.

Uebrigens pflegen die ausübenden Optiker, wie mir erst nachträglich bekannt geworden ist, die Mikroskop-objective schon seit längerer Zeit derartig zu construieren, dass die Lateral-abweichung für eine unfern des Randes gelegene Zone gleich Null wird, und zwar mit bestem Erfolge.

§ 68.
Die Berechnung des vierten Radius.

Diese haben wir seither ausgeführt nach den exacten Gleichungen auf S. 37 (Gleichung (44.)) oder auf S. 60. — Da wir aber nunmehr die Gleichung für $\partial \frac{1}{b_0}$ dahin abgeändert haben, dass nicht mehr $\partial \frac{1}{b_0} = 0$, sondern

$$\partial \frac{1}{b_0} = \mathfrak{T}\,\partial N + \mathfrak{U}\,\partial n = \mathfrak{S}\,\partial n$$

die Grundlage bildet, so gilt zur Bestimmung von $\frac{1}{r_4}$ die folgende Gleichung

$$
(130.)\quad \left\{\begin{array}{l}
\left[\frac{1}{-r_4}+\frac{1}{z_1}\right]=\zeta_1^2\,\frac{1}{N}\left[\frac{1}{-r_3}+\frac{1}{y_1}\right]-\zeta_1^2\eta_1^2\cdot g+\mathfrak{G}\,\frac{\partial n}{\partial N},\\
\text{worin}\\
\qquad g=\left\{\left[\frac{1}{-r_2}+\frac{1}{x_1}\right]+\xi_1^2\,\frac{1}{n}\left[\frac{1}{r_1}-\frac{1}{a}\right]\right\}\cdot\frac{\partial n}{\partial N},\\
\text{dagegen}\\
\qquad \mathfrak{G}=-\frac{3}{4}\mathfrak{p}^2\cdot\frac{\partial C}{\partial n}\quad\text{oder}\quad=-\frac{3}{4}\mathfrak{p}^2\cdot\frac{C_v-C_n}{\triangle n}
\end{array}\right.
$$

zu nehmen ist. — Hier ist im Nenner $\triangle n$ anstatt ∂n geschrieben worden, da es sich doch nicht um ein eigentliches Differential (— ein unendlich Kleines —), sondern nur um eine kleine, endliche Differenz handelt, welcher wir die Gröſse <u>0.01</u> beigelegt haben, aus folgender Erwägung.

Wir bezeichnen die Brechungs-indices, welche den Fraunhoferschen Spectral-linien $A, B, C, \ldots H$ entsprechen, beim Kronglase der Reihe nach mit $a', b', c', \ldots h'$; (beim Flintglase $A', B', C', \ldots H'$).

Unter der Bezeichnung: mittleres Brechungsverhältniss verstehen wir, um es doch mit bestimmten und feststehenden Angaben zu thun zu haben, das arithmetische Mittel von g' und c', also $n=\frac{g'+c'}{2}$, $N=\frac{G'+C'}{2}$ *), und unter dem Incremente $\triangle n$ die halbe Differenz zwischen g' und c', also

$$\triangle n=\frac{g'-c'}{2},\quad \triangle N=\frac{G'-C'}{2}.$$

Die Zahlen n und N liegen beinahe genau in der Mitte zwischen e' und f' und E' und F', entsprechen also den grünen Strahlen (nahe dem Gelb).

$$r=n-\triangle n=c' \quad\text{und}\quad R=N-\triangle N=C'$$

entsprechen der Fraunhoferschen Linie C im Roten (nahe dem Orange). Ebenso

$$v=n+\triangle n=g',\qquad V=N+\triangle N=G'$$

entsprechen der Fraunhoferschen Linie G im Blau (nahe dem Indigo).

Die beiden über die Linien C und G hinausreichenden Enden des Spectrums werden unbeachtet gelassen wegen ihrer geringen Lichtintensität.

Diesen Festsetzungen gemäſs würde für $\triangle n$ der gröſste vorkommende Wert (NB. beim Kronglase) höchstens wohl 0.009 sein (— oft nur

*) Es bleibt in Frage, ob es nicht vorzuziehen sei $n=\frac{g'+b'}{2}$, $N=\frac{G'+B'}{2}$, oder einfacher $n=e'$, $N=E'$ zu nehmen.

0.0072, 74, 75 —); gleichwohl behalten wir in unserer Radienberechnung $\triangle n = 0.01$ bei, so lange nicht Winkel jj und ϱ allzugroſs ausfallen, weil denn doch, je gröſser wir $\triangle n$ nehmen, die Menge der unberücksichtigt bleibenden Strahlen an den Enden des Spectrums und deren Intensität eine desto geringere wird.

Ob $\triangle n$ ein wenig gröſser oder kleiner genommen wird, das hat keinen Einfluss auf die Gröſse unseres Coefficienten 𝔖 in Gleichung (130.), wohl aber auf ∂C (d. i. $C_v - C_n$), und folglich auch auf ϱ und jj.

Ein Zahlenbeispiel. (§§ 69—71—72.)

§ 69.

Bestimmung von ∂C (d. i. $C_v - C_n$) und 𝔖.

Wir legen dieselben Constanten zu Grunde, wie in § 58, nämlich

$$n = 1.53\,420_5, \quad N = 1{,}63\,427, \quad \omega = 0.60\,228.$$

Dazu die auf pag. 142 angegebenen Näherungsgleichungen für H^* und C.

Als erste Näherungswerte erlangen wir

$$\log\frac{1}{r_1} = 9.80\,923, \qquad \log\frac{1}{-r_3} = 0.08\,063,$$

welche, da sie, wie die wirkliche Substitution beweist, den Näherungsgleichungen Genüge thun, geeignet sind, auch die strengen Gleichungen für H^* und C nahezu zu verificieren.

Ferner finden wir aus der Gleichung (121.) — um doch auch von dieser einmal eine Anwendung zu machen —*), welche Glied für Glied sich zunächst so darstellt: (logar.)

$$2(n-1)\frac{\partial C}{\partial n} \mp 0.26\,710\,\frac{1}{r_1^2} - 0.98\,298\,\frac{1}{r_1} - 0.24\,275\,\frac{1}{r_3^2} + 0.61\,522\,\frac{1}{r_3} + $$
$$+ 1.14\,587 - 0.57\,390 + 0.36\,627 - 9.95\,504,$$

oder auch, wenn wir mit $\frac{\partial n}{2n-2}$, dessen $\log = 7.97\,126$ ist (— nämlich $nu\,\partial n = 0.01$ —), multiplicieren, und für $\frac{1}{r_1}$ und $\frac{1}{r_3}$ die Näherungswerte einsetzen:

$$\partial C \mp 7.85\,682 - 8.76\,347 - 8\,37\,527 - 8.66\,711 +$$
$$+ 9.11\,713 - 8.54\,516 + 8.33\,753 - 7.92\,630.$$

numeri: $719 - 5801 - 2373 - 4646 + 13\,096 - 3509 + 2175 - 844 = \underline{\underline{-1183.}}$

---

*) Nämlich hier, d. h. bei der Kleinheit der Werte $\frac{1}{r_1}$ und $\frac{1}{-r_1}$, kommt die Näherungsgleichung (121.) in sehr hohem Grade der Wahrheit nahe — im Gegensatze zu den in § 62 gemachten Erfahrungen.

Nehmen wir rund $\underline{\partial C = -1180}$ (log = 8.072), denn hierbei kommt es auf einige Einheiten nicht an, also $^3/_4\,\partial C = -0.\overset{nu}{00}885$, so haben wir nach Gleichung (130.)

$$\mathfrak{S} = +0.\overset{nu}{88}500\,\mathfrak{p}^2 = \overline{\overline{9.94\,700}}\mathfrak{p}^2.$$

§ 70.
Bestimmung der zulässigen Apertur $\mathfrak{P}$.

Vorausgesetzt nun, dass der Coefficient D nur sehr klein ausfällt, so dass von dieser Seite keine Einschränkung stattfindet (— eine Bedingung, welche bei Präcisions-instrumenten namentlich von großen Dimensionen durch ähnliche Constante wie in § 58 notwendig erfüllt werden muss —), so bestimmt sich die halbe Apertur $\mathfrak{p}$ aus der Limitationsgleichung (129.) $\mathfrak{p}^3 \leqq \frac{4.\sin jj}{m'.\partial C}$. Sollte etwa $\underline{m' = 832}$ (log = 2.920) sein, so würden wir haben:

$$\mathfrak{p}^3 \leqq \overline{9.610}\,\sin jj.$$

Hier kommt es nun wesentlich auf die schon in § 67 besprochene zulässige Gröſse des Winkels jj an. Nach Huyghens dürfte $jj = 28^1/_2$ Min., $\sin jj = \overline{7.900}$ sein. Nehmen wir nur $jj = 9$ Min. ($\sin jj = \overline{7.418}$), wobei es dahin gestellt bleibt, ob dies nicht schon die Grenze des Zulässigen überschreitet, so erhalten wir:

$$\mathfrak{p}^3 \leqq \overline{7.028} \qquad \underline{\mathfrak{p} \leqq \overline{9.009}} \qquad \mathfrak{P} \leqq \overline{9.310}.$$

Dies ergiebt, da $b_0 \dotplus \frac{1}{1-\omega}$, für unser ω

$$b_0 \dotplus \overline{0.400}, \quad \frac{b_0}{\mathfrak{P}} = \overline{1.090} = \overset{nu}{12.3},$$

und $nu\mathfrak{P} = \frac{1}{12.3}\,b_0$, welches eine auſserordentlich groſse Apertur ist.

§ 71.
Genauere Bestimmung der Radien.

Auf die Ergebnisse des § 58 können wir uns nicht berufen, weil dort die Gauſsische Forderung nicht berücksichtigt worden ist.

Die in § 69 gewonnenen ersten Näherungswerte sind nur erst ungefähr richtig, denn sie wurden nur aus den Näherungsgleichungen (56.) und (58.) des § 19 gefunden, d. h. unter Vernachlässigung der Glasdicken und Zugrundelegung nicht der exacten, sondern nur der genäherten chromatischen Gleichung (49.) $\frac{1}{F} \dotplus \frac{\omega}{f}$. Wir werden also nunmehr nach den exacten Gleichungen zu rechnen und zu untersuchen haben, in wie hohem oder geringem Grade die Bedingungsgleichungen $H = 0$ und $C = 0$ erfüllt werden. Und zwar dürfen wir bei der Berechnung des vierten Radius nicht nach Gleichung (44.), sondern müssen nach Gleichung (130.) verfahren. Nehmen wir nach § 70 $\log \mathfrak{p} = 9.00\,900$, $\log \mathfrak{p}^2 = 8.01\,800$. Hierzu nach § 69 9.94 700, giebt $\log \mathfrak{S} = 7.96\,500$. Nach Vorschrift von Gleichung (130.) muss hierzu noch der $\log \frac{\partial n}{\partial N}$ gelegt werden, d. i. (siehe Gleichung (49.)) $\log \frac{n-1}{N-1}\,\omega$, welches 9.70 523 beträgt, so dass wir haben

$$\mathfrak{S}\,\frac{\partial n}{\partial N} = \overline{7.67\,023}.$$

Die Glasdicke des Kronglases setzen wir noch vollkommen ausreichend, doch nicht übermäfsig grofs $\delta = 0.031\,6228$, $\underline{\log \delta = 8.5}$, diejenige des Flintglases, wie immer, $\varepsilon = 0.01$, $\underline{\log \varepsilon = 8.0}$.

Die erstmalige Rechnung nach den exacten Formeln giebt $H^* = -71$, und da sich (nach Gleichung IV auf S. 114) $H_* = -19$ findet, so haben wir $\underline{H} = H^* + H_* = \underline{-90}$. Ferner finden wir $\underline{C = +202}$

Nunmehr müssen die Radien r_1 und r_3, oder vielmehr ihre Reciproca $\frac{1}{r_1}$ und $\frac{1}{r_3}$ corrigiert werden mit Hülfe der auf S. 143 stehenden und auch jetzt noch gültigen Differentialgleichungen, in welche wir

$$\mathfrak{d}H = +90 = \overline{6.954} \quad \text{und} \quad \mathfrak{d}C = -202 = -\overline{7.305}$$

einzusetzen haben. Wir gewinnen daraus

$$\mathfrak{d}\,\frac{1}{r_1} = +140, \quad \mathfrak{d}\,\frac{1}{r_3} = +54,$$

und somit die neuen Werte

$$nu\,\frac{1}{r_1} = 0.64\,451 + 140 = 0.64\,591 \;\Big|\; nu\,\frac{1}{-r_3} = 1.20\,401 - 54 = 1.20\,347.$$

Leider gereichen die mit diesen neuen Werten zu berechnenden Ergebnisse noch nicht zur vollständigen Befriedigung, denn es findet sich diesmal zwar $H = 0$, aber $C = -14$. Es ist also abermals mit Hülfe der Differentialgleichungen eine kleine Correction an $\frac{1}{r_1}$ und $\frac{1}{r_3}$ vorzunehmen, welche ergiebt:

$$nu\,\frac{1}{r_1} = 0.64\,600, \quad nu\,\frac{1}{-r_3} = 1.20\,333.$$

Mit diesen endgültigen Werten rechnen wir nunmehr nach dem Muster des § 27. Wir gebrauchen dazu folgende

Logarithmi:

δ 8.5 $\quad \varepsilon$ 8.0 $\quad \dfrac{\partial n}{\partial N}$ 9.70 523 $\quad \mathfrak{S}\dfrac{\partial n}{\partial N}$ 7.67 023

n	0.18 588	$n-1$	9.72 771	$n+1$	0.40 384	$\dfrac{n-1}{2n^2}$	9.05 491
$\dfrac{1}{n}$	9.81 412	$\dfrac{n-1}{n}$	9.54 182	$\dfrac{n+1}{n}$	0.21 796	$n\dfrac{n-1}{2}$	9.61 256
N	0.21 332	$N-1$	9.80 227	$N+1$	0.42 066	$\dfrac{N-1}{2N^2}$	9.07 460
$\dfrac{1}{N}$	9.78 668	$\dfrac{N-1}{N}$	9.58 895	$\dfrac{N+1}{N}$	0.20 734	$N\dfrac{N-1}{2}$	9.71 451

	ni	li
$\dfrac{1}{n-1}$	1.87 194	
$\dfrac{1}{r_1}$	0.64 600	9.81 023
$\dfrac{1}{-r_2}$	1.22 594	0.08 847
$\dfrac{1}{-r_3}$	1.20 333	0.08 038
$\dfrac{1}{-r_4}$	0.25 550	9.40 739

Der vierte Radius wird allerdings erst im Verlaufe der Rechnung gefunden.

Ist man in der Rechnung bis dahin gelangt, wo man die Gleichung (130.) heranzieht, sowie hier folgt,

$$\frac{1}{N}\left[\frac{1}{-r_3}+\frac{1}{y_1}\right]- \qquad g$$

$$\begin{array}{rr} 0.13\,024 - & 9.97\,930 \\ 9\,97\,930 & \\ 0.15\,094 \rightarrow & 9.61\,868 \\ \zeta_1^2 & 128 \\ \hline & +9.59\,926, \end{array}$$

so würde $+9.59\,926$, wenn die Gauſs. Forderung ganz unberücksichtigt bleiben sollte, der log $\left[\dfrac{1}{-r_4}+\dfrac{1}{z_1}\right]$ sein. Allein gemäſs der Gleichung (130.) haben wir noch $\mathfrak{S}\dfrac{\partial n}{\partial N}$ hinzuzufügen. Wir fahren also fort:

$$\begin{array}{lrr} \mathfrak{S}\dfrac{\partial N}{\partial n} & 7.67\,023 + & 9.59\,926 \\ & 9.59\,926 & \\ & 8.07\,097 \rightarrow & 508 \\ \hline \left[\dfrac{1}{-r_4}+\dfrac{1}{z_1}\right] & & 9.60\,434. \end{array}$$

Im Ganzen liefert die Rechnung folgende Ergebnisse: (logarithmisch)

ξ_1	310	g	9.97 930	ζ_1	64
$\frac{1}{x_1}$	9.35515	$\frac{1}{y_{01}}$	0.00107	$\frac{1}{z_1}$	9.16616
$\left[\frac{1}{-r_2}+\frac{1}{x_1}\right]$	0.16211	$\left[\frac{1}{-r_3}+\frac{1}{y_1}\right]$	0.34356	$\left[\frac{1}{-r_4}+\frac{1}{z_1}\right]$	9.60434
$\left(\frac{1}{-r_2}+\frac{n+1}{n x_1}\right)$	0.20416	$\left(\frac{1}{-r_3}+\frac{N+1}{y_1}\right)$	0.58479	$\left(\frac{1}{-r_4}+\frac{N+1}{N z_1}\right)$	9.69180

$\frac{1}{-r_4}$ 9.40 739 $\qquad$ $\frac{1}{b_0}$ 9.60 385

(ra)	8.67537	(rx)	—9.97 883	(ry)	0.00295	(rz)	—9.01 071
$\zeta_1^2\xi_1^2(ra)$	8.68285	$\zeta_1^2(rx)$	—9.98011	$\zeta_1^2(ry)$	0.00423		
nu	+0.04 818	nu	—0.95523	nu	+1.00979	nu	—0.10250
$\overline{ra}$	8.48560	$n\overline{rx}$	0.32682	$\overline{ry}$	—0.34651	$N\overline{rz}$	8.82837
$nu\mathfrak{a}$	+0.03112	$nu\mathfrak{x}$	+2.09846	$nu\mathfrak{y}$	—2.19579	$nu\mathfrak{z}$	+0.06721

Aus letzter Zeile: $\underline{C = 0}$, aus der drittletzten: $H^* = +24$.

$\frac{\delta}{n}$	8.314	$\frac{\varepsilon}{N}$	7.787
$C - \mathfrak{a}$	— 8.493	$\mathfrak{z}$	8.821
ξ_1	3	$\xi_1^2\zeta_1$	7
	— 6.810		+ 6.615
ni	— 65 + 41 = —24		

Es berechnet sich ferner (S. 109)

$$nu H_* = -24,$$

also auch

$$\underline{H = 0.}$$

Somit wäre die Aufgabe, welche wir uns gestellt hatten, vollständig gelöst, so genau, als es mit fünfstelligen Logarithmen nur geschehen kann. Jedoch dürfte es wünschenswert erscheinen noch über zwei Punkte zweifelsfreie Gewissheit zu gewinnen:

1., ob der oben (in § 69) aus der Näherungsgleichung (121.) gewonnene Wert $\underline{\partial C = -1180}$ einigermaſsen mit dem exacten Werte von $C_v - C_n$ (d. i., da $C_n = 0$ ist, von C_v) übereinstimme,

2., ob nicht etwa H_v allzusehr von H_n (welches letztere ebenfalls $= 0$ ist) abweiche.

v ist um 0.01 gröſser als n, also $\underline{v = 1.54\,420_5}$.

V aber $= N + 0{,}01 \cdot \frac{\partial N}{\partial n}$ (es ist $\log \frac{\partial N}{\partial n} = 0.29\,477$, S. 170),

d. i. $\underline{V = N + 0.01\,971_4} \overset{nu}{=} \underline{1.65\,398_1}$. (Und es würde sein $r = 1.52\,420_5$, $R = 1.61\,455_6$).

So würde denn die Rechnung, wie folgt, beginnen:

$\frac{v-1}{v}$	9.54 706	$v\delta$	8.68 870	
$\frac{1}{r_1}$	9.81 023	$\frac{1}{x_0 x_1}$	8.71 772	Die Berechnung von $\frac{1}{y_{01}}$ betreffend siehe S. 147 und 148 in § 59.
$\frac{1}{x_0}$	9.35 729		7.40 642	
	314 ξ_1	nu	0.00 25493	
$\frac{1}{x_1}$	9.36 043	$1+\frac{1}{100}\frac{1}{n-1}$	1.01 87194	
		$nu\frac{1}{y_0}=\frac{1}{y_1}=$	1.02 12687	

$\log\frac{1}{y_1}$ 0.00 914 u. s. w. — u. s. w. —

Wir finden $\underline{C_v = -1170}$, also vollkommen genügend. Wir finden ferner

$$H_v^* = +481$$
$$H_{v*} = -\ 48$$
$$H_v = +433$$

$\frac{\delta}{v}$	8.311	$\frac{\varepsilon}{V}$	7.781
$C_v-\mathfrak{a}$	$-$ 8.633	$\mathfrak{z}$	8.827
ξ_1	3	$\xi_1^2\zeta_1$	7
	$-$ 6.947		$+$ 6.615
ni:	$-88+40=-48$		

Ebenso würde $H_r = -433$ sein, also im ganzen der Wert des H zwischen $+433$ und -433 schwanken, was vollkommen unschädlich ist (vgl. (114.) in § 52), zumal der $\angle jj$ hier einige Minuten betragen darf, gegen $j = 10''$ dort.

Ebensowenig kann ein Nachteil aus dem Umstande entstehen, dass der Coefficient D (der für Strahlen mittlerer Brechung verschwand) für die violetten und roten Strahlen sich auf circa -2000 und $+2000$ berechnet; vgl. Gleichung (77.) auf S. 87.

Es ist wohl kaum nötig, noch darauf aufmerksam zu machen, dass wir bei weiterer Durchführung der oben auf dieser Seite angefangenen Rechnung (mit v und V anstatt n und N) die Functionen $\left[\frac{1}{-r_4}+\frac{1}{z_1}\right]$ $\left(\frac{1}{-r_4}+\frac{N+1}{Nz_1}\right)$ nicht in derjenigen Art und Weise berechnen dürfen, wie es auf S. 171 geschehen ist, sondern dass dieselben einfach aus $\frac{1}{z_1}$ und $\frac{1}{-r_4}$ zusammengesetzt werden müssen, denn jetzt ist uns ja der Wert von $\frac{1}{-r_4}$ ganz bestimmt vorgeschrieben.

§ 72.
Prüfung, trigonometrisch, siebenstellig.

Wir haben zunächst $\frac{1}{b_0}$ siebenstellig zu berechnen, wie folgt:

	1	$nu\left(\frac{1}{r_3}-\frac{1}{r_4}\right)$	$-$ 0.947 8300
$nu\frac{n\delta}{x_0x_1}$	0.002 4721_8	log	(—) 9.976 7305
$\frac{N\varepsilon}{z_0z_1}$	3507_5	$\log(N-1)$	9.802 2742
	$-$0.061 1803 nu ←	$\log(N-1)\left(\frac{1}{r_3}-\frac{1}{r_4}\right)$	(—) 9.779 0047

$$nu\frac{1}{b_0} = 0.401\,6426$$

Die Radien sind:

						$nu\,\varepsilon$	0.010 0000
$\left(1.871\,9409 \quad \frac{1}{n-1}\right)$						$nu\,\delta$	0.031 6228
$\frac{1}{r_1}$	0.646 0000	$\log\frac{1}{r_1}$	9.810 2325	$\log\ r_1$	0.189 7675	$nu\,r_1$	+1.547 9875
$\frac{1}{-r_2}$	1.225 9409	$\log\frac{1}{-r_2}$	0.088 4695	$\log -r_2$	9.911 5305	$nu\,r_2$	$-$0.815 7000
$\frac{1}{-r_3}$	1.203 3300	$\log\frac{1}{-r_3}$	0.080 3847	$\log -r_3$	9.919 6153	$nu\,r_3$	$-$0.813 0273
$\frac{1}{-r_4}$	0.255 5000	$\log\frac{1}{-r_4}$	9.407 3909	$\log -r_4$	0.592 6091	$nu\,r_4$	$-$3.913 8946

$\log n$ 0.185 8834 | $\log\frac{1}{n}$ 9.814 1166 | $\log N$ 0.213 3238 | $\log\frac{1}{N}$ 9.786 6762.

$nu\,r_1-r_2-\delta$ 2.332 0647, r_2-r_3-h 0.015 3273, $r_3-r_4-\varepsilon$ 3.072 8673.

Sämmtliche Zahlen sind doch ansehnlich verschieden von denen auf S. 143. — Wir nehmen $\log\mathfrak{p} = 9.009$ nach § 70 und erhalten durch die trigonometrische Rechnung

$$\log\frac{1}{b} = 9.603\,8398, \quad nu\frac{1}{b} = 0.401\,6426,$$

genau wie $\frac{1}{b_0}$, selbst in der 7. Decimale; worin sich die Vorzüglichkeit der Constanten n, N, ω documentiert. Vgl. § 58.

Führen wir dieselbe Rechnung durch, ausgehend von $\log\mathfrak{p} = 8.888$ so erhalten wir am Schlusse $nu\frac{1}{b} = 0.401\,6422$. Legen wir aber ein sehr grofses $\mathfrak{p}$, nämlich $\log\mathfrak{p} = 9.141$ (welches einer Apertur $\mathfrak{P} = \frac{1}{9}b_0$ entspricht) zu Grunde, so berechnet sich $nu\frac{1}{b} = 0.401\,6431$. Eine so aufserordentlich grofse Apertur würden wir unbedenklich zur Anwendung bringen dürfen, wenn nicht die Gaufsische Bedingung, und zwar diese einzig und allein, ihre Schranken entgegensetzte; siehe § 70. (Selbst für $\log\mathfrak{p} = 9.193$, also $\mathfrak{P} = \frac{1}{8}b_0$, ist nur erst $nu\frac{1}{b} = 0.401\,6445$, also um 0;19 Einheiten der 5. Decimale, — und demnach $nu\,b_0$ um $b_0^2 \times 0;19$ d. i. 1;17 Einheiten zu grofs; es muss also auch E nur sehr klein, namentlich beträchtlich kleiner sein, als auf S. 144.)

Vor allem jedoch interessiert uns für jetzt die Frage, wie grofs (siebenstellig) $\frac{1}{b_v}$ ausfallen mag, d. h. was herauskommt, wenn wir die ganze trigonometrische Rechnung (mit denselben Radien) wiederholen, so jedoch dass an den vier Stellen, wo $\frac{1}{n}$, n, $\frac{1}{N}$, N eintreten, anstatt dieser vielmehr $\frac{1}{v}$, v, $\frac{1}{V}$, V eingesetzt werden. ($v = 1.544\,2050$, $\log v = 0.188\,7049$; $V = 1.653\,9838$, $\log V = 0.218\,5312$. Vgl. S. 172.)

Wir würden mit grofser Bestimmtheit voraussagen können, was für $\frac{1}{b_v}$ resultieren muss, wenn wir die Gröfse des Coefficienten D_v nur einigermafsen genau kännten. Es ist nämlich

$$\frac{1}{b_v} = \frac{1}{b_{0v}} + C_v\mathfrak{e}^2 + D_v\mathfrak{e}^4 + \cdots$$

Hier ist $\mathfrak{e}$ ungefähr dasselbe wie $\mathfrak{p}$. Wir wollen es aber zum Zwecke der siebenstelligen Berechnung ein wenig genauer nehmen, und (Gleichung (68.), S. 74) $\mathfrak{e} = 2r_1 \sin\frac{1}{2}R$ setzen. Nun ist $\sin R_1 = \frac{\mathfrak{p}}{r_1}$; $R_1 = 3^0 46'53''6$; $\frac{1}{2}R_1 = 1^0 53'26''8$, also $\log\mathfrak{e} = 9.00924$.

C_v kennen wir von S. 173; es ist $= -1170$; $\underline{\log C_v = (-)8.06\,819.}$

Aus den beiden letzteren ergiebt sich $\log C_v\mathfrak{e}^2 = (-)\,6.08\,667$, $\underline{nu\,C_v\mathfrak{e}^2 = -12;21.}$

Den Wert von $\frac{1}{b_{0v}}$ (d. i. das mit v und V, anstatt n und N, zu berechnende $\frac{1}{b}$, soweit es von der Elongation unabhängig ist) können wir mit Leichtigkeit auf 7 Stellen bestimmen, (nach dem Vorbilde der kleinen Rechnung im Eingange dieses Paragraphen) sobald wir $\frac{1}{z_0}$ und $\frac{1}{z_1}$ auf 5 Stellen genau kennen.

Wir lernen $\log \frac{1}{z_0} = 9.15\,127$, $\log \frac{1}{z_1} = 9.15\,188$ kennen aus dem weiteren Verlaufe der auf S. 173 nur angefangenen fünfstelligen Rechnung, und da $\log V\varepsilon = 8.21\,853$, so haben wir

$$\log \frac{V\varepsilon}{z_0 z_1} = 6.52\,168, \quad \underline{nu} \frac{V\varepsilon}{z_0 z_1} = \underline{0.000\,3324} = \underline{33;24.}$$

Somit erhalten wir:

$nu \frac{1}{y_{01}}$	$= 1.021\,2687$ (S. 173.)	$\log\left(\frac{1}{r_3} - \frac{1}{r_4}\right) =$	(S. 174) $(-)9.976\,7305$
$\frac{V\varepsilon}{z_0 z_1}$	3324	$\log(V-1)$	$\underline{9.815\,5670}$
	$-\ \underline{0.619\,8656}$ $nu \leftarrow$	$\log(V-1)\left(\frac{1}{r_3} - \frac{1}{r_4}\right)$	$(-)9.792\,2975$
$\frac{1}{b_{0v}}$	0.401 7355, und folglich		

$$\frac{1}{b_v} = 0.401\,7355 + C_v e^2 + D_v e^4 = 0.401\,7355 - 0.000\,1221 + D_v e^4,$$

$$\text{d. i. } \underline{\frac{1}{b_v} = 0.401\,6134 + D_v e^4.}$$

Wer sich die Mühe geben will, D_v nach unseren exacten Gleichungen (inclus. der zahlreichen Correctionen (S. 24.), bei deren Berechnung nicht etwa C_n, sondern $C_v = -1170$ in Anwendung zu bringen ist) zu berechnen, wird ungefähr $D_v \mp -2000$; finden, also $\log D_v \mp (-)8.301$, und somit $\log D_v e^4 \mp (-)4.338$, $nu D_v e^4 \mp -0.000\,0022$

$$\frac{1}{b_v} = 0.401\,6112.$$

Dagegen wird ihm die vorhin angedeutete trigonometrische Rechnung (mittelst v und V) geben

$$\frac{1}{b_v} = 0.401\,6107.$$

Diese Uebereinstimmung bestätigt also die Richtigkeit unserer Behauptung, dass, wenn $\angle jj = 9$ Minuten zulässig ist, selbst bei einer Vergröfserung $m' = 832$ eine Apertur $\mathfrak{P} = \frac{1}{12{,}3} b_0$, $\mathfrak{p} = \frac{1}{24{,}6} b_0$ angewandt werden darf.

§ 73.
Schlussbetrachtung.

Aus unseren gesammten Betrachtungen geht auf das deutlichste hervor, dass ein günstiger Erfolg nur dann zu erwarten steht, wenn folgenden drei Haupterfordernissen Genüge geschieht:

1. Die Gleichung $C = 0$ muss möglichst so nahe verificiert werden, als es mit fünfstelligen Tafeln geschehen kann. Eine geringe Abweichung ist nur dann gestattet, wenn es sich darum handelt, zwischen den Anfangsgliedern $Ce^2 + De^4 + Ee^6$ unter den in §§ 55—57 näher angegebenen Modalitäten eine Compensation eintreten zu lassen.

2. Auch die heteronomische Gleichung $H = 0$ muss zur Gewinnung eines genügend grofsen Gesichtsfeldes möglichst genau erfüllt werden, doch lässt sich hier eher eine kleine Abweichung ertragen (siehe § 52, S. 122), die allerdings gerade an dieser Stelle mit grofser Leichtigkeit sich vermeiden lässt.

3. Sind dann die Radien derartig bestimmt, dass den Gleichungen $C = 0$ und $H = 0$, sowie auch vorläufig der chromatischen Gleichung genügt wird, so berechnet man auch den Coefficienten D. Je kleiner dieser ausfällt, desto weniger Einschränkung erfahren die Apertur und die Vergröfserung; man wird daher, wenn D nicht genügend klein ist, zu anderen Glassorten greifen müssen. Vollkommen genügende zusammengehörige Glassortenpaare lassen sich ohne Zweifel in grofser Anzahl praktisch fabricieren. Ist eine Auswahl gestattet, so wird man geneigt sein, solche Paare vorzuziehen, die einen möglichst kleinen Wert für C_v geben.

4. Auch die Farbengleichung ist genau zu erfüllen (— eine blofse Näherungsgleichung ist ungenügend —), und zwar schliefslich in derjenigen Modification (§ 68), welche geeignet ist, die unvermeidliche Farbenabweichung der Randstrahlen auf ihr Minimum (d. i. den Abweichungsradius auf ein Viertel seiner Gröfse) herabzubringen.

IV. Teil.

Das secundäre Spectrum.

§ 74.

Ungefähre Gröfse des Fehlers.

Die in § 18 gemachte Voraussetzung $\triangle N = c . \triangle n$, (wo c eine Constante bedeutet, gleich dem dortigen $\frac{K}{k}$) trifft in Wirklichkeit doch nur sehr unvollständig zu. Wir haben gelernt die Radien so zu berechnen, dass der Wert von $\frac{1}{b}$, welcher ist:

$$\frac{1}{b}=\left\{\frac{1}{a}+\frac{n\delta}{x_0x_1}+\frac{h}{y_0y_1}+\frac{N\varepsilon}{z_0z_1}+\right.$$
$$\left.+(n-1)\left(\frac{1}{r_1}-\frac{1}{r_2}\right)+(N-1)\left(\frac{1}{r_3}-\frac{1}{r_4}\right)\right\}+Ce^2+\cdots,$$

sich gar nicht, oder doch nur in ganz geringem Maſse ändert, gleichviel ob man die Berechnung mit den mittleren Brechungs-indices n und N, oder mit $n+\triangle n$ und $N+\triangle N$ ausführt, dafern nur $\underline{\triangle N=c.\triangle n}$ ist. — Gerade die in $\{\}$ eingeschlossene Partie, welche ist $\frac{1}{b_0}$, und welche unter dieser Bedingung absolut unverändert bleibt, wird ganz bedeutend alteriert, wenn die Gleichung $\triangle N=c.\triangle n$ nicht genau erfüllt wird.

Bezeichnen wir den Fehler an $\triangle N$ mit $\mathfrak{d}.\triangle N$, oder lieber abgekürzt $\mathfrak{d}.\triangle$, so zeigt sich — abgesehen von den geringfügigen Veränderungen, welche hieraus an $\frac{n\delta}{x_0x_1}+\frac{h}{y_0y_1}+\frac{N}{\varepsilon_0\varepsilon_1}$ und an $C.e^2$ zum Vorscheine kommen — der Fehler an $\frac{1}{b}$ der Hauptsache nach

$$\mathfrak{d}\frac{1}{b}\doteq\left(\frac{1}{r_3}-\frac{1}{r_4}\right)\mathfrak{d}\triangle \quad\text{oder}\doteq\frac{\omega}{N-1}\mathfrak{d}\triangle \qquad \text{(nach (49.))}.$$

In unserem ersten Zahlenbeispiele (§ 27) ist, absolut genommen, $\frac{1}{r_3}-\frac{1}{r_4}>1$. Nehmen wir aber nur: $=1$, so wäre also

$$\mathfrak{d}\frac{1}{b}=\mathfrak{d}\triangle;\quad \mathfrak{d}b=b^2\mathfrak{d}\triangle;$$

und da dort $b\doteq 2{,}7$ ist,

$$\mathfrak{d}b=2{,}7.\mathfrak{d}\triangle\times b.$$

Wenn nun, — was, wie wir unten sehen werden, oft vorkommt —, $\mathfrak{d}\triangle=120$ Einheiten der fünften Decimale wäre, und wenn etwa $b=5{,}4$ Meter betrüge, dann hätten wir $\mathfrak{d}b=0.01\,695$ Meter; rund 17 Millimeter Longitudinal-abweichung! Und dies trifft in der That bei dem sonst so vorzüglichen $5^m,4$ langen Schröder'schen Fernrore zu Potsdam zu, wo die „Sideralbrennweiten von D und H um 17^{mm} auseinander liegen". (Vgl. Safarik in der Vierteljarsschrift der Astronomischen Gesellschaft 1882, Heft 1, pag. 36 oben. D und H bedeuten hier die Fraunhofer'schen Spectral-linien.)

Für die Lateral-abweichung gilt hier, wie in §§ 66 und 52, die Gleichung $k'd'=\frac{1}{2}\mathfrak{d}b\cdot\frac{\mathfrak{p}}{b}$, worin $\mathfrak{d}b$ die ganze Längenabweichung bezeichnet, — und da, wie immer

$$k'd' \leqq \varphi . \sin jj$$

sein muss, so haben wir allgemein geltend:

$$(131.) \quad \begin{cases} \sin jj \geqq \frac{b_0}{\varphi} \frac{1}{2} \frac{\mathfrak{p}}{b_0^2} \cdot \mathfrak{d} b \quad \text{oder} \quad \geqq \frac{b_0}{\varphi} \frac{1}{2} \mathfrak{p} . \mathfrak{d} \frac{1}{b}, \\ \sin ii = \frac{1}{2} \mathfrak{p} . \mathfrak{d} \frac{1}{b} = \frac{1}{2} \mathfrak{p} \frac{\omega}{N-1} \mathfrak{d} \triangle. \end{cases}$$

Die Gröfse $\mathfrak{d}\triangle$ ist der Fehler, um welchen das Increment des Brechungsindex N von der strengen Proportionalität abweicht. Schon eine ganz geringe Abweichung, die kaum die Grenze der Beobachtungsfehler überschreitet, ist von Nachteil. Wenn z. B. $\mathfrak{d}\triangle = 0.00\,006$, und wie im ersten Zahlenbeispiele, ω ungefähr $N-1$, $\mathfrak{p}$ aber $= \frac{1}{27} b_0$ d. i. ungefähr $\frac{1}{10}$ gesetzt wird, so zeigt sich

$$\sin ii = 0.000\,0030, \quad \angle\, ii \doteq 0.6 \text{ Secunden}.$$

Ziemlich dasselbe ii erhalten wir aus (129.), wenn wir dort $\mathfrak{p} = 0{,}1$ und $\partial C = 0.01\,121$ (siehe § 59) setzen. Also ist ein so geringfügiges $\mathfrak{d}\triangle = 0.00\,006$ ebenso nachteilig, als der nach Anbringung der Gaufscorrection (zweite Methode, § 64 ff.) noch vorhandene Fehlerrest. Und so leuchtet ein, dass in allen denjenigen Fällen, wo $\mathfrak{d}\triangle$ den Betrag 0.00 006 ansehnlich überschreitet eine noch strengere Erfüllung der Gaufsischen Forderung keinen weiteren Nutzen bringen kann, und bei 10 bis 20facher Gröfse jenes Fehlers $\mathfrak{d}\triangle$ sogar alle und jede Rücksichtnahme auf die theoretisch vollberechtigte Gaufsische Forderung in der Ausübung unterbleiben darf. Nur dann erst werden die Besserungsbestrebungen der §§ 59—63 praktischen Nutzen bringen können, wenn es (— wozu freilich bisher wenig Aussicht war —) gelingen sollte Glasarten herzustellen, welche bei möglichst gleichen Brechungskräften stark differente, — aber von Farbe zu Farbe genau proportional fortschreitende — Zerstreuungs-incremente besitzen, wenigstens in den lichtstarken Teilen des Spectrums.

§ 75.
Numerischer Wert von $\mathfrak{d}\triangle$.

Betrachten wir einmal die Brechungs-indices zweier Glassorten, welche schon oft zur Anfertigung achromatischer Doppelobjective verwandt worden sind: Crownglas No. 13 und Flintglas No. 3 (nach Fraunhofer's Bezeichnung). Die Brechungs-indices für die einzelnen Spectrallinien $B, C, D. \dots$ bis H sind von Fraunhofer selbst mit unübertroffener

Schärfe bis auf sechs Decimalstellen durch Messung bestimmt worden, doch können immerhin Fehler bis zu 49 Einheiten der sechsten Decimale (4; 9) übrig geblieben sein.

Es ist völlig gleichgültig, welchen Brechungs-index wir als den **mittleren** wählen wollen, wenn er nur nicht allzu fern von denjenigen Indices liegt, bei welchen die stärkste Lichtintensität stattfindet. — Die Intensitäten hat ebenfalls Fraunhofer selbst dargestellt bei den Spectrallinien

B C D E F G H

durch die Zahlen

32 94 640 480 170 31 6,

wobei noch zu bemerken ist, dass die Lichtstärke zwischen *D* und *E* erst noch ansehnlich über 640 hinaus wächst, ehe sie wieder abnimmt.

Wir wollen die **Brechungs-indices bei *E* als die mittleren** ansehen. — In der ersten und dritten Spalte der folgenden kleinen Tafel stehen die beobachteten Brechungs-indices; die dazu gehörigen Differenzreihen stehen unter $\triangle n$ und $\triangle N$ in der zweiten und vierten Spalte.

	Crown 13.		Flint 3.					
		$\triangle n$		$\triangle N$	$1.769\triangle n$	giebt $\mathfrak{d}\triangle$	$1.786\triangle n$	giebt $\mathfrak{d}\triangle$
B	$1.52\,431_2$	$-\ 706_0$	$1.60\,204_2$	-1249_0	-1248_9	$+\ 0;\ 1$	-1260_9	$-\ 11;\ 9$
C	$1.52\,529_9$	$-\ 607_3$	$1.60\,380_0$	-1073_2	-1074_3	$-\ 1;\ 1$	-1084_6	$-\ 11;\ 4$
D	$1.52\,798_2$	$-\ 339_0$	$1.60\,849_4$	$-\ 603_8$	$-\ 599_7$	$+\ 4;\ 1$	$-\ 605_6$	$-\ 1;\ 8$
E	$1.53\,137_2$	$= n$	$1.61\,453_2$	$= N$				
F	$1.53\,433_7$	$+\ 296_5$	$1.62\,004_2$	$+\ 551_0$	$+\ 524_5$	$-\ 26;\ 5$	$+\ 529_5$	$-\ 21;\ 5$
G	$1.53\,990_8$	$+\ 853_6$	$1.63\,077_2$	$+1624_0$	$+1510_0$	$-114;\ 0$	$+1524_5$	$-\ 99;\ 5$
H	$1.54\,468_4$	$+1331_2$	$1.64\,037_3$	$+2584_1$	$+2354_9$	$-229;\ 2$	$+2377_5$	$-206;\ 6$

Der Quotient $\frac{\triangle N}{\triangle n}$ bei der Linie *B* ist 1,769. Wäre nun die gewünschte Proportionalität vorhanden, so müssten, wenn man die Zahlen der Spalte $\triangle n$ der Reihe nach mit 1,769 multiplicierte, die Zahlen der Spalte $\triangle N$ zum Vorscheine kommen. Dem ist jedoch in Wirklichkeit nicht so, sondern wir erhalten die unter $1,769.\triangle n$ stehenden Zahlen, welche ja von *B* bis *D* recht gut zutreffen, um, wie die Spalte $\mathfrak{d}\triangle$ zeigt, von *F* bis *H* um so ärger abzuweichen. — Bilden wir die Quotienten $\frac{\triangle N}{\triangle n}$ auch für die übrigen Linien *C, D, F, G, H*, so finden wir, dass dieselben (bis auf eine einzige ganz geringfügige Ausnahme) immer gröfser werden. Z. B. bei *H* ist $\frac{\triangle N}{\triangle n} = 1.941$. Hieraus ist abzunehmen, dass es vorteilhafter sein wird, nicht gerade den kleinsten 1.769 —, aber auch nicht den gröfsten 1.941, sondern vielmehr einen Mittelwert in Rechnung zu nehmen. Und unter den unendlich vielen möglichen Mittelwerten wird nicht gerade derjenige der beste sein, der die Fehler $\mathfrak{d}\triangle$ in die engsten Grenzen einschliefst. Dies würde nämlich nur dann das richtige sein, wenn ein Fehler in einer lichtstarken Region nur ebenso nachteilig — also nicht nachteiliger — wirkte, als ein gleichgrofser Fehler in einer lichtschwachen Region, woran doch nicht zu denken ist. — Der Mittelwert $\frac{\triangle N}{\triangle n} = 1.786$, der in der letzten Doppelspalte der Betrachtung unterzogen ist, ist nach der Methode der kleinsten Quadrate und unter Berücksichtigung der verschiedenen Intensitäten berechnet worden; obwohl er der mutmafslich beste ist, erweist sich der Fehler $\mathfrak{d}\triangle$ im Maximum $= 206$; 6 Einheiten der fünften Decimale! Hiernach erscheinen die im vorigen § geschilderten Unzuträglichkeiten noch als sehr milde.

Die Frage, welchen Mittelwert man am besten dem $\frac{\partial N}{\partial n}$ (— wenn einmal die Glassorten vorgeschrieben sind —) beizulegen habe, hat schon den grofsen Fraunhofer angelegentlichst beschäftigt, da die Wahl desselben von der gröfsten Wichtigkeit ist für die Bestimmung der Zahl ω d. i. $\frac{N-1}{n-1}\frac{\partial n}{\partial N}$ (siehe § 18, Gleichung 49.), mit deren Hülfe die Krümmungshalbmesser berechnet werden. Dieser Forscher hatte sich dafür seine eigene Regel gebildet, ebenfalls unter Rücksicht auf die Intensitäten (vgl. das vortreffliche Werk von Dr. Wilibald Schmidt: Die Brechung des Lichtes in Gläsern pag. 107—108. — Leipzig 1874 (Teubner)), war indess mit den Ergebnissen seiner Berechnung nicht ganz zufrieden, wich vielmehr in der Praxis mit günstigstem Erfolge etwas davon ab. Prechtl thut in § 112 dieser Fraunhofer'schen Gepflogenheit Erwähnung, jedoch ohne irgend welche Kritik oder Empfehlung und ohne sich selbst (in den Beispielen §§ 106—110) nach ihr zu richten. Er sagt:

„Nach Herrn Fraunhofer's Beobachtungen vereinigt sich in dem „Bilde des Objectives die gröfste Menge Licht, oder die Abweichung „der hellsten und dichtesten Farben wird am geringsten, wenn das „Zerstreuungsverhältniss“ (d. i. bei uns ω) „etwas gröfser genommen „wird, als es die Versuche (?) geben. Diese Vermehrung beträgt für „mittlere Zerstreuungsverhältnisse etwa $\frac{12}{1000}$ des gegebenen Ver- „hältnisses. Wenn also das gefundene Zerstreuungsverhältniss der

„beiden Glassorten $= 0{,}650$ ist, so würde es nach dieser Correction „$= 0{,}650 + 0.650 \times \frac{12}{1000} = 0{,}6578$ werden; nach welchem Verhältnisse „sodann die Halbmesser aus der Tafel“ — (von Herschel-Barlow) — „zur Berechnung kommen.“

Schmidt seinerseits sagt pag. 109:

„Man muss nun voraussetzen, dass annähernd die Brechungs-„exponenten des Lichtes in beiden Glasarten durch die binomischen „Ausdrücke

$$n = \alpha_1 + \beta_1 l^{-k} \quad \text{und} \quad N = \alpha_2 + \beta_2 l^{-k}$$

„gegeben seien“.

Hierin bedeutet nämlich, während α_1, α_2, β_1, β_2 constante Zahlenwerte sind, die Variable l eine Zahl, welche der Wellenlänge der jeweilig zu betrachtenden Strahlengattung direct proportional ist. Und was den Potenz-exponenten $-k$ betrifft, so hat Schmidt den Wert $-k = -{}^7/_3$ nach einigen Versuchen für den vorteilhaftesten erachtet (siehe das. pag. 76) und numerisch nachgewiesen, dass die mittelst desselben berechneten Brechungs-indices bis auf wenige Einheiten der vierten Decimale mit den beobachteten übereinstimmen. — Weiter pag. 109:

„Wir wissen, dass die Lichtbrechung sich nicht mit hinreichender „Genauigkeit durch die zweigliedrige Form $\alpha + \beta l^{-7/3}$ ausdrücken lässt; „will man gleichwohl sich derselben bedienen, so hat man, um die „daraus entspringende Undeutlichkeit der Bilder möglichst wenig fühl-„bar zu machen, der Intensität der Lichtwirkung auf unser Auge insofern „Rechnung zu tragen, dass die aus den Formeln durch Rechnung „hervorgehenden Einzelwerte der Brechungs-exponenten für die ver-„schiedenen Spectrallinien sich in dem Maſse den beobachteten „besser anschlieſsen, als diese Linien in einem intensiver wirkenden „Teile des Spectrums sich befinden. Nun ist aus der Lehre von der „Methode der kleinsten Quadrate bekannt, dass bei gleicher Zuver-„lässigkeit der Beobachtung die Genauigkeit wie die Quadratwurzel „aus der Anzahl der Beobachtungen wächst; man hat also zu dem ge-„nannten Zwecke bei Berechnung der wahrscheinlichsten Werte von α „und β die durch die Beobachtung gefundenen Brechungs-exponenten „der Linien B, C, ... H mit den Quadraten der Intensitäts-coefficienten „als Gewichten p zu versehen.“

Auf dieser Grundlage werden nun bei Schmidt die obigen Constanten α_1 α_2 β_1 β_2 berechnet. Substituiert man in die Gleichung für $\frac{1}{b_0}$, so erhält man:

$$\frac{1}{b_0} \ddagger \left(\frac{1}{r_1} - \frac{1}{r_2}\right)(\alpha_1 - 1 + \beta_1 l^{-7/3}) + \left(\frac{1}{r_3} - \frac{1}{r_4}\right)(\alpha_2 - 1 + \beta_2 l^{-7/3}) + \frac{1}{a}.$$

Soll nun $\frac{1}{b_0}$ von dem variablen l unabhängig sein, so muss

$$\left(\frac{1}{r_1} - \frac{1}{r_2}\right)\beta_1 + \left(\frac{1}{r_3} - \frac{1}{r_4}\right)\beta_2 \ddagger 0, \quad \text{d. i.} \quad \frac{1}{r_3} - \frac{1}{r_4} \ddagger - \frac{\beta_1}{\beta_2}\left(\frac{1}{r_1} - \frac{1}{r_2}\right)$$

sein, wo sich denn im Vergleiche mit unserer Gleichung (45.) zeigt, dass $\frac{\beta_1}{\beta_2}$ genau dasselbe ist, was wir mit $\frac{\partial n}{\partial N}$ bezeichnet haben.

Welche von den beiden Bestimmungsweisen des Wertes $\frac{\partial n}{\partial N}$, ob die Fraunhofer'sche, oder die Schmidt'sche den Vorzug verdiene, darüber wird vielleicht nur die Erfahrung in jedem einzelnen Falle entscheiden können; immer jedoch werden, zumal an den Spectralstellen *G* und *H* ganz beträchtliche Fehler zurückbleiben, welche 100 bis 200 Einheiten der fünften Decimale, ja noch mehr, betragen können.

§ 76.
Das dreifache Objectiv von Schmidt.

Bei dieser Lage der Dinge fehlt es einerseits nicht an Ausdrücken der Verwunderung, dass die Instrumente trotz ihrer durch Rechnung und Messung nachweisbaren chromatischen Fehler dennoch so vorzügliches leisten, andrerseits nicht an Aeufserungen der Enttäuschung solcher Beobachter, welche — an Reflexions-instrumente gewöhnt — dann einmal einen als vorzüglich gerühmten Refractor unter die Hände bekommen, (vgl. Safarik in der V. J. S. der Astr. Ges. 1882, Heft 1, pag. 36 oben), und es hat sich mit Recht die Ansicht eingebürgert, dass „der Hauptmangel der jetzigen Achromaten" (Safarik a. a. O. p. 35) „in dem secundären Spectrum liege".

Um dem Uebel abzuhelfen, könnte man zunächst auf den Gedanken verfallen, die zweite Herschel'sche (oder aber die von uns empfohlene heteronomische) Gleichung lieber ganz aufzugeben, und die so gewonnene Freiheit zu benutzen zur Erfüllung einer zweiten, die Brechungsverhältnisse genauer darstellenden Farbengleichung; allein man sieht leicht ein, dass dies unmöglich ist. Denn gesetzt, es liefse sich $\triangle N$ durch den zweigliederigen Ausdruck

$$\triangle N = c . \triangle n + k . \triangle n^2$$

mit hinreichender Schärfe wiedergeben, was in der Regel der Fall ist, so würde die Substitution in die notwendig zu erfüllende Gleichung

$$\triangle \frac{1}{b} = \left(\frac{1}{r_1} - \frac{1}{r_2}\right) \triangle n + \left(\frac{1}{r_3} - \frac{1}{r_4}\right) \triangle N = 0$$

ergeben:

$$0 = \left[\left(\frac{1}{r_1} - \frac{1}{r_2}\right) + \left(\frac{1}{r_3} - \frac{1}{r_4}\right)c\right] \triangle n + \left(\frac{1}{r_3} - \frac{1}{r_4}\right) k \triangle n^2,$$

welche letztere Gleichung nur dadurch (für jedes $\triangle n$) verificiert werden kann, dass man

$$\frac{1}{r_3} = \frac{1}{r_4} \quad \text{und folglich auch} \quad \frac{1}{r_1} = \frac{1}{r_2}$$

setzt, d. h. es würden sich die beiden Linsengläser jedes in eine Glasschale mit parallelen Wänden verwandeln.

So bleibt denn nur das eine Mittel übrig, dass man das Objectiv nicht aus zwei, sondern aus mehreren, — zunächst aus drei Linsengläsern zusammensetzt. Jedoch dies allein genügt auch noch nicht, sondern es kommt die Hauptbedingung hinzu:

dass die Linsen aus drei verschiedenen Glasarten gefertigt sein müssen.

Denn z. B. angenommen, die dritte noch hinzutretende Linse mit den Radien r_5 und r_6 bestehe aus derselben Glasart wie die zweite, so würde die Bedingung des Achromatismus lauten:

$$\left(\frac{1}{r_1} - \frac{1}{r_2}\right) \triangle n + \left(\frac{1}{r_3} - \frac{1}{r_4}\right) \triangle N + \left(\frac{1}{r_5} - \frac{1}{r_6}\right) \triangle N = 0, \quad \text{d. i.}$$

$$\triangle N = - \frac{\frac{1}{r_1} - \frac{1}{r_2}}{\frac{1}{r_3} - \frac{1}{r_4} + \frac{1}{r_5} - \frac{1}{r_6}} \triangle n,$$

d. h.: $\triangle N$ immer proportional $\triangle n$; so dass wir also trotz der sechs zur Verfügung stehenden Radien dennoch gezwungen sein würden, die chromatischen Abweichungen in ihrer ganzen Gröfse beizubehalten.

Wird dagegen eine dritte Glasart mit einem Brechungs-index m, der von n und N verschieden ist, angewandt, so haben wir

$$\left(\frac{1}{r_1} - \frac{1}{r_2}\right) \triangle n + \left(\frac{1}{r_3} - \frac{1}{r_4}\right) \triangle N + \left(\frac{1}{r_5} - \frac{1}{r_6}\right) \triangle m = 0,$$

und wenn nun

$$\triangle N = c . \triangle n + k \triangle n^2 \quad \text{und} \quad \triangle m = c' \triangle n + k' \triangle n^2,$$

so erhalten wir durch Substitution in die obere Gleichung und dann die Coefficienten von $\triangle n$ und $\triangle n^2$ einzeln $= 0$ setzend:

$$\left(\frac{1}{r_1} - \frac{1}{r_2}\right) + \left(\frac{1}{r_3} - \frac{1}{r_4}\right) \cdot c + \left(\frac{1}{r_5} - \frac{1}{r_6}\right) \cdot c' = 0 \quad \text{und}$$

$$\left(\frac{1}{r_3} - \frac{1}{r_4}\right) \cdot k + \left(\frac{1}{r_5} - \frac{1}{r_6}\right) \cdot k' = 0,$$

also zwei chromatische Bedingungsgleichungen.

Der Verfasser der oben (§ 75) angeführten bahnbrechenden Schrift Wilibald Schmidt drückt übrigens die Brechungs-indices der verschiedenen Spectralfarben in ganz originaler Weise als Functionen der zugehörigen Wellenlängen aus. Mit staunenswertem Fleiſse hat er bei den sieben von Fraunhofer selbst sorgfältigst untersuchten Glasarten — (über welche Schumacher's astron. Abhandlungen, Heft 2, pag. 31, Altona 1823 nachzusehen sind; auch Schmidt selbst pag. 10 und 11) — erstens den Nachweis geführt, dass deren Brechungs-indices ausdrückbar sind durch Gleichungen von der Form $n = a + b.l^{-1} + c.l^{-4}$, wo a, b, c der Glasart eigentümliche Constanten bedeuten, l aber eine der jedesmaligen Wellenlänge proportionale Zahl,

zweitens hat er die 21 Constanten a, b, c sieben- bis elfstellig nach der Methode der kleinsten Quadrate berechnet,

und ferner nachgewiesen, dass, wenn man genötigt ist, oder wenn es genügt sich auf einen zweigliederigen Ausdruck für den Brechungsindex zu beschränken, man nicht etwa das dritte Glied $c.l^{-4}$ einfach weglassen dürfe, sondern dass neue, nach der Methode der kleinsten Quadrate zu berechnende Constanten a', b' und die Form $n = a' + b'.l^{-7/3}$ genauer zutreffende Resultate liefern.

Schmidt hat die Berechnung eines dreifachen, aus den Fraunhofer'schen Glasarten

Flint No. 13. (n), Flint No. 23. (N), Crown No. 13. (m)

bestehenden Objectives ausführlich gegeben. Er erteilt den Gläsern beziehungsweise die Dicken

0.001 0.0056292 0.0036457,

die Zwischenräume gleich Null setzend, da die Krümmungen es erlauben, die Gläser dicht an einander zu rücken.

Als Maſseinheit der Länge gilt die Gesammt-brennweite des dreifachen Objectives.

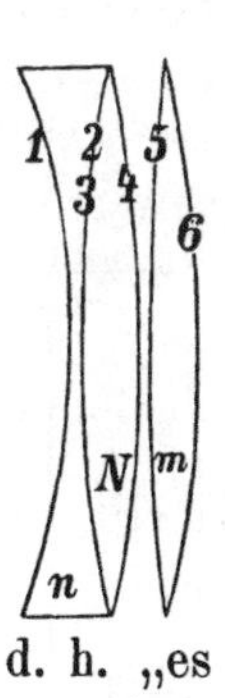

Die Radien findet er pag. 101 (nach unserer Bezeichnung, siehe § 6 Anf.) wie folgt:

$r_1 = -0.186\,3941$	$r_3 = +0.295\,3946$	$r_5 = +2.062\,2489$
$r_2 = +0.295\,3946$	$r_4 = -0.308\,1673$	$r_6 = -0.262\,7608.$

Es werden erfüllt 1 Einheitsgleichung, 1 sphäristische ($C \neq 0$), 2 chromatische Gleichungen und die Gauſsische Forderung, zusammen 5 Bedingungen. Die demnach noch übrige eine Freiheit benutzt der Verfasser nicht etwa zur Erfüllung der zweiten Herschel'schen Forderung (siehe das. p. 77), sondern zur Erfüllung der willkürlich gewählten Gleichung $r_2 = r_3$, d. h. „es soll die Rückfläche der ersten Linse mit der Vorderfläche der zweiten zusammenfallen“ (pag. 78 a. a. O.) unten).

Da die heteronomischen Strahlen aufser Beachtung geblieben sind, so steht nicht zu erwarten, dass die heteronomische Gleichung

$$H = H^* + H_* = 0$$

durch einen glücklichen Zufall erfüllt sein sollte, wenn auch nur annäherungsweise. Ich finde, wenn ich mit den Schmidt'schen Daten rechne, indem ich die der Spectrallinie E zugehörigen Brechungs-indices

$$n = 1.64\,202_4, \quad N = 1.64\,052_0, \quad m = 1.53\,137_2$$

und die combinierte Brennweite f der beiden Convexlinsen als Mafseinheit der Länge zu Grunde lege, also

$$(N-1)\left(\frac{1}{r_3} - \frac{1}{r_4}\right) + (m-1)\left(\frac{1}{r_5} - \frac{1}{r_6}\right) = \frac{1}{f} = \frac{1}{1}$$

setze, nach den exacten Gleichungen

$$H = H^* + H_* = +1815 + 257 = +0.02\,072,$$

und den Coefficienten C

$$C = -0.00\,019, \quad \text{ferner die sechste Bildweite} \quad b_0 = 6.80\,675 f.$$

Wir werden weiter unten (§ 85 Anm. und § 88 Anm.) bei einem Vergleiche sehen, dass H sowohl als C viel zu weit von Null abweichen.

§ 77.
Das dreifache Objectiv in einer anderen Weise.

Wenn wir uns denn — obgleich widerstrebend, dazu entschliefsen müssen, das Objectiv aus drei verschiedenen Glasarten zusammenzusetzen, so wollen wir wenigstens versuchen, dies in der Weise auszuführen, dass wir neben der schon von Schmidt adoptierten Bestimmung $r_2 = r_3$ noch die Festsetzung $r_4 = r_5$ hinzufügen, d. h.: wir würden das Objectiv zwar aus drei verschiedenen Glassorten zusammensetzen (denn die sind ja nach obigem unentbehrlich), jedoch nur vier Gröfsen der Radien zur Anwendung bringen, so dass die zweite und dritte, desgl. die vierte und fünfte brechende Fläche vollständig zusammenfallen würden.

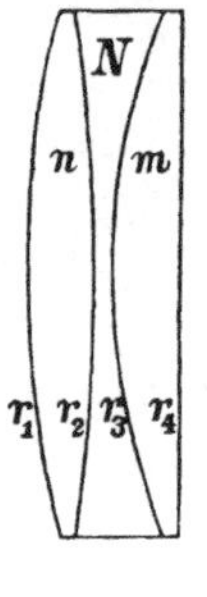

Die hierzu nötige freie Hand verschaffen wir uns dadurch, dass wir zuvörderst von Erfüllung der Gaufsischen Forderung absehen, oder vielmehr, dass wir sie uns nicht eine ganze Bedingungsgleichung kosten lassen, sondern den Fehler durch die in § 64 ff. dargestellte Methode unschädlich machen. — Ganz aufgeben dürfen wir die Rücksichtnahme auf die Aenderung des Coefficienten C (— ∂C —) nicht, denn gerade weil jetzt die beiden verbündeten Farbengleichungen den Chromatismus so erfolgreich bekämpfen, kann der wegen ∂C

noch übrig bleibende Teil desselben gar leicht der beträchtlichere sein, so dass es der Mühe lohnt, auch ihn zu vernichten.

Wir werden uns diesem speciellen Falle des dreiteiligen Objectives, bei welchem — da eben nur vier verschiedene Krümmungen auftreten — die Möglichkeit denkbar bleibt

das mittlere Glas (N) durch eine Flüssigkeit zu ersetzen,

jetzt näher zuwenden; wir werden also nicht mehr von sechs, sondern nur von vier brechenden Flächen und von vier Krümmungsradien r_1, r_2, r_3, r_4 reden. Die Sorge um die heteronomen Strahlen lassen wir vorläufig beiseite.

Es würde ein leichtes sein, auf Grundlage unserer in den drei ersten Teilen gegebenen Entwickelungen die allgemeine (d. h. von der Annahme $r_2 = r_3$ und $r_3 = r_4$ freie) Theorie der dreiteiligen Objective aufzustellen; wir erachten dies indess augenblicklich für weniger dringend, weil eine praktische Anwendung doch ausgeschlossen bleiben müsste. Denn allem Anscheine nach würde die Zuziehung der Glasart Flint No. 13., oder einer nahe verwandten notwendig erscheinen, deren auch Schmidt zu seinem Triple-objective bedurfte, welches, wie Safarik a. a. O. pag. 36 sagt: „steht und fällt mit dem Fraunhofer'schen „Flintglase No. 13., die Zusammensetzung dieses Glases ist nicht be„kannt, und die bedauerliche Geheimnisskrämerei der optischen Institute „hat der Wissenschaft empfindlichen Schaden gethan."

Zwar bedarf auch die eingangs des § bezeichnete speciellere Theorie, welche wir jetzt aufzustellen vorhaben, derselben Glasart, aber sie liefert uns nebenbei die Anleitung zur Berechnung und Prüfung der aus zwei Gläsern und einer zwischen ihnen eingeschlossenen Flüssigkeit combinierten Objective — eine Specialität, die vor der Hand mehr interessieren dürfte, als die allgemeine Theorie.

§ 78.
Wahl der Glasarten.

Nicht jede drei beliebigen Glasarten eignen sich zur Construction unseres Objectives, teils weil die quadratische Näherungsgleichung $C \neq 0$, welche zur Auffindung des ersten Radius dient, gar oft zwei imaginäre Wurzeln bietet, oder auch weil einer und der andere der vier Radien häufig aufserordentlich klein ausfällt. (Vgl. Schmidt a. a. O. pag. 121, 6.)

Auch die Reihenfolge der drei Glassorten ist keineswegs gleichgültig, vielmehr zeigt sich gar oft die eine Art der Anordnung theoretisch und praktisch günstiger als die andere; es ist eben jede einzelne Lösung des Problemes ein unicum, und um so mehr, als es nicht gelingen will, der Verwendung des berufenen Flintglases No. 13. zu entraten.

Wir unsrerseits werden die folgenden drei Arten wählen, und zwar in der Reihenfolge, wie sie hier aufgeführt werden, so dass das in der Mitte befindliche Flintglas No. 13. möglicherweise durch ein Fluidum ersetzt werden könnte. — Wir setzen (auf 5 Decimalen abgekürzt):

$$(132.)\quad \begin{cases} \text{Crown } 13 = n + \triangle n \\ \qquad\quad = 1.53\,137 + \triangle n \\ \text{Flint } 13 = N + \overbrace{\triangle N} \\ \qquad\quad = 1.64\,202 + \overset{c}{2.077}\,\triangle n + \overset{k}{7.603}\,\triangle n^2 \\ \text{Flint } 3 = m + \overbrace{\triangle m} \\ \qquad\quad = 1.61\,453 + \overset{c'}{1.826}\,\triangle n + \overset{k'}{9.000}\,\triangle n^2. \end{cases}$$

Bevor Schmidt seine Arbeit veröffentlichte, hätte wohl niemand gedacht, dass es so einfache Gleichungen für die Incremente geben könnte, und doch ist dies wenigstens bei den eximierten sieben Fraunhoferschen Glasarten durchweg der Fall.

Speciell für die eben genannten drei Sorten

	Crown 13. beobachtet		Flint 13. beob.	berechn.	Fehler	Flint 3. beob.	berechn.	Fehler
B	1.52 431	$\triangle n$ —706; $\triangle n^2$+4; 98	1.62 775	... 773_5	—1; 5	1.60 204	... 208_6	+4; 6
C	1.52 530	$\triangle n$ —607; $\triangle n^2$+3; 68	1.62 968	... 969_3	+1; 3	1.60 380	... 377_7	—2; 3
D	1.52 798	$\triangle n$ —339; $\triangle n^2$+1; 15	1.63 504	... 506_6	+2; 6	1.60 849	... 844_2	—4; 8
E	1.53 137 = n		1.64 202 = N			1.61 453 = m		
F	1.53 434	$\triangle n$ +297; $\triangle n^2$+0; 88	1.64 826	... 825_5	—0; 5	1.62 004	... 003_2	—0; 8
G	1.53 991	$\triangle n$ +854; $\triangle n^2$+7; 29	1.66 029	... 031_2	+2; 2	1.63 077	... 078_0	+1; 0
H	1 54 468	$\triangle n$ +1331; $\triangle n^2$+17; 72	1.67 106	... 101_2	—4; 8	1.64 037	... 042_9	+5; 9

zeigt diese Tabelle zwar einige Abweichungen, jedoch nur an solchen Stellen, wo höchst wahrscheinlich relativ starke Beobachtungsfehler vorgekommen sind. Denn in der That, setzen wir an den

5 Stellen:	Flint 13. C	Flint 13. D	Flint 3. B	C	D
anstatt:	1.62 968	1.63 504	1.60 204	1.60 380	1.60 849
vielmehr:	970	505	208	378	845,

welche letzteren Zahlen nach den classischen Schmidt'schen Forschungen aller Wahrscheinlichkeit nach mehr Vertrauen verdienen, so würden die Fehler beinahe total verschwinden, mit alleiniger Ausnahme der Linie H, woselbst übrigens die Lichtstärke noch nicht $^1/_{100}$ derjenigen bei D beträgt.

Die Constanten $c = 2.077$, $k = 7.603$, $c' = 1.826$, $k' = 9.000$ habe ich nicht nach der Methode der kleinsten Quadrate, sondern blos durch Probieren und Corrigieren gefunden, denn auf diesem Wege gelangt man — wenn es sich nicht um die möglichst genauen, sondern nur um praktisch hinreichend genaue Zahlen handelt, — in der Regel schneller zum Ziele.

§ 79.

Abkürzungen. Grundformeln.

Zu gröſserer Vereinfachung für Schrift und Druck wollen wir den Abkürzungszeichen des § 10 noch einige hinzufügen.

(ra), (rx), (ry), (rz) (siehe das.) bestehen aus je drei Factoren; diese sollen besondere Zeichen erhalten. Es sei:

$$\begin{array}{c|c|c||c}
\left[\frac{1}{r_1}-\frac{1}{a}\right]=[a] & \left(\frac{1}{r_1}-\frac{n_1+1}{a}\right)=(a) & \frac{n_1-1}{2n_1^2}=\gamma_1 & \text{also:}\ (ra)=\gamma_1(a)[a] \\
\left[\frac{1}{r_2}-\frac{1}{x_1}\right]=[x] & \left(\frac{1}{r_2}-\frac{n_2+1}{x_1}\right)=(x) & \frac{n_2-1}{2n_2^2}=\gamma_2 & (rx)=\gamma_2(x)[x] \\
\left[\frac{1}{r_3}-\frac{1}{y_1}\right]=[y] & \left(\frac{1}{r_3}-\frac{n_3+1}{y_1}\right)=(y) & \frac{n_3-1}{2n_3^2}=\gamma_3 & (ry)=\gamma_3(y)[y] \\
\left[\frac{1}{r_4}-\frac{1}{z_1}\right]=[z] & \left(\frac{1}{r_4}-\frac{n_4+1}{z_1}\right)=(z) & \frac{n_4-1}{2n_4^2}=\gamma_4 & (rz)=\gamma_4(z)[z].
\end{array}$$

Ferner

$$\overline{ra}=\gamma_1(a)[a]^2,\quad \overline{rx}=\gamma_2(x)[x]^2,\quad \overline{ry}=\gamma_3(y)[y]^2,\quad \overline{rz}=\gamma_4(z)[z]^2.$$

Endlich wollen wir die Differenzen der Reciproca von je zwei aufeinander folgenden Radien, die sehr häufig auftreten, so bezeichnen:

$$\frac{1}{r_1}-\frac{1}{r_2}=(12)\qquad \frac{1}{r_2}-\frac{1}{r_3}=(23)\qquad \frac{1}{r_3}-\frac{1}{r_4}=(34),$$

(so dass also (12.) und (34.) gleichbedeutend sind mit $\frac{1}{\mathfrak{r}}$ und $\frac{1}{\mathfrak{R}}$ in § 61).

Es sind n, N, m die mittleren (d. h. der Spectrallinie E entsprechenden) Brechungs-indices für den Uebergang der Strahlen aus Luft in Crown 13, aus Luft in Flint 13, aus Luft in Flint 3.

Bei der in § 77 angegebenen speciellen Construction einer dreifachen Linse geht aber der Strahl

1.) aus Luft in Crown 13; 2.) aus Crown 13 in Flint 13;
3.) aus Flint 13 in Flint 3; 4) aus Flint 3 in Luft.

Und so haben wir nach dem bekannten Satze von der Zusammensetzung der Brechungsverhältnisse folgende Indices anzusetzen:

$$(133.)\quad n_1 = n \quad n_2 = \frac{N}{n} \quad n_3 = \frac{m}{N} \quad n_4 = \frac{1}{m}.$$

Somit erhalten wir aus (31.) für die Centralstrahlenbilder:

$$(134.)\quad \begin{cases} \frac{1}{x_0} = \left(1-\frac{1}{n}\right)\frac{1}{r_1} + \frac{1}{n}\frac{1}{a} & \Big| \ \frac{1}{y_0} = \left(1-\frac{n}{N}\right)\frac{1}{r_2} + \frac{n}{N}\frac{1}{x_1} \\ \frac{1}{z_0} = \left(1-\frac{N}{m}\right)\frac{1}{r_3} + \frac{N}{m}\frac{1}{y_1} & \Big| \ \frac{1}{b_0} = (1-m)\frac{1}{r_4} + m\frac{1}{z_1}. \end{cases}$$

Ferner hieraus wieder:

$$(135.)\quad \begin{cases} \frac{1}{x_0} = \left(1-\frac{1}{n}\right)\frac{1}{r_1} + \frac{1}{n}\frac{1}{a} \\ \frac{1}{y_0} = \left(1-\frac{n}{N}\right)\frac{1}{r_2} + \frac{1}{N}\frac{n-1}{r_1} + \frac{n}{N}\frac{\delta}{x_0 x_1} + \frac{1}{N}\frac{1}{a} \\ \frac{1}{z_0} = \left(1-\frac{N}{m}\right)\frac{1}{r_3} + \frac{1}{m}\frac{N-n}{r_2} + \frac{1}{m}\frac{n-1}{r_1} + \frac{n}{m}\frac{\delta}{x_0 x_1} + \frac{N}{m}\frac{h}{y_0 y_1} + \frac{1}{m}\frac{1}{a} \\ \frac{1}{b_0} = \frac{1-m}{r_4} + \frac{m-N}{r_3} + \frac{N-n}{r_2} + \frac{n-1}{r_1} + \frac{n\delta}{x_0 x_1} + \frac{Nh}{y_0 y_1} + \frac{m\varepsilon}{z_0 z_1} + \frac{1}{a}, \text{ d. i.} \\ \frac{1}{b_0} = (n-1)\left(\frac{1}{r_1}-\frac{1}{r_2}\right) + (N-1)\left(\frac{1}{r_2}-\frac{1}{r_3}\right) + (m-1)\left(\frac{1}{r_3}-\frac{1}{r_4}\right) + \\ \qquad + \frac{n\delta}{x_0 x_1} + \frac{Nh}{y_0 y_1} + \frac{m\varepsilon}{z_0 z_1} + \frac{1}{a}. \end{cases}$$

Ich brauche wohl kaum darauf aufmerksam zu machen, dass hier (und im IV. Teile überhaupt) h nicht mehr einen Hiatus bedeutet, sondern die **Dicke der mittleren** Glas- oder Flüssigkeits-**Linse**.

Durch Differentiierung von (134.) — (a und die Radien constant) —, wobei wir uns aus (42.) erinnern, dass

$$\partial\frac{1}{x_1} = \xi_1^2\,\partial\frac{1}{x_0} \qquad \partial\frac{1}{y_1} = \eta_1^2\,\partial\frac{1}{y_0} \qquad \partial\frac{1}{z_1} = \zeta_1^2\,\partial\frac{1}{z_0}$$

ist, erhalten wir zunächst:

$$\begin{array}{l|l} \partial\frac{1}{x_0} = \frac{1}{n^2}[a]\partial n & \partial\frac{1}{y_0} = -[x]\partial\frac{n}{N} + \xi_1^2\frac{n}{N}\partial\frac{1}{x_0} \\ \partial\frac{1}{z_0} = -[y]\partial\frac{N}{m} + \eta_1^2\frac{N}{m}\partial\frac{1}{y_0} & \partial\frac{1}{b_0} = -[z]\partial m + \zeta_1^2 m\,\partial\frac{1}{z_0}; \end{array}$$

und da $-\partial\frac{n}{N} = \frac{n.\partial N}{N^2} - \frac{\partial n}{N}$ und $-\partial\frac{N}{m} = \frac{N\partial m}{m^2} - \frac{\partial N}{m}$ ist:

$$(136.)\quad\begin{cases}\partial\dfrac{1}{x_0}=\dfrac{1}{n^2}[a]\partial n \;\Big|\; \partial\dfrac{1}{y_0}=\dfrac{n}{N^2}[x]\partial N+\left(-\dfrac{1}{N}[x]+\xi_1^2\dfrac{1}{nN}[a]\right)\partial n\\[2ex] \partial\dfrac{1}{z_0}=\dfrac{N}{m^2}[y]\partial m+\left(-\dfrac{1}{m}[y]+\eta_1^2\dfrac{n}{mN}[x]\right)\partial N+\\ \qquad\qquad+\left(-\eta_1^2\dfrac{1}{m}[x]+\eta_1^2\xi_1^2\dfrac{1}{mn}[a]\right)\partial n\\[2ex] \partial\dfrac{1}{b_0}=\partial m\left\{-[z]+\zeta_1^2\dfrac{N}{m}[y]\right\}+\partial N\left\{-\zeta_1^2[y]+\zeta_1^2\eta_1^2\dfrac{n}{N}[x]\right\}+\\ \qquad\qquad+\partial n\left\{-\zeta_1^2\eta_1^2[x]+\zeta_1^2\eta_1^2\xi_1^2\dfrac{1}{n}[a]\right\}.\end{cases}$$

§ 80.
Näherungsgleichungen.

Die Gleichungen des vorigen § sind exact. Wir bedürfen aber zur Auffindung der ersten Näherungswerte für die Radien angenähert richtiger Ausdrücke der dabei auftretenden Functionen $[a]$, (a), $[x]$, (x) ... u. s. w., zu denen wir folgendermaſsen gelangen.

Wenn man in der Gleichung (31.) S. 27: $\dfrac{1}{r_1}-\dfrac{1}{x_0}=\dfrac{1}{n_1}\left(\dfrac{1}{r_1}-\dfrac{1}{a}\right)$ in dritter Zeile hinzufügt $-\dfrac{1}{r_2}+\dfrac{1}{r_2}$, so erhält man:

$$\left(\frac{1}{r_1}-\frac{1}{r_2}\right)+\left(\frac{1}{r_2}-\frac{1}{x_0}\right)=\frac{1}{n_1}\left(\frac{1}{r_1}-\frac{1}{a}\right).$$

Macht man nun keinen Unterschied zwischen $\dfrac{1}{x_0}$ und $\dfrac{1}{x_1}$, so hat man

$$\left(\frac{1}{r_2}-\frac{1}{x_1}\right)\mathrel{\ddagger}\frac{1}{n_1}\left(\frac{1}{r_1}-\frac{1}{a}\right)-\left(\frac{1}{r_1}-\frac{1}{r_2}\right),\quad\text{oder}\quad [x]\mathrel{\ddagger}\frac{1}{n_1}[a]-(12).$$

Gleichermaſsen behandeln wir die folgenden Gleichungen (31.) und erhalten demnach zusammen:

$$[x]\mathrel{\ddagger}\frac{1}{n_1}[a]-(12)\;\Big|\;[y]\mathrel{\ddagger}\frac{1}{n_2}[x]-(23)\;\Big|\;[z]\mathrel{\ddagger}\frac{1}{n_3}[y]-(34).$$

Ferner ist:

$$(a)=\frac{1}{r_1}-\frac{n_1+1}{a}=[a]-\frac{n_1}{a}\;\Big|\;(x)=[x]-\frac{n_2}{x_1}\;\Big|\;(y)=[y]-\frac{n_3}{y_1}\;\Big|\;(z)=[z]-\frac{n_4}{z_1}.$$

Hieraus und mit Zuziehung der oberen Zeilen von (31.), in welchen man ebenfalls keinen Unterschied zwischen $\dfrac{1}{x_0}$ und $\dfrac{1}{x_1}$, $\dfrac{1}{y_0}$ und $\dfrac{1}{y_1}$, $\dfrac{1}{z_0}$ und $\dfrac{1}{z_1}$ macht, und schlieſslich durch Einsetzung von n, $\dfrac{N}{n}$, $\dfrac{m}{N}$,

$\frac{1}{m}$ an Stelle von n_1, n_2, n_3, n_4 erlangt man die Näherungsgleichungen

(137.)

$$\left\{\begin{aligned}
&[a] = \frac{1}{r_1} - \frac{1}{a}, && (a) = [a] - \frac{n}{a} \\
&[x] \ddagger \frac{1}{n}[a] - (12), && (x) \ddagger \left(\frac{N}{n^2} - \frac{N-1}{n}\right)[a] - (12) - \frac{N}{n}\frac{1}{a} \\
&[y] \ddagger \frac{n}{N}[x] - (23), && \text{auch } [y] \ddagger \frac{1}{N}[a] - \frac{n}{N}(12) - (23) \\
&\quad (y) \ddagger \left(\frac{m}{N^2} - \frac{m-1}{N}\right)[a] - \left(\frac{mn}{N^2} - \frac{m-n}{N}\right)(12) - (23) - \frac{m}{N}\frac{1}{a} \\
&[z] \ddagger \frac{N}{m}[y] - (34), && \text{auch } [z] \ddagger \frac{1}{m}[a] - \frac{n}{m}(12) - \frac{N}{m}(23) - 34 \\
&\quad (z) \ddagger \frac{1}{m^2}[a] - \left(\frac{n}{m^2} + \frac{n-1}{m}\right)(12) - \left(\frac{N}{m^2} + \frac{N-1}{m}\right)(23) - (34) - \frac{1}{m}\frac{1}{a}.
\end{aligned}\right.$$

Anmerkung zu §§ 79 und 80.

Den Näherungswert für den mit M bezeichneten Coefficienten von q^2 in der Entwickelung des $\triangle \frac{1}{b_0}$ (§ 46) erhalten wir aus der Gleichung (97.). Zunächst durch Einführung der Abkürzungszeichen des § 79 und mit Hülfe von Gleichung (133.):

$$M \ddagger [a]^2 \left[\gamma_1 \cdot (a) + \frac{1}{n}\gamma_2 \cdot (x) + \frac{1}{N}\gamma_3 \cdot (y) + \frac{1}{m}\gamma_4 \cdot (z)\right],$$

woraus mittelst (137.) in überraschender Weise entsteht:

$$M \ddagger [a]^2 \left[\frac{n-1}{2}(12) + \frac{N-1}{2}(23) + \frac{m-1}{2}(34)\right], \quad \text{d. i.} \quad = \left[\frac{1}{r_1} - \frac{1}{a}\right]^2 \cdot \frac{1}{2} \cdot \frac{1}{\Phi}.$$

Vgl. § 46 Ende.

§ 81.
Bedingungsgleichungen.

Die vier Gleichungen, die erfüllt werden müssen, sind nun die folgenden. Zunächst $C = 0$, die nach (25.) und mit den Abkürzungen des § 79 exact sich so darstellt:

$$1.)\quad C = \zeta_1^2\eta_1^2\xi_1^2\gamma_1(a)[a]^2 + \zeta_1^2\eta_1^2\xi_0^2 n\gamma_2(x)[x]^2 + \zeta_1^2\eta_0^2\xi_0^2 N\gamma_3(y)[y]^2 + \\ + \zeta_0^2\eta_0^2\xi_0^2 m\gamma_4(z)[z]^2 = 0.$$

Sodann die erste chromatistische Gleichung, darstellend den ersten Differentialquotienten $\frac{\partial \frac{1}{b_0}}{\partial n}$ nach n, exact nach Gleichung (136.):

$$2.)\quad \chi = \frac{\partial \frac{1}{b_0}}{\partial n} = \frac{\partial m}{\partial n}\left\{-[z] + \zeta_1^2 \frac{N}{m}[y]\right\} + \frac{\partial N}{\partial n}\left\{-\zeta_1^2[y] + \zeta_1^2\eta_1^2\frac{n}{N}[x]\right\} + \\ + \left\{-\zeta_1^2\eta_1^2[x] + \zeta_1^2\eta_1^2\xi_1^2\frac{1}{n}[a]\right\} = 0,$$

wo denn $\frac{\partial m}{\partial n} = c'$ $(= 1.826)$ und $\frac{\partial N}{\partial n} = c$ $(= 2.077)$ zu setzen ist.

So lautet die erste chrom. Gleichung, wenn die Gaufs-Correction nicht angebracht werden soll. Soll dies aber geschehen, so ist nicht $\chi = \cdots = 0$, sondern $\chi = \cdots = \mathfrak{S}$ zu setzen. Wegen $\mathfrak{S}$ siehe § 67.

Nun hätte zu folgen die zweite chromatische Gleichung, darstellend den zweiten Differentialquotienten $\frac{\partial^2 \frac{1}{b_0}}{\partial n^2}$. Wir würden diesen exact erhalten, wenn wir die vorstehende Gleichung für χ nochmals nach n differentiierten. Allein es genügt vollständig, anstatt der exacten Gleichung für χ nur die Näherungsgleichung für χ (sie steht weiter unten 2a.) zu differentiieren, wodurch wir als zweite chromatische Gleichung erhalten:

$$3.) \quad \frac{\partial^2 m}{\partial n^2}\left(\frac{1}{r_3} - \frac{1}{r_4}\right) + \frac{\partial^2 N}{\partial n^2}\left(\frac{1}{r_2} - \frac{1}{r_3}\right) = 0,$$

wo $\frac{\partial^2 m}{\partial n^2} = k'(= 9.000)$ und $\frac{\partial^2 N}{\partial n^2} = k(= 7.603)$ entspricht.

Was nun schliefslich die Einheitsgleichung betrifft, so dürfte bei einem dreiteiligen Objective sich am meisten empfehlen, die combinierte Brennweite aller drei Gläser, also $\frac{1}{\frac{1}{f_1} + \frac{1}{f_2} + \frac{1}{f_3}} = 1$ zu setzen. Um indess von dem in den drei ersten Teilen dieser Abhandlung geübten Gebrauche nicht abzuweichen, wollen wir die vereinigte Brennweite der ersten und dritten, also in unserem besonderen Falle — der beiden Convexlinsen, d. i. $\frac{1}{\frac{1}{f_1} + \frac{1}{f_3}}$ als Mafseinheit der Länge nehmen, also:

$$4.) \quad (n-1)\left(\frac{1}{r_1} - \frac{1}{r_2}\right) + (m-1)\left(\frac{1}{r_3} - \frac{1}{r_4}\right) = \frac{1}{1} = 1. \text{ —}$$

Anstatt der exacten Gleichungen (1.) und (2.) werden wir zunächst nur deren Näherungsgleichungen zu Grunde zu legen haben, d. h. bezüglich der Gleichung (1.) werden wir zunächst so thun, als wären die Gröfsen ξ, η, ζ jede gleich 1 und $x_0 = x_1$, $y_0 = y_1$, $z_0 = z_1$; und die Gl. (2.) anlangend, erhalten wir anstatt der exacten eine Näherungsgleichung, wenn wir Gl. (135.) letzte Zeile nach n differentiieren:

$$2a.) \quad \chi + \left(\frac{1}{r_1} - \frac{1}{r_2}\right) + \frac{\partial N}{\partial n}\left(\frac{1}{r_2} - \frac{1}{r_3}\right) + \frac{\partial m}{\partial n}\left(\frac{1}{r_3} - \frac{1}{r_4}\right) = 0,$$

oder: $\quad (12) \quad + c \quad (23) \quad + c' \quad (34) \quad = 0.$

Diese Gleichung und die beiden Gleichungen 3.) und 4.) sind linear für die unbekannten Gröfsen (12), (23), (34). Durch Verbindung der

Gleichungen erhält man als Näherungsgleichung für (34):

$$(138.)\begin{cases}(34) \doteqdot \dfrac{1}{m-1+(n-1)\left\{\dfrac{k'}{k}c-c'\right\}}, \text{ und mit Hülfe dessen aus} \\ (23) = -\dfrac{k'}{k}(34) \quad \text{und} \\ (12) = \left\{\dfrac{k'}{k}c-c'\right\}(34)\end{cases}$$

weitere Näherungswerte für (23) und (12). (Interessant, dass hierbei N nicht gebraucht wird.)

§ 82.
Numerische Daten.

Crown 13. $n = 1.53\,137$	Logarithmi	Flint 13. $N = 1.64\,202$	Logarithmi	Flint 3. $m = 1.61\,453.$
n	0.18 508 01	$\dfrac{N}{m}$	0.00 733 24	$\gamma_1 = \dfrac{n-1}{2n^2}$
$n-1$	9.72 539 70	$\dfrac{n}{N}$	9.96 970 16	$\log\gamma_1$ 9.05 421
$N-1$	9.80 754 86	$m+1$	0.41 739 36	$\gamma_2 = \dfrac{n}{N^2}\dfrac{N-n}{2}$
$m-n$	8.91 991 45	$N+n$	0.50 152 34	$\log\gamma_2$ 8.49 724
$N-n$	9.04 395 14	$N+m$	0.51 275 78	$\gamma_3 = -\dfrac{N}{m^2}\dfrac{N-m}{2}$
$N-m$	8.43 917 47	$\dfrac{9.0}{7.603} = \dfrac{k'}{k}$	0.07 326	$\log\gamma_3$ $\dot{-}$ 7.93 743
$\dfrac{n-1}{n}$	9.54 031 69	$\left\{\dfrac{k'}{k}c-c'\right\}$	9.80 118	$\gamma_4 = -\dfrac{m-1}{2}m$
$\dfrac{N+n}{n}$	0.31 644 33	$2.077 = c$	0.31 744	$\log\gamma_4$ $\dot{-}$ 9.69 556
$\dfrac{N-n}{N}$	8.82 857 29	$1.826 = c'$	0.26 150	
$\dfrac{N+m}{N}$	0.29 737 93	$\dfrac{N}{n^2}-\dfrac{N-1}{n}$	9.44 863	
$\dfrac{N-m}{m}$	8.23 112 86	$\dfrac{m}{N^2}-\dfrac{m-1}{N}$	9.35 134	
m	0.20 804 61	$\dfrac{mn}{N^2}-\dfrac{m-n}{N}$	0.93 770	
$m-1$	9.78 854 31	$\dfrac{n}{m^2}+\dfrac{n-1}{m}$	9.96 218	
N	0.21 537 85	$\dfrac{N}{m^2}+\dfrac{N-1}{m}$	0.01 181	

§ 83.

Der erste Näherungswert für $\frac{1}{r_1}$, dann auch $\frac{1}{r_2}$, $\frac{1}{r_3}$, $\frac{1}{r_4}$.

Nach den Gleichungen (138.) finden wir

$$\log(34) = 0.02\,196 \qquad \log(23) = -0.09\,522 \qquad \log(12) = 9.82\,314$$

$$nu\,(34) = 1.05\,186 \qquad nu\,(23) = -1.24\,515 \qquad nu\,(12) = 0.66\,549,$$

und für die Reciproca der einzelnen Brennweiten, welche sind

$$\frac{1}{f_1} = (n-1)(12) \qquad \frac{1}{f_2} = (N-1)(23) \qquad \frac{1}{f_3} = (m-1)(34):$$

$$\log\frac{1}{f_1} = 9.54\,854 \qquad \log\frac{1}{f_2} = -9.90\,277 \quad \log\frac{1}{f_3} = 9.81\,050$$

$$nu\frac{1}{f_1} = 0.35\,362 \qquad nu\frac{1}{f_2} = -0.79\,942 \quad nu\frac{1}{f_3} = 0.64\,640.$$

$\frac{1}{f_1}+\frac{1}{f_3}$, welche Summe wir $= \frac{1}{f}$ (ohne Marke) setzen, sollte eigentlich $= 1$ sein.

$$\frac{1}{f_1}+\frac{1}{f_2}+\frac{1}{f_3} = \frac{1}{\Phi} \overset{nu}{=} 0.20\,060, \text{ also } \Phi \mp 5f = b_0 \text{ für } a = \infty.$$

Wir rechnen nunmehr nach den Gleichungen (137.) und zwar unter der Festsetzung $a = \infty$, wornach wir erhalten (logarithmisch)

$$[a] = \frac{1}{r_1} \qquad (a) = \frac{1}{r_1} \qquad \gamma_1(a)[a] = 9.05\,421\,\frac{1}{r_1^2}$$

$$[x] = 9.81\,492\frac{1}{r_1} - 9.82\,314 \qquad (x) = 9.44\,863\frac{1}{r_1} - 9.82\,314$$

$$\gamma_2(x) = 7.94\,587\frac{1}{r_1} - 8.32\,038$$

$$\gamma_2(x)[x] = 7.76\,079\frac{1}{r_1^2} - 8.29\,071\frac{1}{r_1} + 8.14\,352$$

$$[y] = 9.78\,462\frac{1}{r_1} + 9.79\,554 \qquad (y) = 9.35\,134\frac{1}{r_1} + 9.82\,516$$

$$\gamma_3(y) = -7.28\,877\frac{1}{r_1} - 7.76\,259$$

$$\gamma_3(y)[y] = -7.07\,339\frac{1}{r_1^2} - 7.67\,575\frac{1}{r_1} - 7.55\,813$$

$$[z] = 9.79\,195\frac{1}{r_1} - 9.61\,985 \qquad (z) = 9.58\,391\frac{1}{r_1} - 9.58\,250$$

$$\gamma_4(z) = -9.27\,947\frac{1}{r_1} + 9.27\,806$$

$$\gamma_4(z)[z] = -9.07\,142\frac{1}{r_1^2} + 9.29\,403\frac{1}{r_1} - 8.89\,791.$$

Die Summe der vier Producte $\gamma_1(a)[a]+\gamma_2(x)[x]+\gamma_3(y)[y]+\gamma_4(z)[z]$, welche nach (99.) einen Näherungswert für H^* darstellt, würde demnach bezüglich der Unbekannten $\frac{1}{r_1}$ vom zweiten Grade sein, jedoch nur scheinbar, denn die Summe der Coefficienten von $\frac{1}{r_1^2}$:

(logarithmisch) $9.05\,421+7.76\,079-7.07\,339-9.07\,142$ giebt in numeris $+0.11\,329_5+0.00\,576_5-0.00\,118_4-0.11\,787_5$, d. i. genau $=0$. Und zwar ist dies keineswegs ein Zufall, sondern **kann** gar nicht anders sein, da die **allgemein** ausgedrückten Coefficienten

$$+\frac{n-1}{2n^2}+\frac{n}{N^2}\frac{N-n}{2}\frac{1}{n}\left(\frac{N}{n^2}-\frac{N-1}{n}\right)-\frac{N}{m^2}\frac{N-m}{2}\frac{1}{N}\left(\frac{m}{N^2}-\frac{m-1}{N}\right)-$$
$$-\frac{m-1}{2}m\frac{1}{m}\frac{1}{m^2}$$

zusammen Null geben.

Um nun aus den genannten vier Producten $\gamma_1(a)[a]$, $\gamma_2\ldots$ die sphäristische Gleichung, d. i. $C \neq 0$ zu gewinnen, müssen dieselben der Reihe nach mit

$[a]$	$n[x]$	$N[y]$	$m[z]$,	d. i.
$\frac{1}{r_1}$,	$\frac{1}{r_1}-0.00\,822$,	$\frac{1}{r_1}-0.01\,092$,	$\frac{1}{r_1}-9.82\,790$	

multipliciert und die Resultate addiert werden, so dass also die dritten Potenzen von $\frac{1}{r_1}$ herausfallen müssen. Die Ausführung gestaltet sich

logarithmisch:

$\frac{1}{r_1^2}$	$\frac{1}{r_1}$	
$-8.29\,071$	$+8.14\,352$	
$-7.76\,901$	$+8\,29\,893$	$-8.15\,174$
$-7.67\,575$	$-7.55\,813$	
$-7.08\,431$	$-7.68\,667$	$-7.56\,905$
$+9.29\,403$	$-8.89\,791$	
$+8.89\,932$	$-9.12\,193$	$+8.72\,581$

Dies sind Logarithmen; dazu die numeri:

$\frac{1}{r_2^2}$	$\frac{1}{r_1}$	
$-0.01\,953_0$	$+0.01\,391_6$	
$-0.01\,587_5$	$+0.01\,990_4$	$-0.01\,418_2$
$-0.00\,474_0$	$-0.00\,361_5$	
$-0.00\,121_4$	$-0.00\,486_0$	$-0.00\,370_7$
$-0.19\,680_2$	$-0.07\,905_2$	
$-0.07\,930_9$	$-0.13\,241_3$	$+0.05\,318_8$,

zusammen: *ni* $0.24\,475;2\frac{1}{r_1^2}-0.18\,612_0\frac{1}{r_1}+0.03\,529_9$.

Demnach

$$\text{(logar.)}\quad 9.38\,873\frac{1}{r_1^2} - 9.26\,979\frac{1}{r_1} + 8.54\,776 = C = 0$$

$$\frac{1}{r_1^2} - 9.88\,106\frac{1}{r_1} + 9.15\,903 = 0.$$

$$\frac{1}{r_1} = 9.58\,003 \pm \sqrt{9.16\,006 - 9.15\,903}.$$

Nehmen wir das obere Vorzeichen +, so ist hiernach

$$\underline{\log\frac{1}{r_1} = 9.60\,067} \qquad \underline{nu\frac{1}{r_1} = 0.39\,872.}$$

Dagegen wenn das untere Vorzeichen — genommen wird, $\log\frac{1}{r_1} = 9.55\,836$. Welchem dieser beiden Werte von $\frac{1}{r_1}$ der Vorzug zu geben sei, das wird sich aus den zugehörigen Werten von H ergeben.

Man sieht leicht, dass die Näherungsgleichung für H^* da nach (99.)

$$H^* \mp \gamma_1(a)[a] + \gamma_2(x)[x] + \gamma_3(y)[y] + \gamma_4(z)[z]):$$

aus den auf vor. S. durch Unterstreichen ausgezeichneten Zahlen gebildet werden muss. Wir erhalten in Zahlen (nicht Logg.) das Ergebniss:

$$H^* \mp (-0.01\,953 - 0.00474 + 0.19680)\frac{1}{r_1} + (0.01392 - 0.00362 - 0.07\,905),$$

$$\text{d. i.}\quad (ni)\quad H \mp 0.17\,253\frac{1}{r_1} - 0.06\,875.$$

Mit dem ersten der obigen Werte von $\frac{1}{r_1}$ giebt dies $nu\,H^* = 0.00004$, also so gut wie Null; dies ist als ein außerordentlicher **Glücksfall** anzusehen, da doch zur Verificierung der Gleichung $H = 0$ von unserer Seite nichts gethan werden konnte.

Nehmen wir aber den zweiten der obigen Werte von $\frac{1}{r_1}$, so berechnet sich $H^* = -0.\overset{nu}{00}634$, — also auch so von immerhin geringem Betrage. Aber der erstere Wert von $\frac{1}{r_1}$ ist doch **wesentlich** vorzuziehen, wenn wir bedenken, dass in Gleichung (114.) (— bei gleichbleibendem $\frac{b}{\mathfrak{P}}$ —) die zulässige Größe des H wegen des Nenners b_0^2 abnimmt im quadratischen Verhältnisse mit dem wachsenden b. Da nun in unserem gegenwärtigen Falle b nahezu $= 5f$ ist (siehe Anfang dieses §), während dort, und in den drei ersten Teilen dieser Abhandlung überhaupt, nur etwa $b \mp 2{,}7f$ war: so würde eine Größe von

$H = -634$ hier ebenso schädlich wirken, wie ein drei bis viermal so grofses H dort.

Mit dem ersten Näherungswerte von $\frac{1}{r_1}$ sind uns zugleich die Näherungswerte der übrigen Radien gewonnen, da doch

$$\frac{1}{r_2} = \frac{1}{r_1} - (12), \quad \frac{1}{r_3} = \frac{1}{r_1} - (12) - (23), \quad \frac{1}{r_4} = \frac{1}{r_1} - (12) - (23) - (34)$$

sein muss, also

$$ni: \ \frac{1}{r_1} = +0.39872 \ \Big| \ \frac{1}{r_2} = -0.26677 \ \Big| \ \frac{1}{r_3} = +0.97838 \ \Big| \ \frac{1}{r_4} = -0.07348.$$
$$li: \quad 9.60067 \qquad ∸9.42614 \qquad 9.99051 \qquad ∸8.86617.$$

§ 84.

Rechnung nach den exacten Gleichungen. — C und χ.

Wir haben nun zu untersuchen, in wie weit die exacten Bedingungsgleichungen (nicht blos die angenäherten) durch die vier Radien des vorigen § erfüllt werden. Da müssen aber vor allen Dingen über die Dicken δ, h, ε der Gläser bestimmte Festsetzungen getroffen werden.

Nach § 22 muss die Dicke eines am Rande scharfschneidigen Convexglases $\frac{1}{8}\left(\frac{1}{r_1} - \frac{1}{r_2}\right)\mathfrak{P}^2$ sein, wozu dann noch $\frac{1}{32}\mathfrak{P}$ hinzuzufügen ist. — Die Dicke eines Hohlglases mag in seiner Mitte etwa $\frac{1}{64}\mathfrak{P}$ sein; wir wollen lieber $\frac{1}{42}\mathfrak{P}$ nehmen. Demnach

$$\delta = \frac{1}{8}(12)\mathfrak{P}^2 + \frac{1}{32}\mathfrak{P} \qquad h = \frac{1}{42}\mathfrak{P} \qquad \varepsilon = \frac{1}{8}(34)\mathfrak{P}^2 + \frac{1}{32}\mathfrak{P}.$$

Dürften wir auf eine Apertur von der Gröfse $\mathfrak{P} = \frac{1}{12}b$ rechnen, so hätten wir, da $b + 5$ ist, $\mathfrak{P} = \frac{5}{12}$ zu setzen. Dies gäbe mit Heranziehung der aus dem vorigen § bekannten Werte von (12) und (34):

$$0.0276 \qquad 0.0099 \qquad 0.0359.$$

Wir setzen, damit die Logarithmen sich auf zwei Decimalen reducieren:

$$ni: \ \delta = 0.02\,818_{38} \quad h = 0.01 \quad \varepsilon = 0.03\,630_{78}$$
$$li: \quad 8.45 \qquad 8.00 \qquad 8.56$$

Wir finden nun nach den obigen Gleichungen (134.) S. 190 zunächst $\frac{1}{x_0}$, dann aus der Hülfstafel ξ_1, dann $\frac{1}{x_1}$ u. s. w. ...

ξ_1	169	$\frac{1}{x_1}$ 9.14 268	$[x]$	∸ 9.60 816	(x)	∸ 9.74 397
η_1	49	$\frac{1}{y_1}$ 9.04 798	$[y]$	9.93 787	(y)	9.87 904
ζ_1	153	$\frac{1}{z_1}$ 8.98 796	$[z]$	∸ 9.23 235	(z)	∸ 8.29 151

+ 7.86 364 — 7.64 327 — 7.90 629 + 7.72 449

$\mathfrak{a}$ $\mathfrak{x}$ $\mathfrak{y}$ $\mathfrak{z}$

ni: + 730; 5 — 439; 8 — 805; 9 + 530; 3 = + 15; 1 = C.

Und nach § 81, 2. berechnet sich $\chi = 100; 0$.

§ 85.
D und die Apertur.

Die Endergebnisse des vorigen § sind wegen relativer Kleinheit der Bestandteile ($\mathfrak{a}$, $\mathfrak{x}$, ...), aus denen sie sich zusammensetzen, vollständig genau bis zur 5. Decimale, wenn sie auch nur mittelst 5stelliger Tafeln berechnet sind. Zur Fortsetzung der Rechnung ist die Kenntniss des Coefficienten D — wenn auch nicht unbedingt notwendig, doch höchst wünschenswert. Die Berechnung geschieht nach Anleitung der allgemeinen Gleichungen des I. Teiles. Die Formeln (siehe Gleichung (11.)) gestalten sich mit den jetzigen Werten von n_1, n_2, n_3, n_4 (siehe Gleichung (133.)) folgendermaſsen.

$$
(139.)\quad \left\{
\begin{aligned}
(nan) &= \frac{1}{4n^2}(3-n)\frac{1}{r_1^2} \\
(nxn) &= \frac{n^2}{4N^2}[x]\left(\frac{3n-N}{n}\frac{1}{r_2} + 3\frac{N^2-n^2}{n^2}\frac{1}{x_1}\right) \\
(nyn) &= \frac{N^2}{4m^2}[y]\left(\frac{3N-m}{N}\frac{1}{r_3} - 3\frac{N^2-m^2}{N^2}\frac{1}{y_1}\right) \\
(nzn) &= \frac{m^2}{4}[z]\left(\frac{3m-1}{m}\frac{1}{r_4} - 3\frac{m^2-1}{m^2}\frac{1}{z_1}\right) \\
(xn) &= -\frac{N-n}{2N}\frac{n}{N}[x]\left(\frac{3n+N}{n}\frac{1}{r_2} - 3\frac{N+n}{n}\frac{1}{x_1}\right) \\
(yn) &= \frac{N-m}{2m}\frac{N}{m}[y]\left(\frac{3N+m}{N}\frac{1}{r_3} - 3\frac{N+m}{N}\frac{1}{y_1}\right) \\
(zn) &= \frac{m-1}{2}m[z]\left(\frac{3m+1}{m}\frac{1}{r_4} - 3\frac{m+1}{m}\frac{1}{z_1}\right).
\end{aligned}
\right.
$$

Man erlangt das Ergebniss $D = -518$ (nach Gleichung (25.)). Die weiteren kleinen Correctionen kommen in Wegfall. Auch hier sind die Bestandteile des D sehr klein, daher der niedrige Wert des Ganzen.

Soll etwa für $\mathfrak{p} = \frac{1}{30} b$ d. i., da $b \dotplus 5$, für $\mathfrak{p} = \frac{1}{6}$ der Betrag von $C\mathfrak{p}^2 + D\mathfrak{p}^4 = 0$ werden, wie in §§ 55 und 56, so müsste $C = +14;4$ sein. Da nun in Wirklichkeit zufällig $C = +15;1$ ausgefallen ist, so haben wir keine Veranlassung dieserhalb irgend eine Correction anzubringen.

Eine andere Frage freilich ist die, ob es gestattet ist, $\mathfrak{p}$ so groſs zu nehmen. Hierüber können wir uns schon jetzt, obwohl uns nur erst Näherungswerte der Radien zu Gebote stehen, unterrichten. Aufschluss erteilen die Gleichungen (69.) und (70.). Vernachlässigen wir E gänzlich, so wird nach (70.) $\tau = {}^3/_4$, und nach (69.) oder (79a.)

$\frac{27}{256}$	9.023
$\mathfrak{p}^5$	6.109
D	7.714
$\sin i$	2.846
$\sin 1''$	4.686
	8.160
nu	0″0145

$$kd = b\mathfrak{p}^5\tau^3(1-\tau)D = b\mathfrak{p}^5 \frac{27}{256} D,$$

$$\text{folglich } \frac{kd}{b_0} \text{ d. i. } \sin i = \frac{27}{256}\mathfrak{p}^5 D.$$

Hieraus erhalten wir, wenn etwa die Vergröſserung $m' = 832$ genommen wird:

$$\angle j = 832 \times 0''0145 \dotplus 12 \text{ Secunden},$$

welche scheinbare Gröſse des Aberrationsradius schon der absoluten Kleinheit wegen zulässig sein dürfte.

Anmerkung. Weit ungünstiger steht es um die Schmidt'schen Constanten, denn dort (siehe oben § 76 Ende) würde, da $C = -19;0$ ist, D ungefähr $\frac{19;0}{\mathfrak{p}^2}$ sein. Soll nun auch dort $\mathfrak{p} = \frac{b_0}{30}$ sein, d. i. $\frac{6.807}{30}$ oder 0,2269, $\log\mathfrak{p} = 9.356$, so wäre

$$D = \frac{\overline{6.279}}{8.712}, \quad \log D = 7.567.$$

Wiederholen wir mit diesen Werten die obige kleine Rechnung, so finden wir

$$\angle j = 832 \times 0''0483 \dotplus 40 \text{ Secunden},$$

welcher Winkel, wenn es gar nach Littrow ginge (vgl. § 32) höchstens eine Secunde betragen dürfte.

§ 86.

C für violette und rote Strahlen. (C_v und C_r).

Zum Behufe der Gauſs-Correction berechnen wir C einmal mit $n + \triangle n$ (violett), und das anderemal mit $n - \triangle n$ (rot), wo $\triangle n = 0.01$ genommen wird.

In Teil III genügte die Kenntniss von C_v allein, weil angenommen wurde, dass $C_v - C_n$ ebenso groſs sei, wie $C_n - C_r$, was dort auch zutraf, weil es sich nur um zwei Brechungs-indices n, N und deren stets einander proportionale Incremente $\triangle n$, $\triangle N$ handelte. Da dies jetzt anders (und zwar verwickelter) geworden ist, so werden wir in Gleichung (128.) und an anderen Stellen des III. Teiles, wo ∂C vorkommt, nicht $\partial C = C_v - C_n$, sondern statt dessen $= \frac{1}{2}(C_v - C_r)$ zu setzen haben.

Setzen wir in (132.) $\triangle n = 0.01$, so erhalten wir

$$n_v = 1.54\,137 \qquad N_v = 1.66\,355 \qquad m_v = 1.63\,369$$
$$n_r = 1.52\,137 \qquad N_r = 1.62\,201 \qquad m_r = 1.59\,717.$$

Mit diesen Zahlen (aus denen wir aber erst eine ganze Anzahl von Functionen, wie $\frac{n_v - 1}{n_v}$, $\frac{N_v - n_v}{N_v}$, ... logarithmisch zu bilden haben) finden wir

$$C_v = -97 \quad \text{und} \quad C_r = +127,$$

und nehmen wahr, dass gegen die Erwartung doch wieder, wie in Teil III, C_n, d. i. jetzt $+15$, genau in der Mitte von C_v und C_r liegt, und es also nur der Berechnung des einen von beiden bedurft hätte.

$$\partial C, \quad \text{d. i.} \quad C_v - C_n \quad \text{oder} \quad \frac{1}{2}(C_v - C_r) = -112,$$

daher nach Gl. (128.)

$$\mathfrak{G} = -\frac{3}{4}\mathfrak{p}^2 \times \frac{-112;0}{0,01} = +0,08\,400\mathfrak{p}^2,$$

und für $\mathfrak{p} = \frac{1}{6}$ (s. § 85.)

$$\mathfrak{G} = +0.00\,233.$$

Also $+233$ sollte eigentlich für χ anstatt des thatsächlich gefundenen $+100$ (§ 84.) herauskommen. —

Wir haben demnach

$$\underline{\mathfrak{d}C = 0} \quad \text{(s. § 85.) und} \quad \underline{\mathfrak{d}\chi = +133}.$$

Die Frage, ob $\mathfrak{p}$ so grofs $\left(\text{nämlich } = \frac{1}{6}f = \overline{9.222}\right)$ genommen werden dürfe, beantwortet sich aus Gleichung (129.), wornach

$$\sin jj = \frac{m'}{4}\mathfrak{p}^3(C_v - C_n).$$

$\frac{1}{4}$	$\overline{9}.398$
m'	2.920
$\mathfrak{p}^3$	$\overline{7}.666$
∂C	7.049
	$\overline{7}.033$

Ist wieder $m' = 832 = \overline{2.920}$, so finden wir $\log\sin jj = 7.033$, $\angle jj = 3'43''$ (vgl. § 67.), so dass also der Ausdehnung der Apertur bis zu der Gröfse $\mathfrak{P} = \frac{1}{15}b_0$, $\left(\mathfrak{p} = \frac{1}{6}f\right)$ seitens der chromatischen Forderungen kein Bedenken entgegensteht.

§ 87.

Differentialgleichungen für ∂C und $\partial\chi$. (nach r_3 und r_4)

Damit für χ das verlangte 233 (anst. 100) herauskomme, muss notwendig ein und der andere Radius ein wenig abgeändert werden; mindestens deren zwei, wenn man will, dass das bisherige Ergebniss für C nicht mit alteriert werden soll.

Wir wollen diese Aenderungen an r_3 und r_4 vornehmen, vorläufig unbekümmert darum, dass nach vollzogener Abänderung die beiden Bedingungsgleichungen 3) und 4) des § 81 unmöglich exact erfüllt bleiben können.

Wenn nur $\frac{1}{r_3}$ und $\frac{1}{r_4}$ sich ändern, so bleiben

$$\frac{1}{r_1} \quad \frac{1}{r_2} \quad (12) \quad \frac{1}{x_1} \quad \frac{1}{y_1} \quad [x] \quad (x)$$

was sie sind, und wir erhalten aus (137.), wie man sich leicht überzeugen wird:

$$\partial([y]^2(y)) = ([y]^2 + 2[y](y))\partial\frac{1}{r_3}$$

$$\partial([z]^2(z)) = \frac{N-m}{m}\left(\frac{m+1}{m}[z]^2 + 2[z](z)\right)\partial\frac{1}{r_3} + ([z]^2 + 2[z](z))\partial\frac{1}{r_4},$$

und dann mit Hülfe von Gleichung 1) in § 81:

$$\partial C + \left\{N\gamma_3([y]^2 + 2[y](y)) + (N-m)\gamma_4\left(\frac{m+1}{m}[z]^2 + 2[z](z)\right)\right\}\partial\frac{1}{r_3} +$$
$$+ m\gamma_4([z]^2 + 2[z](z))\partial\frac{1}{r_4}.$$

Endlich aus Gleichung 2a) des § 81:

$$\partial\chi = (c' - c)\partial\frac{1}{r_3} - c'\partial\frac{1}{r_4}.$$

Die numerische Berechnung von ∂C ist (mit Hülfe der schon bekannten Gröfsen $[y]$, (y) ... (s. § 84) deshalb sehr mühelos, weil sie blos dreistellig geführt zu werden braucht. Wir erhalten (vgl. § 86)

$$ni: \quad \left.\begin{aligned} 0 &= -0.031\,\partial\frac{1}{r_3} - 0.087\,\partial\frac{1}{r_4} \\ 0.00\,133 &= -0.251\,\partial\frac{1}{r_3} - 1.826\,\partial\frac{1}{r_4} \end{aligned}\right\} \text{und hieraus}$$

$$\underline{\underline{\partial\frac{1}{r_3} = +332}}, \qquad \underline{\underline{\partial\frac{1}{r_4} = -118.}}$$

Demnach die corrigierten Werte

$$\underline{\frac{1}{r_3} = 0.98\,170}, \qquad \underline{\frac{1}{r_4} = -0.07\,466},$$

während $\frac{1}{r_1}$ und $\frac{1}{r_2}$ dieselben bleiben, wie vorher.

Dass die neuen Radien nicht mehr ganz genau die Bedingungsgleichung 3), nämlich $(23) = -\frac{9.000}{7.603}(34)$ erfüllen, das hätten wir vermeiden können, wenn wir der Mühe wert erachtet hätten, dieserhalb noch einen dritten Radius einer Abänderung zu unterziehen. — Die neuen Radien erfüllen, wie man sich leicht überzeugen wird, die Gleichung

$$(23) = -\frac{9.000}{7.615}(34),$$

wo also im Nenner 7.615 steht anstatt des vorigen 7.603. — Wir thun so, als ob uns diese letztere Gleichung gleich von vornherein anstatt der Gleichung 3) in § 81 vorgeschrieben gewesen wäre, und zwar ohne allen Nachteil, weil sich die Zahlentafel des § 78 hierdurch nur kaum bemerkbar ändert.

Endlich ist auch die Einheitsgleichung (die vierte des § 81) nicht mehr vollständig erfüllt, da die linke Seite derselben jetzt nicht mehr 1 beträgt, sondern $1 + (m-1)\left(\partial \frac{1}{r_3} - \partial \frac{1}{r_4}\right)$, d. i. 1.00 278, eine Zahl, deren log = 0.00 121 ist. —

Wünscht man, dass die Einheitsgleichung ganz genau erfüllt werde, so braucht man nur von $\log\frac{1}{r_1}$, $\log\frac{1}{r_2}$, $\log\frac{1}{r_3}$, $\log\frac{1}{r_4}$ überall 121 abzuziehen, und umgekehrt zu dem log jeder Länge (auch zu $\log\delta$, $\log h$, $\log\varepsilon$,) 121 Einheiten der fünften Decimale hinzuzulegen. — Wir werden diese Aenderung gar nicht vornehmen, sondern uns nur merken, dass unsere Längen-einheit nicht ganz vollständig, sondern nur sehr nahe gleich ist der combinierten Brennweite der beiden Convexlinsen (der ersten und dritten).

§ 88.
Numerischer Nachweis des Zutreffens.

Als endgültig sehen wir also diese Radien an:

$nu\frac{1}{r_1} + 0.398\,7200$	$\log\frac{1}{r_1} + 9.600\,6680$	$\log r_1 + 0.399\,3320$	$nu\,r_1 + 2.508\,0260$
$nu\frac{1}{r_2} - 0.266\,7700$	$\log\frac{1}{r_2} + 9.426\,1370$	$\log r_2 + 0.573\,8630$	$nu\,r_2 - 3.748\,5474$
$nu\frac{1}{r_3} + 0.981\,7000$	$\log\frac{1}{r_3} + 9.991\,9788$	$\log r_3 + 0.008\,0212$	$nu\,r_3 + 1.018\,6411$
$nu\frac{1}{r_4} - 0.074\,6600$	$\log\frac{1}{r_4} + 8.873\,0880$	$\log r_4 + 1.126\,9120$	$nu\,r_4 - 13.394\,0525$,

mittelst deren wir nach den exacten Formeln, wie folgt, rechnen:

$\frac{n-1}{n}$ 9.54 032

$\frac{1}{r_1}$ 9.60 067

$\frac{1}{x_0}$ 9.14 099

$\begin{pmatrix}8.45\\7.59\end{pmatrix}$

169 ξ_1

$\frac{1}{x_1}$ 9.14 268

$\frac{N-n}{N}$ 0.82 857 + 9.96 970 $\frac{n}{N}$

$\frac{1}{r_2}$ — 9.42 614 9.14 268 $\frac{1}{x_1}$

— 8.25 471 + 9.11 238

8.25 471

0.79 278 ← 0.85 767

$\frac{1}{y_0}$ 9.04 749

49 η_1

$\frac{1}{y_1}$ 9.04 794

$-\frac{N-m}{m}$ — 8.23 113 + 0.00 733 $\frac{N}{m}$

$\frac{1}{r_3}$ 9.99 198 9.04 794 $\frac{1}{y_1}$

— 8.22 311 + 9.05 531

8.22 311

0.76 307 ← 0.83 220

$\frac{1}{z_0}$ 8.98 618

$\begin{pmatrix}8.56\\7.54\end{pmatrix}$

153 ζ_1

$\frac{1}{z_1}$ 8.98 771

—(m—1)— 9.78 854 + 0.20 805 m

$\frac{1}{r_4}$ — 8.87 309 8.98 771 $\frac{1}{z_1}$

8.66 163 + 9.19 576

9.19 576

9.46 587 → 0.11 137

$\log\frac{1}{b_0}$ 9.30 713

$\log b_0$ 0.69 287 $nu b_0$ 4.93 026

$\frac{1}{r_1^2}$ 9.20 134

γ_1 9.05 421

$\gamma_1\frac{1}{r_1^2}$ 8.25 555

$\left(0.31644\ \frac{N+n}{n}\right)$

$\frac{1}{r_2}$ —9.42614—9.14268 $\left(\frac{1}{x_1}\right)$

9.42614

0.18201←9.71654

$[x]$—9.60816

$\frac{1}{r_2}$ —9.42614—9.45912 $\left(-\frac{N+n}{nx_1}\right)$

9.45912

9.96702→0.28485

(x)—9.74397

$[x]$—9.60816

γ_2 8.49724

$\gamma_2(x)[x]$ 7.84937

$\left(0.29738\,\frac{N+m}{N}\right)$	$\left(0.20935\,\frac{m+1}{m}\right)$
$\frac{1}{r_3}$ $9.99198-9.04798\left(-\frac{1}{y_1}\right)$	$\frac{1}{r_4}-8.87309-8.98771\left(-\frac{1}{z_1}\right)$
9.04798	8.98771
$0.94400\rightarrow 0.89156$	$9.88538\rightarrow 0.24749$
$[y]$ 9.93954	$[z]-9.23520$
$\frac{1}{r_3}$ $9.99198-9.34536\left(-\frac{N+m}{Ny_1}\right)$	$\frac{1}{r_4}-8.87309-9.19706\left(-\frac{m+1}{mz_1}\right)$
9.34536	9.19706
$0.64662\rightarrow 0.53557$	$9.67603\rightarrow 0.16858$
(y) 9.88093	$(z)-9.36564$
$[y]$ 9.93954	$[z]-9.23520$
$\gamma_3-7.93743$	$\gamma_4-9.69556$
$\gamma_3(y)[y]-7.75790$	$\gamma_4(z)[z]-8.29640$

Zusammenstellung.

(ra)	$+8.25555$	(rx)	$+7.84937$	(ry)	-7.75790	(rz)	-8.29640
$\frac{1}{r_1}$	$+9.60067$	$[x]$	-9.60816	$[y]$	$+9.93954$	$[z]$	-9.23520
		n	0.18508	N	0.21538	m	0.20805
$\zeta_1^2\eta_1^2\xi_1^2$	742	$\zeta_1^2\eta_1^2\xi_0^2$	66	$\zeta_1^2\eta_0^2\xi_0^2$	130-	$\zeta_0^2\eta_0^2\xi_0^2$	742-
	$+7.86364$		-7.64327		-7.91152		$+7.73223$

ni: $\quad \underset{\mathfrak{a}}{730_5}-\underset{\mathfrak{x}}{439_8}-\underset{\mathfrak{y}}{815_7}+\underset{\mathfrak{z}}{539_8}=\underline{14;8=C}.$

Nun berechnen wir χ nach Gleichung (2.) des § 81 und finden

$$\chi = 0.2\overset{c'}{6}\,150\{9.23\,520+9.94\,993\}+0.3\overset{c}{1}\,744\{-9.94\,260-9.58\,190\}+ \\ +\{9.61\,220+9.42\,301\}.$$

Dies beträgt in numero: $\underline{\chi=+231}$, also in der That $=\mathfrak{S}$, weil es hierbei auf zwei Einheiten der fünften Decimale nicht ankommt, so dass also C und χ die in §§ 85 und 86 verlangte Gröſse besitzen.

Die Gröſsenverhältnisse der von uns gefundenen Radien sowohl unter einander, als auch in Bezug auf die Gesammtbrennweite sind sehr günstige; nur den kleinsten derselben $r_3=1.01\,864\,f$ möchte man sich etwas gröſser wünschen. Er ist indess immer noch gröſser als $^1/_5\,\Phi$, denn bei uns ist nach § 83 Anf. $f \mp {}^1/_5\,\Phi$, während bei Schmidt der kleinste Radius r_1 nur $-0.18\,639\,\Phi$ misst (siehe § 76).

H^* finden wir, wenn wir zu den obigen Logarithmen von (ra), (rx), (ry) der Reihe nach $\zeta_1^2\eta_1^2\xi_1^2$, $\zeta_1^2\eta_1^2$, ζ_1^2 d. i.: 742, 404, 306 hinzulegen, zu $\log(rz)$ aber nichts. Wir erhalten

$$+8.26\,297+7.85\,341-7.76\,096-8.29\,640$$

ni: $+1832+714-577-1979=-10=H^*$.

Hierzu tritt noch nach (99.), § 47 H_*, ungefähr $=-3$, folglich:

$$H^*+H_*=\underline{H=-13.}$$

Dies ist der schon oben erwähnte glückliche Zufall, infolge dessen die Vergröfserung, die Apertur und das Gesichtsfeld einer Einschränkung seitens der heteronomischen Strahlen nicht unterworfen sind (vgl. Gleichung (113.) in § 52).

(Ja dies gilt nicht blos für die mittleren — grüngelben — sondern auch für die violetten und roten heteronomen Strahlen, da, wie man bei der Berechnung des C_r und C_n erfährt, $H_r^{\circ}=24$ und $H_r=22$ ist.)

Anmerkung. Die Constanten des Schmidt'schen Objectives erfreuen sich nicht einer solchen Gunst des Zufalles, denn nach § 76, Ende, ist dort $H=2072$, $b=6.80\,675$, $\log H=8.316$, $\log b=0.833$, und für $\frac{\mathfrak{P}}{b}=\frac{1}{15}$, $\log\frac{\mathfrak{P}}{b}=8.824$, und wir erhalten daher, wenn wir wollen, dass das Gesichtsfeld nicht noch mehr eingeengt werde, als es die oculanische Schranke bereits mit sich bringt, nach (114.):

$$\sin j=\frac{3}{10}\frac{\mathfrak{P}^2}{b_0^2}b_0^2 H,\quad \angle j=4'24'',$$

$\frac{3}{10}$	9.477
$\left(\frac{\mathfrak{P}}{b}\right)^2$	7.648
b^2	1.666
H	8.316
$\sin j$	7.107

anstatt der zulässigen 10 Secunden. Bei einer so enorm grofsen sphärischen Abweichung muss doch das Gesichtsfeld nach seinen Grenzen hin ganz und gar undeutlich erscheinen.

Will man den Grad der Genauigkeit mittelst

siebenstelliger trigonometrischer Rechnung prüfen,

so hat man zuvor b_0 nach Anleitung des § 30 zu bestimmen; man findet

$$\log\frac{1}{b_0}=9.307\,1311 \qquad nu\frac{1}{b_0}=0.202\,8295$$

$$\log b_0 \;=0.692\,8689 \qquad nu\, b_0 \;=4.930\,2500$$

(Die 5stell. Rechnung ergab $b_0=4.93026$).

Bei der trigonometrischen Rechnung, welche wir zunächst auf Grundlage der halben Apertur

$$\mathfrak{p}=\frac{1}{30}b_0,\quad \log\mathfrak{p}=9.215\,7476$$

durchführen, ist selbstverständlich darauf zu achten, dass man an den vier Stellen, wo bisher (z. B. in § 30)

$\frac{1}{n}$ $\quad n \quad$ $\frac{1}{N}$ $\quad N$ heranzuziehen waren, jetzt vielmehr

$\frac{1}{n}$ $\quad \frac{n}{N} \quad$ $\frac{N}{m}$ $\quad m$ zu nehmen hat. — Wir finden

$nu b = 4.930\,2580$, folglich $\mathfrak{d}b_0 = 0.00\,000_{80} = 0.00\,000_{16}b_0$.
Rechnen wir aber mit einer Elongation, welche gleich ist ³/₄ der (gröfsten) halben Apertur, und in deren Nähe die gröfste sphäristische Aberration stattfindet, so erhalten wir

$$\mathfrak{d}b_0 = -0.00\,000_{34}b_0.$$

Für die violetten und roten Strahlen (deren Brechungs-indices in § 86 angegeben sind) finden wir im Maximum $\left(\mathfrak{p} = \frac{1}{30}b\right)$

$$\text{viol: } \mathfrak{d}b_0 = 0.00\,003_{23}b_0, \qquad \text{rot: } \mathfrak{d}b_0 = -0.00\,004_{38}b_0,$$

woraus also $\frac{1}{2}\mathfrak{d}b_0 = \pm 3{;}81\,b_0$ sich ergiebt. Folglich, da nach § 52 der Abweichungsradius $\varrho = \frac{1}{2}\mathfrak{d}b_0 \times \frac{\mathfrak{p}}{b_0}$, und in unserem Falle $\frac{\mathfrak{p}}{b} = \frac{1}{30}$ ist:

$$\varrho = 0{,}127\,b_0, \quad \text{logar: } \varrho = \overline{4.104}\,b_0, \quad \text{folglich } \log\sin jj = \overline{4.104}\,\frac{b_0}{\varphi},$$

was für $m' = 832 = \frac{b_0}{\varphi}$ (da $\log m' = 2{,}920$), giebt $\log\sin jj = 7.024$, $\angle\, jj = 3'38''$, sehr nahe so grofs, als wir Ende § 86 voraussahen.

§ 89.
Die Brechungs-indices der Flüssigkeiten.

Es ist nicht unwahrscheinlich, dass die Brechungs-indices der tropfbaren Flüssigkeiten sich ebenso gut durch so einfache Formeln werden darstellen lassen, wie diejenigen der Glasarten. Um diese Frage entscheiden zu können, müssten wohl erst noch eine gröfsere Anzahl von Messungen angestellt werden, und zwar von mindestens eben so grofser Schärfe wie diejenige, durch welche die Fraunhofer'schen Beobachtungen sich auszeichnen.

Unter den von Fraunhofer veröffentlichten diesfallsigen Beobachtungen finden sich auch die Zahlen für Wasser, Kali und Terpenthin-öl. Die beiden ersteren reihen sich den Gläsern ziemlich gut an, denn wenn wir z. B. Crown 13 zu Grunde legen, wie in Gleichung (132.) des § 78, so haben wir:

$$\begin{aligned}
\text{Crown 13} &= 1.53\,137 + \triangle n \\
\text{Aqua} &= 1.33\,585 + 0.663\triangle n - 3.0\triangle n^2 \\
\text{Kali} &= 1.40\,563 + 0.829\triangle n - 2.0\triangle n^2
\end{aligned}$$

als genügend zutreffend. Weniger gut bei:

$$\text{Ol. Tereb.} = 1.47\,835 + 1.135\triangle n + 2.0\triangle n^2,$$

weil hier eine ziemlich starke Abweichung bei der Spectrallinie D sich zeigt. Hieſse es daselbst anstatt des von Fraunhofer beobachteten

1.47 443 vielmehr 1.47 453,

so würde auch für Terpenthin-öl die Uebereinstimmung vollkommen genügen.

So ist denn gar wohl denkbar, dass sich eine Flüssigkeit künstlich herstellen lassen dürfte, welche, eingeschlossen zwischen zwei aus verschiedenen Glassorten gefertigten Linsen, im Vereine mit diesen die Bedingungen des Asphärismus und Achromatismus ebenso vollständig erfüllte, wie Flint 13 in der Mitte zwischen Crown 13 und Flint 3. — Ja nach Professor Zenger's Forschungen (siehe Safarik a. a. O. S. 38) dürfen wir mit einiger Zuversicht derartiges erhoffen.

„Und es wäre" (— sagt Safarik S. 39 —) „allerdings merkwürdig, „wenn nach Fraunhofer doch wieder Blair und Barlow zu Ehren „kommen sollten." —

V. Teil.

Das dreifache Objectiv im allgemeinen.

§ 90.

Darstellung der Grundgleichungen.

Nachdem ich in Erfahrung gebracht habe, dass gerade gegenwärtig von einigen Gelehrten, mit groſsem Eifer daran gearbeitet wird, neue Glasarten herzustellen, welche geeignet wären, das secundäre Spectrum in genügender Weise zu beseitigen — ja sogar ohne Aufstellung einer zweiten chromatischen Bedingungsgleichung —, und dass ein günstiger Erfolg in ziemlich sicherer Aussicht steht, so will ich (entgegen dem in § 77 Gesagten) nicht unterlassen, die Grundzüge der allgemeinen — d. h. von willkürlichen Annahmen freien — Theorie des dreiteiligen Objectives nun doch noch hinzuzufügen.

Wir haben es mit drei Linsen zu thun, deren Glasdicken seien:

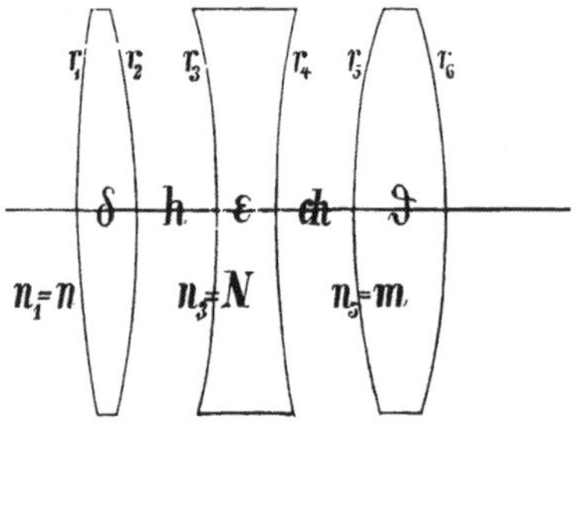

$\delta \quad \varepsilon \quad \vartheta$

Hiatus: $h \quad ch.$

Wir bezeichnen die

	1.	2.	3.	4.	5.	6.
Bildweite:	x	y	z	b	t	u,

ihre Nullwerte, d. h. für $e = 0$, mit

$x_0 \quad y_0 \quad z_0 \quad b_0 \quad t_0 \quad u_0$

und die Differenzen

(140.) $$\begin{cases} x_0 - \delta = x_1 \mid y_0 - h = y_1 \mid z_0 - \varepsilon = z_1 \mid b_0 - ch = b_1 \mid t_0 - \vartheta = t_1, \\ \text{ferner die Quotienten} \\ \frac{x_0}{x_1} = \xi_1 \quad \frac{y_0}{y_1} = \eta_1 \quad \frac{z_0}{z_1} = \zeta_1 \quad \frac{b_0}{b_1} = \beta_1 \quad \frac{t_0}{t_1} = \tau_1, \\ \frac{x_1}{x_0} = \xi_0 \quad \frac{y_1}{y_0} = \eta_0 \quad \frac{z_1}{z_0} = \zeta_0 \quad \frac{b_1}{b_0} = \beta_0 \quad \frac{t_1}{t_0} = \tau_0. \end{cases}$$

Die neuen Grundgleichungen, deren wir bedürfen, lassen sich den alten uns schon bekannten nach Maſsgabe der deutlich erkennbaren Analogie mit Leichtigkeit nachbilden, zumal, wenn wir auf denjenigen Formeln fuſsen, in denen noch keine Beziehung zwischen n_1 n_2 n_3 n_4 eingeführt ist. So bekommen wir leicht noch die zwei höheren Staffeln für n_5 und n_6 hinzu, und haben dann schlieſslich zu setzen:

$$n_1 = n \;\Big|\; n_2 = \frac{1}{n} \;\Big|\; n_3 = N \;\Big|\; n_4 = \frac{1}{N} \;\Big|\; n_5 = m \;\Big|\; n_6 = \frac{1}{m}.$$

Unter n, N, m verstehen wir die mittleren, d. h. die einer mittleren Spectrallinie (etwa der Linie E) zukommenden Brechungs-indices der drei Glassorten.

So fügen wir zunächst den Definitionsgleichungen (ra), (rx) ..., $\overline{ra}$, $\overline{rx}$ ... des § 10 noch hinzu: (vgl. § 26.)

(140.)
$$\begin{cases} (rb) = \frac{m-1}{2m_2}\left[\frac{1}{r_5} - \frac{1}{b_1}\right]\left(\frac{1}{r_5} - \frac{m+1}{b_1}\right); & \overline{rb} = \left[\frac{1}{r_5} - \frac{1}{b_1}\right](rb) \\ (rt) = -\frac{m(m-1)}{2}\left[\frac{1}{r_6} - \frac{1}{t_1}\right]\left(\frac{1}{r_6} - \frac{m+1}{m}\frac{1}{t_1}\right); & \overline{rt} = \left[\frac{1}{r_6} - \frac{1}{t_1}\right](rt) \end{cases}$$

Desgleichen nach Analogie des § 79.

(140.) $$\begin{cases} \left[\frac{1}{r_5} - \frac{1}{b_1}\right] = [b] \quad \left(\frac{1}{r_5} - \frac{n_5+1}{b_1}\right) = (b) \quad \text{und} \quad \frac{n_5-1}{2n_5^2} = \gamma_5 \\ \left[\frac{1}{r_6} - \frac{1}{t_1}\right] = [t] \quad \left(\frac{1}{r_6} - \frac{n_6+1}{t_1}\right) = (t) \quad \frac{n_6-1}{2n_6^2} = \gamma_6 \\ \text{folglich: } (rb) = \gamma_5(b)[b] \mid (rt) = \gamma_6(t)[t] \\ \overline{rb} = \gamma_5(b)[b]^2 \mid \overline{rt} = \gamma_6(t)[t]^2 \end{cases}$$

Desgleichen zu § 10: (vgl. § 26.)

(140.) $$\begin{cases} (nbn) = \frac{3-m}{4m^2}\left[\frac{1}{r_5} - \frac{1}{b_1}\right]\left(\frac{1}{r_5} + \frac{3m^2-3}{3-m}\frac{1}{b_1}\right) \\ (ntn) = \frac{3m^2-m}{4}\left[\frac{1}{r_6} - \frac{1}{t_1}\right]\left(\frac{1}{r_6} - \frac{3m^2-3}{3m^2-m}\frac{1}{t_1}\right) \end{cases}$$

$$(140.)\quad\begin{cases}(bn) = -\dfrac{(m-1)(m+3)}{2m^2}\left[\dfrac{1}{r_5}-\dfrac{1}{b_1}\right]\left(\dfrac{1}{r_5}-\dfrac{3m+3}{m+3}\dfrac{1}{b_1}\right)\\ (tn) = \dfrac{(m-1)(3m+1)}{2}\left[\dfrac{1}{r_6}-\dfrac{1}{t_1}\right]\left(\dfrac{1}{r_6}-\dfrac{3m+3}{3m+1}\dfrac{1}{t_1}\right)\\ (r_4r_5b) = \left(\dfrac{\beta_1}{r_4}-\dfrac{1}{r_5}\right)\left\{\dfrac{1}{b_1}-\dfrac{1}{4}\left[\dfrac{\beta_1}{r_4}+\dfrac{1}{r_5}\right]\right\}\\ (r_5r_6t) = \left(\dfrac{\tau_1}{r_5}-\dfrac{1}{r_6}\right)\left\{\dfrac{1}{t_1}-\dfrac{1}{4}\left[\dfrac{\tau_1}{r_5}+\dfrac{1}{r_6}\right]\right\}.\end{cases}$$

Die Gruppe der Gleichungen (36.) stellt sich, erweitert, so dar:

$$(141.)\quad\begin{cases}\dfrac{1}{x_0}=\dfrac{n-1}{n}\dfrac{1}{r_1}+\dfrac{1}{n}\dfrac{1}{a} \qquad \dfrac{1}{y_0}=-\dfrac{n-1}{r_1}+\dfrac{n}{x_1} \qquad \dfrac{1}{z_0}=\dfrac{N-1}{N}\dfrac{1}{r_3}+\dfrac{1}{N}\dfrac{1}{y_1}\\ \dfrac{1}{b_0}=-\dfrac{N-1}{r_4}+\dfrac{N}{z_1} \qquad \dfrac{1}{t_0}=\dfrac{m-1}{m}\dfrac{1}{r_5}+\dfrac{1}{m}\dfrac{1}{b_1} \qquad \dfrac{1}{u_0}=-\dfrac{m-1}{r_6}+\dfrac{m}{t_1}.\end{cases}$$

Und zu der Gruppe (38.) treten hinzu:

$$(142.)\quad\begin{cases}\dfrac{1}{t_0}=\dfrac{1}{m}\dfrac{1}{a}+\dfrac{n-1}{m}\left(\dfrac{1}{r_1}-\dfrac{1}{r_2}\right)+\dfrac{N-1}{m}\left(\dfrac{1}{r_3}-\dfrac{1}{r_4}\right)+\dfrac{m-1}{m}\dfrac{1}{r_5}+\\ \qquad +\dfrac{n}{m}\dfrac{\delta}{x_0x_1}+\dfrac{1}{m}\dfrac{h}{y_0y_1}+\dfrac{N}{m}\dfrac{\varepsilon}{z_0z_1}+\dfrac{1}{m}\dfrac{ch}{b_0b_1}.\\ \dfrac{1}{u_0}=\dfrac{1}{a}+(n-1)\left(\dfrac{1}{r_1}-\dfrac{1}{r_2}\right)+(N-1)\left(\dfrac{1}{r_3}-\dfrac{1}{r_4}\right)+\\ \qquad +(m-1)\left(\dfrac{1}{r_5}-\dfrac{1}{r_6}\right)+\dfrac{n\delta}{x_0x_1}+\dfrac{h}{y_0y_1}+\dfrac{N\varepsilon}{z_0z_1}+\dfrac{ch}{b_0b_1}+\dfrac{m\vartheta}{t_0t_1}.\end{cases}$$

Wenn wir für das erweiterte C und dessen Bestandteile dennoch dieselben Buchstaben C, $\mathfrak{a}$, $\mathfrak{x}$ ... (also jetzt in etwas abgeänderter Bedeutung) beibehalten, so erhalten wir aus (25.):

$$(143.)\quad\begin{cases}C=\underset{\mathfrak{a}}{\tau_1^2\beta_1^2\zeta_1^2\eta_1^2\xi_1^2\overline{ra}}+\underset{\mathfrak{x}}{\tau_1^2\beta_1^2\zeta_1^2\eta_1^2\xi_0^2 n\overline{rx}}+\underset{\mathfrak{y}}{\tau_1^2\beta_1^2\zeta_1^2\eta_0^2\xi_0^2\overline{ry}}+\\ \quad+\underset{\mathfrak{z}}{\tau_1^2\beta_1^2\zeta_0^2\eta_0^2\xi_0^2 N\overline{rz}}+\underset{\mathfrak{b}}{\tau_1^2\beta_0^2\zeta_0^2\eta_0^2\xi_0^2\overline{rb}}+\underset{\mathfrak{t}}{\tau_0^2\beta_0^2\zeta_0^2\eta_0^2\xi_0^2 m\overline{rt}}.\end{cases}$$

Ferner aus Gleichung (99.):

$$(144.)\quad\begin{cases}H^{*}=\tau_1^2\beta_1^2\zeta_1^2\eta_1^2\xi_1^2(ra)+\tau_1^2\beta_1^2\zeta_1^2\eta_1^2(rx)+\tau_1^2\beta_1^2\zeta_1^2(ry)+\\ \qquad+\tau_1^2\beta_1^2(rz)+\tau_1^2(rb)+(rt),\\ H_{*}=\delta.\dfrac{1}{n}\xi_1(C-\mathfrak{a})+h.\eta_1\xi_1^2(C-\mathfrak{a}-\mathfrak{x})+\varepsilon\cdot\dfrac{1}{N}\zeta_1\eta_1^2\xi_1^2(\mathfrak{z}+\mathfrak{b}+\mathfrak{t})+\\ \qquad+ch.\beta_1\zeta_1^2\eta_1^2\xi_1^2(\mathfrak{b}+\mathfrak{t})+\vartheta\cdot\dfrac{1}{m}\tau_1\beta_1^2\zeta_1^2\eta_1^2\xi_1^2\mathfrak{t}.\end{cases}$$

Etwas weitschichtig fällt die Gleichung für D aus, welche übrigens aus Gleichung (23.) ohne Schwierigkeit gewonnen wird, wenn wir in letzterer die drei untersten Zeilen (8, 9, 10) zuvörderst in **dieser** Gestalt darstellen:

$$+\delta.\zeta_0^2\eta_0^2\xi_0 n_4 n_3 n_2 \mathfrak{a}\{3\mathfrak{a}-2(\mathfrak{a}+\mathfrak{x}+\mathfrak{y}+\mathfrak{z})\}$$
$$+h.\zeta_0^2\eta_0 n_4 n_3(\mathfrak{a}+\mathfrak{x})\{3(\mathfrak{a}+\mathfrak{x})-2(\mathfrak{a}+\mathfrak{x}+\mathfrak{y}+\mathfrak{z})\}$$
$$+\varepsilon.\zeta_0 n_4(\mathfrak{a}+\mathfrak{x}+\mathfrak{y})\{3(\mathfrak{a}+\mathfrak{x}+\mathfrak{y})-2(\mathfrak{a}+\mathfrak{x}+\mathfrak{y}+\mathfrak{z})\}.$$

Wir erlangen:

(145.)
$$D=$$
$$\mathfrak{a}(nan)+\xi_0^2\mathfrak{x}(nxn)+\eta_0^2\xi_0^2\mathfrak{y}(nyn)+\zeta_0^2\eta_0^2\xi_0^2\mathfrak{z}(nzn)+\beta_0^2\zeta_0^2\eta_0^2\xi_0^2\mathfrak{b}(nbn)+$$
$$+\tau_0^2\beta_0^2\zeta_0^2\eta_0^2\xi_0^2\mathfrak{t}(ntn)+$$
$$+\mathfrak{a}\xi_0^2\{(xn)-(r_1r_2x)\} \qquad +C\xi_0^2(r_1r_2x)+$$
$$+(\mathfrak{a}+\mathfrak{x})\eta_0^2\xi_0^2\{(yn)-(r_2r_3y)\} \qquad +C\eta_0^2\xi_0^2(r_2r_3y)+$$
$$+(\mathfrak{a}+\mathfrak{x}+\mathfrak{z})\zeta_0^2\eta_0^2\xi_0^2\{(zn)-(r_3r_4z)\} \qquad +C\zeta_0^2\eta_0^2\xi_0^2(r_3r_4z)+$$
$$+(\mathfrak{a}+\mathfrak{x}+\mathfrak{y}+\mathfrak{z})\beta_0^2\zeta_0^2\eta_0^2\xi_0^2\{(bn)-(r_4r_5b)\} \qquad +C\beta_0^2\zeta_0^2\eta_0^2\xi_0^2(r_4r_5b)+$$
$$+\mathfrak{t}\tau_0^2\beta_0^2\zeta_0^2\eta_0^2\xi_0^2\{(r_5r_6t)-(tn)\} \qquad +C\tau_0^2\beta_0^2\zeta_0^2\eta_0^2\xi_0^2(tn)+$$
$$+\delta.\tau_0^2\beta_0^2\zeta_0^2\eta_0^2\xi_0\frac{1}{n}\mathfrak{a}\{3\mathfrak{a}-2C\}+$$
$$+h.\tau_0^2\beta_0^2\zeta_0^2\eta_0(\mathfrak{a}+\mathfrak{x})\{3(\mathfrak{a}+\mathfrak{x})-2C\}+$$
$$+\varepsilon.\tau_0^2\beta_0^2\zeta_0\frac{1}{N}(\mathfrak{a}+\mathfrak{x}+\mathfrak{y})\{3(\mathfrak{a}+\mathfrak{x}+\mathfrak{y})-2C\}+$$
$$+ch.\tau_0^2\beta_0(\mathfrak{a}+\mathfrak{x}+\mathfrak{y}+\mathfrak{z})\{3(\mathfrak{a}+\mathfrak{x}+\mathfrak{y}+\mathfrak{z})-2C\}+$$
$$+\vartheta.\tau_0\frac{1}{n}(\mathfrak{a}+\mathfrak{x}+\mathfrak{y}+\mathfrak{z}+\mathfrak{b})\{3(\mathfrak{a}+\mathfrak{x}+\mathfrak{y}+\mathfrak{z}+\mathfrak{b})-2C\}.$$

Die Erweiterung der Gleichung (43.) gestaltet sich folgendermafsen:

(146.)
$$\left\{\begin{aligned}\partial\frac{1}{u_0} &= \partial n\cdot\left(\tau_1^2\beta_1^2\zeta_1^2\eta_1^2\xi_1^2\frac{1}{n}[a]-\tau_1^2\beta_1^2\zeta_1^2\eta_1^2[x]\right)+\\ &\quad+\partial N\left(\tau_1^2\beta_1^2\zeta_1^2\frac{1}{N}[y]-\tau_1^2\beta_1^2[z]\right)+\\ &\quad+\partial m\left(\tau_1^2\frac{1}{m}[b]-[t]\right).\end{aligned}\right.$$

Die bisherigen Gleichungen waren alles exacte. Nun folgen die notwendigsten Näherungsgleichungen. Zunächst die für $\frac{\partial\frac{1}{u_0}}{\partial n}$, welchen Wert wir mit χ zu bezeichnen pflegten:

$$(147.)\quad \chi=\frac{\partial\frac{1}{u_0}}{\partial n}\mp\left(\frac{1}{r_1}-\frac{1}{r_2}\right)+\frac{\partial N}{\partial n}\left(\frac{1}{r_3}-\frac{1}{r_4}\right)+\frac{\partial m}{\partial n}\left(\frac{1}{r_5}-\frac{1}{r_6}\right).$$

Ferner, wenn wir die Brennweiten der drei Gläser mit f_1, f_2, f_3 bezeichnen, so dass also

$$(148.)\quad \left\{\begin{array}{l} \frac{1}{f_1} = (n-1)\left(\frac{1}{r_1} - \frac{1}{r_2}\right), \quad \frac{1}{f_2} = (N-1)\left(\frac{1}{r_3} - \frac{1}{r_4}\right), \\ \qquad \frac{1}{f_3} = (m-1)\left(\frac{1}{r_5} - \frac{1}{r_6}\right) \end{array}\right.$$

ist, erhalten wir nach Gleichung (56.):

$$H^* \ddagger (ra)+(rx) \quad +(ry)+(rz) \quad +(rb)+(rt),$$

d. i.

$$(149.)\quad \left\{\begin{array}{l} H^* \ddagger \frac{1}{2f_1}\left\{\frac{n+1}{n}\frac{1}{r_1} - \frac{2n+1}{n}\frac{1}{a} - \frac{n}{n-1}\frac{1}{f_1}\right\} + \\ \quad + \frac{1}{2f_2}\left\{\frac{N+1}{N}\frac{1}{r_3} - \frac{2N+1}{N}\frac{1}{y_1} - \frac{N}{N-1}\frac{1}{f_2}\right\} + \\ \quad + \frac{1}{2f_3}\left\{\frac{m+1}{m}\frac{1}{r_5} - \frac{2m+1}{m}\frac{1}{b_1} - \frac{m}{m-1}\frac{1}{f_3}\right\}. \end{array}\right.$$

Desgleichen nach Gleichung (58.):

$$(150.)\quad \left\{\begin{array}{l} \qquad C \ddagger \overline{ra} + n.\overline{rx} \quad + \overline{ry} + N.\overline{rz} \quad + \overline{rb} + m.\overline{rt}, \quad \text{d. i.:} \\ \ddagger \frac{1}{2f_1}\left[\frac{n+2}{n}\frac{1}{r_1^2} - \left(\frac{4n+4}{n}\frac{1}{a} + \frac{2n+1}{n-1}\frac{1}{f_1}\right)\frac{1}{r_1} + \right. \\ \qquad \left. + \frac{3n+2}{n}\frac{1}{a^2} + \frac{3n+1}{n-1}\frac{1}{a}\frac{1}{f_1} + \left(\frac{n}{n-1}\right)^2 \frac{1}{f_1^2}\right] + \\ + \frac{1}{2f_2}\left[\frac{N+2}{N}\frac{1}{r_3^2} - \left(\frac{4N+4}{N}\frac{1}{y_1} + \frac{2N+1}{N-1}\frac{1}{f_2}\right)\frac{1}{r_2} + \right. \\ \qquad \left. + \frac{3N+2}{N}\frac{1}{y_1^2} + \frac{3N+1}{N-1}\frac{1}{y_1}\frac{1}{f_2} + \left(\frac{N}{N-1}\right)^2 \frac{1}{f_2^2}\right] + \\ + \frac{1}{2f_3}\left[\frac{m+2}{m}\frac{1}{r_5^2} - \left(\frac{4m+4}{m}\frac{1}{b_1} + \frac{2m+1}{m-1}\frac{1}{f_3}\right)\frac{1}{r_5} + \right. \\ \qquad \left. + \frac{3m+2}{m}\frac{1}{b_1^2} + \frac{3m+1}{m-1}\frac{1}{b_1}\frac{1}{f_3} + \left(\frac{m}{m-1}\right)^2 \frac{1}{f_3^2}\right]. - \end{array}\right.$$

§ 91.
Anwendung derselben.

Die zu erfüllenden Bedingungen sind folgende:
Die metrische Gleichung (die Maſseinheit betreffend),

Die erste chromatische Gleichung $\frac{\partial \frac{1}{u_0}}{\partial n} = \chi = 0,$

Die zweite chromatische Gleichung $\frac{\partial^2 \frac{1}{u}}{\partial n^2} = \frac{\partial \chi}{\partial n} = 0,$

Die heteronomische Gleichung $H = 0,$

Die sphäristische Gleichung $C = 0$,

Die Gaufs'ische Bedingung $\frac{\partial C}{\partial n} = 0$,

Die höhere sphäristische Gleichung (um sie so zu nennen) $D = 0$,

und es darf bei Präcisionsinstrumenten keine einzige dieser Bedingungen aufser acht gelassen werden.

Der Zahl nach sind es sieben, und wir haben doch nur sechs Freiheiten, allein da mit großser Wahrscheinlichkeit die Gaufs'ische Forderung sich nach Anleitung von § 64 ff. als ein Zubehör der ersten chromatischen Gleichung, also ohne den Aufwand einer besonderen, mitzählenden Bedingungsgleichung, zwar nur näherungsweise, jedoch in ausreichendem Mafse wird erfüllen lassen, so würden die sechs Freiheiten dem Bedürfnisse gerade genügen.

Die metrische und die beiden chromatischen Gleichungen — diese drei enthalten, wenn wir uns nicht sogleich der exacten, sondern nur erst der genäherten ersten chromatischen Gleichung bedienen, die unbekannten Gröfsen $\frac{1}{r_1}, \frac{1}{r_2}, \ldots$ nur in den drei Combinationen (und zwar linearen Combinationen) $\left(\frac{1}{r_1} - \frac{1}{r_2}\right)$, $\left(\frac{1}{r_3} - \frac{1}{r_4}\right)$ und $\left(\frac{1}{r_5} - \frac{1}{r_6}\right)$. Daher erhalten wir sofort drei numerische Näherungswerte für (12), (34) und (56) und somit auch für $\frac{1}{f_1}, \frac{1}{f_2}, \frac{1}{f_3}$ nach Gleichung (148.), ferner auch für

$$\frac{1}{y_0} \text{ oder } \frac{1}{y_1} \text{ d. i. } \mp \frac{1}{f_1} + \frac{1}{a} \text{ und für } \frac{1}{b_{01}} \text{ d. i. } \mp \frac{1}{f_1} + \frac{1}{f_2} + \frac{1}{a}.$$

Und so sind uns denn alle Gröfsen, welche aufser den unbekannten $\frac{1}{r_1}, \frac{1}{r_3}, \frac{1}{r_5}$ in den beiden Näherungsgleichungen H und C auftreten, gleich von vorn herein bekannt.

Nun ist aber die Näherungsgleichung (149.) für H (— nicht so die exacte —) bezüglich der drei in ihr vorkommenden Unbekannten $\frac{1}{r_1}, \frac{1}{r_3}, \frac{1}{r_5}$ linear. Wir können also sehr leicht $\frac{1}{r_5}$ linear ausdrücken durch $\frac{1}{r_1}$ und $\frac{1}{r_3}$.

Thun wir dies und setzen den gefundenen Ausdruck anstatt $\frac{1}{r_5}$ in die Näherungsgleichung C ein, so erlangen wir eine Gleichung zweiten Grades mit den beiden Unbekannten $\frac{1}{r_1}$ und $\frac{1}{r_3}$, und können dann untersuchen, ob die Gleichung reelle Wurzeln habe, und können im Bejahungsfalle das zu jedem beliebigen, freihändig gewählten $\frac{1}{r_1}$ zugehörige $\frac{1}{r_3}$ berechnen, desgleichen $\frac{1}{r_5}$. Und endlich auch, da uns (12), (34), (56) schon bekannt sind: $\frac{1}{r_2}, \frac{1}{r_4}, \frac{1}{r_6}$.

Wir bilden uns nun zwei solcher zusammengehörigen Radiencomplexe $\frac{1}{r_1}, \frac{1}{r_2}, \ldots \frac{1}{r_6}$, indem wir von zwei verschiedenen freiwillig gewählten **ersten** Radien ausgehen, und bestimmen für jeden der beiden Complexe die Gröfse des Coefficienten D.

So erfahren wir, in welchem Sinne, und ungefähr um welchen Betrag wir den Wert von $\frac{1}{r_1}$ abzuändern haben, damit ein mittelst des abgeänderten $\frac{1}{r_1}$ zu berechnender dritter Radiencomplex ein möglichst nahe an Null heranrückendes D liefere u. s. w. u. s. w. —

Hiernach haben zu folgen die etwa noch notwendigen genaueren Correctionen, welche im ganzen nach dem Vorbilde der §§ 86 und 56 auszuführen sind. Es ist nicht gut thunlich, hierfür allgemein gültige Vorschriften zu geben, vielmehr wird der Rechner öfters in die Lage kommen, an einer und der anderen Stelle je nach den Umständen sich selbst den passendsten Weg aufsuchen zu müssen. Die aus dem folgenden Paragraphen zu entnehmenden Fingerzeige dürften (nebst §§ 86 und 56) ausreichenden Anhalt zu bieten geeignet sein.

Eine mit den Daten von (132.) nach den **allgemeinen** Gleichungen durchgeführte Rechnung würde allem Vermuten nach die Zulässigkeit einer Apertur $\mathfrak{P} = \frac{1}{10} u_0$ erweisen.

Sonst würden auch folgende Data zu einem erwünschten Resultate führen:

$$(151.) \begin{cases} \text{Crown Litt. } M = 1.5\overset{n}{6}\,315 + \triangle n \\ \text{Flint 13} \quad = 1.6\overset{N}{4}\,202 + \overbrace{\overset{c}{1}.73 \triangle n + \overset{k}{3} \triangle n^2}^{\triangle N} \\ \text{Flint 3} \quad = 1.6\overset{m}{1}\,456 + \overbrace{\overset{c'}{1}.515 \triangle n + \overset{k'}{4}.17 \triangle^2 n}^{\triangle \mathrm{m}}, \end{cases}$$

leider wiederum nicht ohne Flint 13.

Bezüglich der zwei chromatischen Bedingungsgleichungen dürfte noch eine Klarstellung erforderlich sein.

Aus (142.) haben wir die noch ungeteilte chromatische Forderung:

$$(152.)\qquad \triangle\frac{1}{u_0} \neq (12)\triangle n + (34)\triangle N + (56)\triangle m = 0.$$

Hieraus entspringen die beiden Einzelgleichungen:

$$(153.)\qquad \chi = (12) + c.(34) + c'(56) \neq 0 \quad \text{und} \quad k(34) + k'(56) \neq 0.$$

Beide sind nur Näherungsgleichungen, doch genügt die letztere auch in dieser Form vollkommen allen Anforderungen der Praxis. An Stelle der ersteren aber muss, wenn es an die Correctionen geht, die exacte Gleichung (146.) eintreten.

Nehmen wir die combinierte Brennweite des ersten und dritten Linsenglases zur Maſseinheit der Länge, so tritt zu den vorstehenden noch die dritte Gleichung hinzu:

zu (153.): $(n-1)(12) + (m-1)(56) = 1.$

Aus Verbindung der drei Gleichungen gewinnt man leicht:

$$\text{zu (153.)} \quad \begin{cases} (56) \neq \dfrac{1}{m-1+(n-1)\left[\dfrac{k'}{k}c-c'\right]} \\ (34) \neq -\dfrac{k'}{k}(56) \\ (12) \neq \left[\dfrac{k'}{k}c-c'\right](56). \end{cases}$$

Nur solche Glassorten werden sich zur Anwendung empfehlen, bei denen die erste und dritte Brennweite (— also auch (12) und (56) —) beide positiv — und dann selbstverständlich die mittlere negativ — ausfallen.

§ 92.

Das dreiteilige Objectiv von Abbe.

Dreiteilige Objective sind bis jetzt nur von wenigen Technikern, zuerst wohl von Peter Dollond, wirklich angefertigt worden. Sie bestanden aus zwei Krongläsern einer und derselben Sorte und einem dazwischen befindlichen Flintglase, jedoch mit der Einschränkung des § 77, dass also die zweite und dritte brechende Fläche einerseits — und die vierte und fünfte andererseits zusammenfielen.

Diese Art des dreigliederigen Objectives mit gleichen inneren Krümmungen, also im ganzen nur vier brechenden Flächen ist u. a. schon von Hansen und von Scheibner discutiert worden.

Grunert, Opt. Untersuchungen II p. 257—300 behandelt das dreiteilige Objectiv mit sechs verschiedenen Krümmungen, jedoch unter Vernachlässigung der Hiatus und der Glasdicken und zuletzt auch (— siehe das. pag. 297 ganz unten —) unter Gleichsetzung der Glasarten für die erste und dritte Linse.

Was auf diesem Wege erreichbar war, ist ja auch erreicht worden, nämlich die Vermeidung allzustarker Krümmungen; nur dass der karge Gewinnst in zu ungünstigem Verhältnisse stand zu dem Aufwande der Mittel. Die Objective waren und blieben mit dem bösen secundären Spectrum behaftet, dem man früher allerdings wenig oder keine Beachtung zukommen liefs, und welches, wie wir ja § 76 gesehen haben, überhaupt nur durch Anwendung dreier verschiedenen Glasarten beseitigt werden kann, daher man denn auch von der Construction derartiger Objective ganz und gar zurückgekommen ist.

Ganz anders freilich würde die Sache liegen, wenn es gelänge eine Crown- und dazu passende Flint-glassorte herzustellen, welche bei möglichst gleichen brechenden Kräften stark differente, aber von Farbe zu Farbe proportional fortschreitende Dispersions-incremente besäfsen.

Nun ist mir von Herrn Professor Dr. Abbe zu Jena die höchst erfreuliche schätzenswerte Mitteilung zugegangen, dass es ihm in gemeinschaftlichem Zusammenwirken mit Herrn Dr. Schott daselbst in Wirklichkeit gelungen ist, folgende zwei Glassorten zu fabricieren:

(Spectrallinie D)

$$\begin{array}{ll} \text{Crown } n = 1.59\,374 \\ \text{Flint } N = 1.57\,737 \end{array} \quad \frac{\partial N}{\partial n} = 1{,}22\,473, \quad \frac{\partial n}{\partial N} = 0.81\,651.$$

mit dem Hinzufügen, dass die gewünschte Proportionalität in beinahe ganz vollkommenem Mafse erreicht, und somit eigentlich nur ein tertiäres Spectrum in den lichtschwächsten Partieen rückständig sei.

Diese Zahlen zeigen zwar nur eine wenig differente Dispersion: $\partial N : \partial n = 1.22\,473 : 1$, jedoch ist der Umstand besonders günstig, dass der Brechungs-index des Flintglases kleiner ist, als der des Kronglases, allen bisherigen Erfahrungen entgegen; und daher kommt es, dass diese Glasarten dennoch mit Vorteil zu Objectiven verwandt werden können, freilich nur zu dreigliederigen, damit die Krümmungen nicht allzu grofs ausfallen, und damit zweitens bei den sechs vorhandenen Freiheiten sich alle Bedingungen der Aplanesie (der Zahl nach — ohne die Gaufs-ische besonders mitzuzählen — fünf) mit Leichtigkeit erfüllen lassen, was bei einem nur zweiteiligen Objective (und also nur vier Freiheiten) nicht erreichbar sein würde.

Am zweckmäfsigsten werden die Gläser so zusammengestellt, dass das Flintglas die Mitte einnimmt.

Als Maſseinheit möge wieder die combinierte Brennweite der ersten und dritten Linse (d. i. der beiden Crowngläser) dienen, also

$$(n-1)(12)+(n-1)(56)=\frac{1}{1}=1, \quad \text{d. i.}$$

$$(12)+(56)=\frac{1}{n-1}=1.68\,424,$$

denn wir behalten die Brechungs-indices der Spectrallinie D gleich als die mittleren bei.

Die chromatische (Näherungs-) Gleichung (— es giebt nur eine —) ist:

$$(12)+(56)+(34)\frac{\partial N}{\partial n} \doteqdot 0,$$

woraus in Verbindung mit obiger:

$$(34) \quad \text{d. i.} \quad \frac{1}{r_3}-\frac{1}{r_4} \doteqdot -\frac{1}{n-1}\frac{\partial n}{\partial N} \doteqdot -1.37\,521$$

sich ergiebt.

Setzen wir zunächst einmal willkürlich fest, dass der erste Radius zum zweiten sich wie 11 : —5 also $\frac{1}{r_1}:\frac{1}{-r_2}=5:11$ verhalten solle, welches Verhältniss ungefähr (s. § 24) bei den Doppelobjectiven sich empfahl, — und verteilen wir ferner probeweise den ganzen Betrag (1.68 424) von (12)+(56) gleichmäſsig auf die beiden Bestandteile, so haben wir ganz bestimmte Zahlenwerte für

$$\frac{1}{r_1} \quad \frac{1}{r_2} \quad \left(\frac{1}{r_1}-\frac{1}{r_2}\right) \quad \left(\frac{1}{r_3}-\frac{1}{r_4}\right) \quad \left(\frac{1}{r_5}-\frac{1}{r_6}\right)$$

und es fehlt uns nur noch die Kenntniss von $\frac{1}{r_3}$ und $\frac{1}{r_5}$; und diese erlangen wir durch Auflösung der Näherungsgleichungen (149.) und (150.) (selbstverständlich ist n statt m zu setzen).

Nachdem so erste Näherungswerte der Radien gefunden sind, werden passende Werte für δ, h, ε, ch, ϑ festgesetzt.

Nun wird nach den exacten Gleichungen H, C, D berechnet. Wir finden etwa

$$H=-12; \quad C=+25; \quad D=-1203; \quad \text{(ohne Corr.)}$$

es kam uns hauptsächlich auf die Kenntniss des D an. Der gefundene Wert —0.01 203 ist zwar über Erwartung klein ausgefallen, jedoch für höhere Ziele immer noch viel zu groſs. Darum müssen wir zu einer neuen Probe schreiten.

Wir behalten das Verhältniss $\frac{1}{r_1}:\frac{1}{-r_2}=5:11$ bei, setzen aber nicht wie vorhin (12) $\doteqdot$ (56), sondern vielmehr (12):(56) = 3 : 5, verschaffen uns ganz wie vorhin neue Näherungswerte der Radien, berechnen nach den exacten Gleichungen H, C, D und finden

$$H = -11; \qquad C = +3; \qquad D = \underline{+156};$$

woraus wir sehen, dass wir in der Abänderung des Gröſsenverhältnisses zwischen (12) und (56) bereits zu weit gegangen sind. Durch Interpolation gewinnen wir ein neues solches Verhältniss, rechnen also nun mit

$$\frac{1}{r_1} : \frac{1}{-r_2} = 5 : 11, \quad \text{und} \quad (12):(56) = 3 : 4.718$$

und finden

$\frac{1}{r_1}$	$\frac{1}{r_2}$	$\frac{1}{r_3}$	$\frac{1}{r_4}$	$\frac{1}{r_5}$	$\frac{1}{r_6}$
+ 0.20 458	— 0.45 008	— 0.51 862	+ 0.85 659	+ 0.86 930	+ 0.16 028,

setzen $\log\delta = 8.52$ $\log h = 7.25$ $\log\varepsilon = 8.01$ $(ch = 0)$ $\log\vartheta = 8.64$, und finden

$$H^* = -1, \qquad H_* = +22, \qquad H = 21; \qquad C = +5;$$

Da mutmaſslich D sehr nahe gleich 0 sein wird, so lassen wir diese Gröſse für jetzt aus dem Spiele, und werden uns erst nach Anbringung der Correctionen durch eine nochmalige Berechnung des D über die Richtigkeit unserer Vermutung volle Gewissheit verschaffen.

Wir haben zunächst C zu berechnen mit den Brechungs-indices der violetten Strahlen. Setzen wir zu diesem Zwecke anstatt des früher von uns angewandten $\partial n = 0.01$ (vgl. § 59) einen etwas gröſseren Wert $\underline{\triangle n = 0.01\,184}$ so erhalten wir die Brechungs-indices der Spectrallinie G.

Wir finden

$$C_v = -117; \quad \text{also} \quad C_v - C_n = -122;$$

Um nun unseren Corrections-coefficienten $\mathfrak{G}$ (der übrigens mit der Spectrallinie G nichts zu thun hat, und den ich nur, um Gauſs zu ehren, mit $\mathfrak{G}$ bezeichnet habe) nach Gleichung (130.) berechnen zu können, müssen wir erst die Gröſse der Apertur $\mathfrak{P}$ festsetzen. Versuchen wir es mit $\mathfrak{P} = \frac{1}{11} u_0$, $\mathfrak{p} = \frac{1}{22} u_0$. Wir kennen u_0 aus der letzten Berechnung des C_n, und zwar ist u_0 ǂ 4.831, demnach

$$\mathfrak{P} ǂ 0.439, \quad \mathfrak{p} = 0.2195, \quad \log\mathfrak{p} = 9.3414.$$

So finden wir nach Gleichung (129.):

$$\angle\, ii = \text{rund } {}^2/_3 \text{ Secunden.}$$

(Das ist beispielsweise für ein neunzölliges Objectiv etwas gröſser als der scheinbare Beugungsradius.) Bei einer 300maligen Vergröſserung

$$\angle\, jj = 3'20''$$

$\frac{1}{4}$	9.398
$\mathfrak{p}^3$	8.024
$C_v - C_n$	— 7.086
	4.508
$\sin 1''$	4.686
	9.822
nu	0.664

(vgl. § 67 Ende), so dass wir, was den Chromatismus anlangt, immerhin die Oeffnung $\mathfrak{P} = \frac{1}{11} u_0$ in Aussicht nehmen dürfen.

Mit dieser Apertur berechnet sich nun aus Gleichung (130.) der Coefficient $\mathfrak{S} = +372$; (log = 7.571). —

Berechnen wir nunmehr nach der exacten Gleichung (146.) $\frac{\partial \frac{1}{u_0}}{\partial n}$, d. i. χ so finden wir

$$\chi = +53;$$

Die Näherungsgleichung lautete nach (147.) in unserem Falle

$$\frac{1}{n-1} + \left(\frac{1}{r_3} - \frac{1}{r_4}\right) \frac{\partial N}{\partial n} = 0.$$

Diese Gleichung muss verworfen und an ihrer Stelle genommen werden

$$\frac{1}{n-1} + \left(\frac{1}{r_3} - \frac{1}{r_4}\right) \frac{\partial N}{\partial n} = 319;$$

welches ist der Unterschied $\mathfrak{S} - 53$;.

Hierdurch bekommt (34), d. i. $\left(\frac{1}{r_3} - \frac{1}{r_4}\right)$ einen neuen Wert, und da von diesem Werte $\frac{1}{f_2}$ und auch $\frac{1}{b_1}$ d. i. $\mp \frac{1}{f_1} + \frac{1}{f_2}$ abhängig ist, welche in den Gleichungen (149.) und (150.) für H und C eine wichtige Rolle spielen, so müssen nunmehr die endgültigen Radien (mit Ausnahme von $\frac{1}{r_1}$ und $\frac{1}{r_2}$) ganz aufs neue berechnet werden.

Besäßen H und C noch verbesserungsbedürftige Werte, so fände sich bei der doch nun einmal vorzunehmenden Neuberechnung die beste Gelegenheit, sie wenigstens sehr nahe an Null herabzubringen. Dies würde z. B. bezüglich des H, dessen Wert noch $+21$ beträgt, dadurch gelingen, dass wir in der Näherungsgleichung (149.) dem absoluten (numerischen) Gliede gleich $+0.00\,021$ hinzufügten. Aehnlich betreffs des Wertes $C = +5$, welch' letzterer jedoch zuvor durch eine siebenstellige Rechnung genauer festgestellt werden müsste. — Genug, wir haben es vollständig in unserer Hand, die drei Größen H, C, D bis zur fünften Decimale, und, wenn es von irgend welchem Nutzen sein könnte, sogar bis zur sechsten zu annullieren.

Unterlassen wir dies, und bringen nur die Gauß-correction an, so gewinnen wir die Radien:

$\frac{1}{r_1}$	$\frac{1}{r_2}$	$\frac{1}{r_3}$	$\frac{1}{r_4}$	$\frac{1}{r_5}$	$\frac{1}{r_6}$
$+0.20\,458$	$-0.45\,008$	$-0.52\,063$	$+0.85\,202$	$+0.86\,541$	$-0.16\,417$.

Es ist überflüssig und blos der Prüfung wegen wünschenswert, die Rechnung noch einmal durchzuführen. Letztere giebt nach den exacten Gleichungen

$H^* = +1$; demnach H etwa $+23$; $C_n = +4$; $\chi = +368$;
D incl. Corr. $\mp +20$.

Berechnet man trigonometrisch siebenstellig mit den Datis

$\log\frac{1}{r_1}$ $+ 9.310\,8700$

$nu\,\delta$ $0.033\,1131$

$\log\frac{1}{r_2}$ $\dot{-}\,9.653\,2927$

$nu\,h$ $0.001\,7783$

$\log\frac{1}{r_3}$ $\dot{-}\,9.716\,5292$ und $\log \mathfrak{p} = 9.338\,6000$.

$nu\,\varepsilon$ $0.010\,2329$

$\log\frac{1}{r_4}$ $+ 9.930\,4498$

$ch = 0$

$\log\frac{1}{r_5}$ $+ 9.937\,2197$

$nu\,\vartheta$ $0.043\,6516$

$\log\frac{1}{r_6}$ $\dot{-}\,9.215\,2861$

den Wert von $\frac{1}{u_{\mathfrak{p}}}$, so findet man

$$nu\,\frac{1}{u_{\mathfrak{p}}} = 0.208\,4399 \quad \text{gegen} \quad nu\,\frac{1}{u_0} = 0.208\,4370.$$

Der Fehler beträgt $\Delta\frac{1}{u_0} = 0;29$. $(\Delta u_0 = -1;5u_0)$. Es steht, wie schon gesagt, in unserer Macht, ihn ganz zu beseitigen, und zwar ohne Anwendung des sogenannten Kunstgriffes von § 56, so dass also die Gröfse der Apertur einzig und allein in der Gaufs'ischen Forderung ihre Schranke finden würde.

Wir könnten ja nun versuchen, anstatt von dem Verhältnisse $\frac{1}{r_1} : \frac{1}{-r_2} = 5:11$, gleich anfangs von einem anderen auszugehen, und es ist denkbar, dass wir da zu noch mehr zusagenden Krümmungsradien gelangen dürften, allein für die Gaufs-bedingung wird sich — nach einer kleinen Anzahl wirklich ausgeführter Rechnungen zu urteilen — schwerlich eine wesentliche Besserung erreichen lassen, da die Differenz $C_v - C_n$ in allen Fällen sich fast gleich zu bleiben scheint, so dass man beinahe annehmen möchte, es lasse sich die Gaufs-forderung selbst bei dreiteiligen Objectiven nur dadurch erfüllen (— nämlich so vollständig wie in unserem Beispiele des § 62, wo wirklich $C_c = C_n = C_r = 0$

und $\angle\angle jj = 0$ war —), dass man andere noch unentbehrlichere Bedingungen vernachlässigt. So hat z. B. Schmidt ausdrücklich die Gaufsforderung in seine mit peinlichster Genauigkeit geführte Rechnung verflochten, und doch zeigen die a. a. O. pag. 103 (gegen Ende) zusammengestellten Schluss-ergebnisse so bedeutende Abweichungen, dass man (— $m' = 832$, Oeffnung $= {}^1/_{12}$ bis ${}^1/_{11}$ Rorlänge —) den Winkel jj gleich 39′ (Minuten) findet. Und wenn da wirklich, wie Schmidt auf pag. 104 behauptet, ${}^7/_9$ der Abweichung (0.000 7147 von 0.000 9199) auf Rechnung der sogenannten scheinbaren Abweichung zu setzen sind (— wie er schon auf pag. 92 erwiesen hat): so würden doch die von den 39 Minuten übrig bleibenden ${}^2/_9$ immer noch fast 9 Minuten betragen, d. h. im allgemeinen wohl eben nicht weniger, als bei Anwendung der von uns in § 64 ff. empfohlenen Methode, — die uns keine besondere Bedingungsgleichung kostet — unter gleichen Vorbedingungen rückständig zu bleiben pflegt. Siehe § 70 und auch S. 218, wo $\angle ii = 0.664$, folglich für $m' = 832$ $\angle ii = 552'' = 9'12''$ ist.

Wenn nun aber auch wirklich, wie ich vorhin vermutete, wir uns dabei beruhigen müssten, die Gaufs'ische Forderung nur zu drei Vierteilen zu erfüllen, um nicht entweder die ganz annehmbaren Krümmungsverhältnisse der Flächen bedeutend zu verschlechtern, oder die heteronomische Gleichung arg zu verletzen: so verbleibt doch dem aus den Abbe-Schott'schen Gläsern construierten dreigliederigen Objective der nicht hoch genug zu schätzende Vorzug

frei zu sein von dem secundären Spectrum,

diesem Hauptfehler aller bis jetzt existierenden Objective, auch die allervorzüglichsten nicht ausgenommen, der sich, wie wir (§ 74.) gesehen haben, wohl zwanzig bis dreifsigmal nachteiliger erweist, als der mit einem Vierteile im Rückstande bleibende Betrag der Gaufs'ischen Forderung.

Und so möchte ich zu behaupten wagen, dass es bis zu dieser Stunde in Wirklichkeit kein Instrument gebe, welches den (in § 91 aufgestellten) theoretisch berechtigten Anforderungen in so hohem Grade genügte, als dies ein aus den (nicht hypothetischen, sondern schon in Probestücken vorhandenen) Abbe-Schott'schen Glasarten anzufertigendes Objectiv im Stande sein wird.

Anmerkung. Zur vollständigen Beseitigung des Chromatismus durch drei verschiedene Glasarten und zwei chromatische Gleichungen nach Anleitung des § 91 dürften folgende drei Abbe-Schott'schen Gläser besonders geeignet sein:

$$\text{Crown } 649 = 1.55\,800 + \triangle$$
$$\text{Flint } 645, b = 1.57\,710 + 1.365\triangle + 1.5\triangle^2$$
$$\text{Crown } 672 = 1.57\,860 + 1.062\triangle + 1.5\triangle^2.$$

Zu § 23.

Hülfs-tafel

(sonst zur Subtraction dienend.)

log u	$\log \frac{1}{1-u}$	0	1	2	3	4	5	6	7	8	9
5.	0.00	000	001	001	001	001	001	002	002	003	003
6.		004	005	007	009	011	014	017			
6.6		017	018	018	019	019	019	020	020	021	021
6.7		022	022	023	023	024	024	025	026	026	027
6.8		027	028	029	029	030	031	031	032	033	034
6.9		035	035	036	037	038	039	040	041	041	042
7.0	0.00	043	044	046	047	048	049	050	051	052	053
7.1		055	056	057	059	060	061	063	064	066	067
7.2		069	070	072	074	076	077	079	081	083	085
7.3		087	089	091	093	095	097	100	102	104	107
7.4		109	112	114	117	120	123	125	128	131	134
7.5		138	141	144	147	151	154	158	162	165	169
7.6		173	177	181	186	190	194	199	204	208	213
7.7		218	223	229	234	239	245	251	256	262	269
7.8		275	281	288	295	302	309	316	323	331	338
7.9		346	354	363	371	380	389	398	407	417	426
8 00	0.00	436	437	439	440	441	442	443	444	445	446
8.01		447	448	449	450	451	452	453	454	455	456
8.02		457	458	459	460	461	462	464	465	466	467
8.03		468	469	470	471	472	473	474	476	477	478
8.04		479	480	481	482	483	484	486	487	488	489
8.05		490	491	492	493	495	496	497	498	499	500
8.06		502	503	504	505	506	507	509	510	511	512
8.07		513	514	516	517	518	519	520	522	523	524
8.08		525	527	528	529	530	531	533	534	535	536
8.09		538	539	540	541	543	544	545	546	548	549
8.10	0.00	550	551	553	554	555	557	558	559	561	562
		0	1	2	3	4	5	6	7	8	9

		0	1	2	3	4	5	6	7	8	9
8.10	0.00	550	551	553	554	555	557	558	559	561	562
8.11		563	564	566	567	568	570	571	572	574	575
8.12		576	578	579	580	582	583	584	586	587	588
8.13		590	591	593	594	595	597	598	599	601	602
8.14		604	605	606	608	609	611	612	614	615	616
8.15		618	619	621	622	624	625	626	628	629	631
8.16		632	634	635	637	638	640	641	643	644	646
8.17		647	649	650	652	653	655	656	658	659	661
8.18		662	664	665	667	669	670	672	673	675	676
8.19		678	679	681	683	684	686	687	689	691	692
8.20	0.00	694	695	697	699	700	702	704	705	707	708
8.21		710	712	713	715	717	718	720	722	723	725
8.22		727	728	730	732	734	735	737	739	740	742
8.23		744	746	747	749	751	753	754	756	758	760
8.24		761	763	765	767	768	770	772	774	776	777
8.25		779	781	783	785	787	788	790	792	794	796
8.26		798	799	801	803	805	807	809	811	813	814
8.27		816	818	820	822	824	826	828	830	832	834
8.28		836	837	839	841	843	845	847	849	851	853
8.29		855	857	859	861	863	865	867	869	871	873
8.30	0.00	875	877	879	881	883	886	888	890	892	894
8.31		896	898	900	902	904	906	908	911	913	915
8.32		917	919	921	923	926	928	930	932	934	936
8.33		939	941	943	945	947	950	952	954	956	958
8.34		961	963	965	967	970	972	974	976	979	981
8.35		983	986	988	990	993	995	997	999	*002	*004
8.36	0.01	006	009	011	014	016	018	021	023	025	028
8.37		030	033	035	037	040	042	045	047	050	052
8.38		054	057	059	062	064	067	069	072	074	077
8.39		079	082	084	087	089	092	095	097	100	102
8.40	0.01	105	107	110	113	115	118	120	123	126	128

0 1 2 3 4 5 6 7 8 9

		0	1	2	3	4	5	6	7	8	9
8.40	0.01	105	107	110	113	115	118	120	123	126	128
8.41		131	134	136	139	142	144	147	150	152	155
8.42		158	160	163	166	168	171	174	177	179	182
8.43		185	188	190	193	196	199	202	204	207	210
8.44		213	216	219	221	224	227	230	233	236	239
8.45		242	244	247	250	253	256	259	262	265	268
8.46		271	274	277	280	283	286	289	292	295	298
8.47		301	304	307	310	313	316	319	322	326	329
8.48		332	335	338	341	344	347	351	354	357	360
8.49		363	366	370	373	376	379	383	386	389	392
8.50	0.01	396	399	402	405	409	412	415	419	422	425
8.51		429	432	435	439	442	445	449	452	456	459
8.52		462	466	469	473	476	480	483	487	490	494
8.53		497	501	504	508	511	515	518	522	525	529
8.54		533	536	540	543	547	551	554	558	562	565
8.55		569	573	576	580	584	587	591	595	599	602
8.56		606	610	614	618	621	625	629	633	637	640
8.57		644	648	652	656	660	664	668	672	675	679
8.58		683	687	691	695	699	703	707	711	715	719
8.59		723	727	731	736	740	744	748	752	756	760
8.60	0.01	764	768	773	777	781	785	789	794	798	802
8.61		806	811	815	819	823	828	832	836	841	845
8.62		849	854	858	862	867	871	876	880	884	889
8.63		893	898	902	907	911	916	920	925	929	934
8.64		938	943	948	952	957	961	966	971	975	980
8.65		985	989	994	999	*003	*008	*013	*018	*022	*027
8.66	0.02	032	037	042	046	051	056	061	066	071	075
8.67		080	085	090	095	100	105	110	115	120	125
8.68		130	135	140	145	150	155	160	166	171	176
8.69		181	186	191	196	202	207	212	217	223	228
8.70	0.02	233	238	244	249	254	260	265	270	276	281
		0	1	2	3	4	5	6	7	8	9

		0	1	2	3	4	5	6	7	8	9
8.70	0.02	233	238	244	249	254	260	265	270	276	281
8.71		286	292	297	303	308	314	319	325	330	336
8.72		341	347	352	358	363	369	375	380	386	392
8.73		397	403	409	414	420	426	432	437	443	449
8.74		455	461	466	472	478	484	490	496	502	508
8.75		514	520	526	532	538	544	550	556	562	568
8.76		574	580	586	592	598	605	611	617	623	629
8.77		636	642	648	655	661	667	674	680	686	693
8.78		699	705	712	718	725	731	738	744	751	757
8.79		764	771	777	784	790	797	804	810	817	824
8.80	0.02	830	837	844	851	858	864	871	878	885	892
8.81		899	906	912	919	926	933	940	947	954	961
8.82		969	976	983	990	997	*004	*011	*018	*026	*033
8.83	0.03	040	047	055	062	069	077	084	091	099	106
8.84		114	121	128	136	143	151	159	166	174	181
8.85		189	196	204	212	219	227	235	243	250	258
8.86		266	274	282	289	297	305	313	321	329	337
8.87		345	353	361	369	377	385	393	402	410	418
8.88		426	434	443	451	459	467	476	484	492	501
8.89		509	518	526	535	543	552	560	569	577	586
8.90	0.03	594	603	612	620	629	638	647	655	664	673
8.91		682	691	700	708	717	726	735	744	753	762
8.92		771	781	790	799	808	817	826	835	845	854
8.93		863	873	882	891	901	910	920	929	938	948
8.94		958	967	977	986	996	*006	*015	*025	*035	*044
8.95	0.04	054	064	074	084	093	103	113	123	133	143
8.96		153	163	173	183	194	204	214	224	234	245
8.97		255	265	275	286	296	307	317	328	338	349
8.98		359	370	380	391	402	412	423	434	444	455
8.99		466	477	488	499	510	521	532	543	554	465
9.00	0.04	576	587	598	609	620	632	643	654	666	677
		0	1	2	3	4	5	6	7	8	9

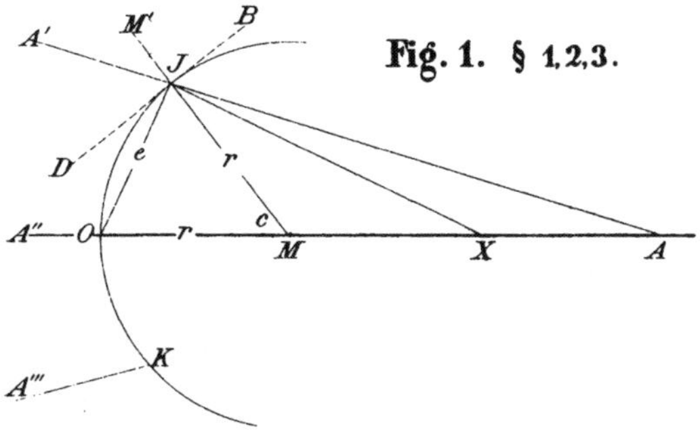

Fig. 1. § 1,2,3.

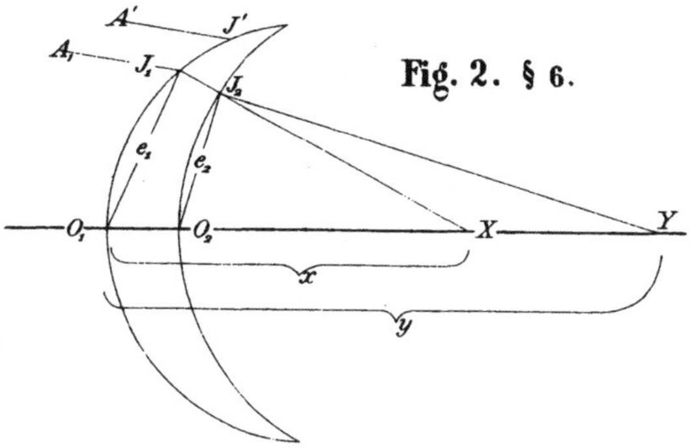

Fig. 2. § 6.

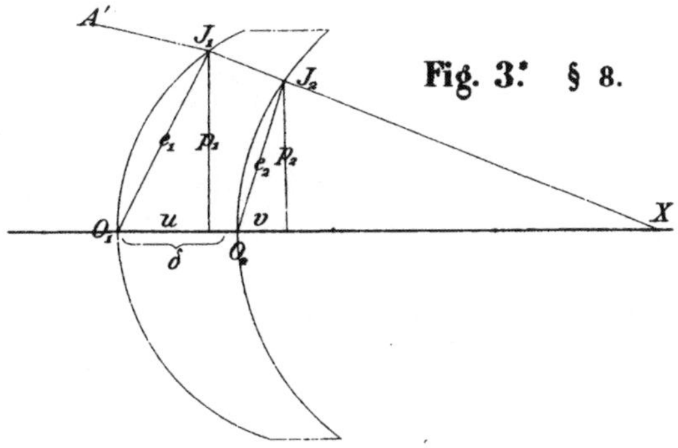

Fig. 3.ª § 8.

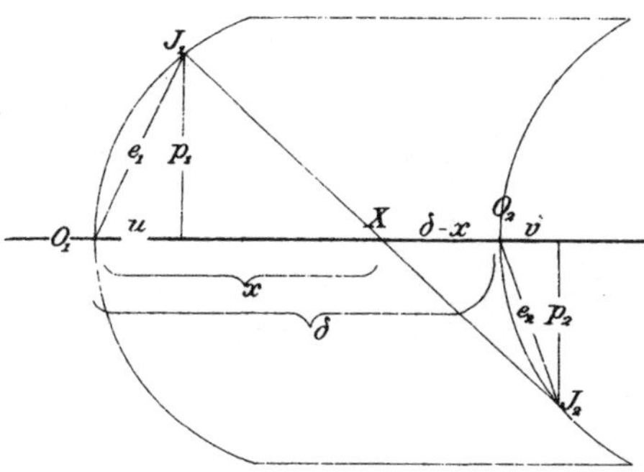

Fig. 3.ᵇ § 8.

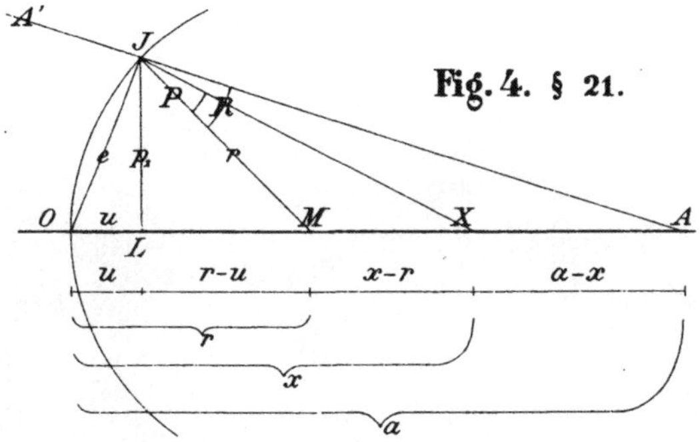

Fig. 4. § 21.

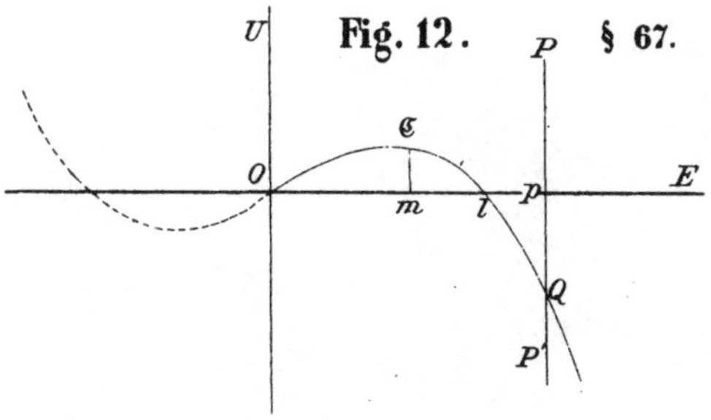

Fig. 12. § 67.

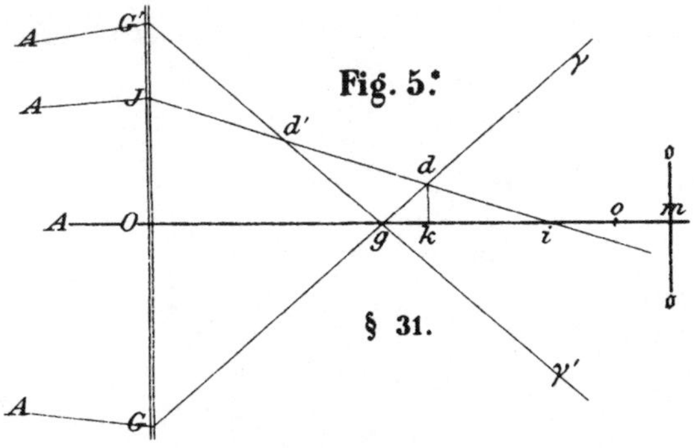

Fig. 5.ª § 31.

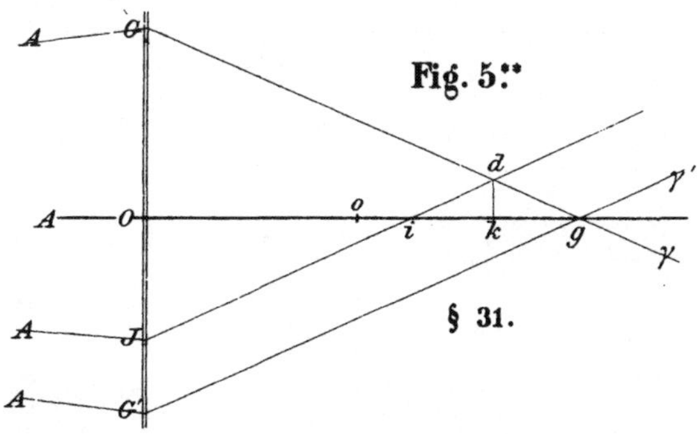

Fig. 5.ᵇ § 31.

Verlag von Georg Reimer in Berlin.

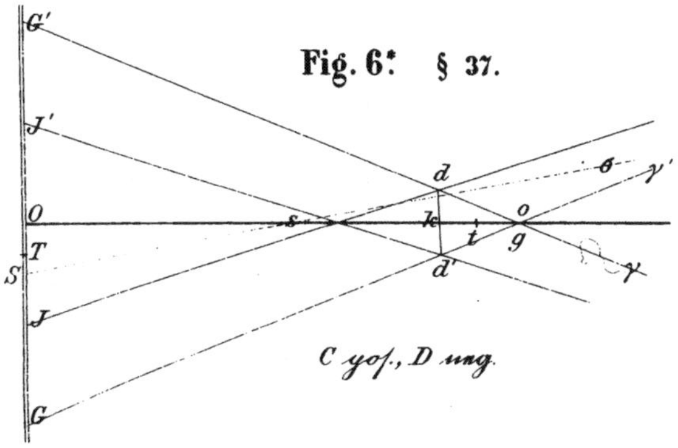

Fig. 6*. § 37.

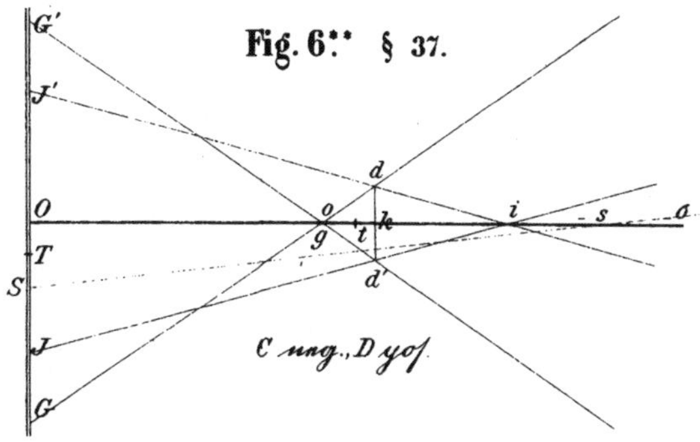

Fig. 6**. § 37.

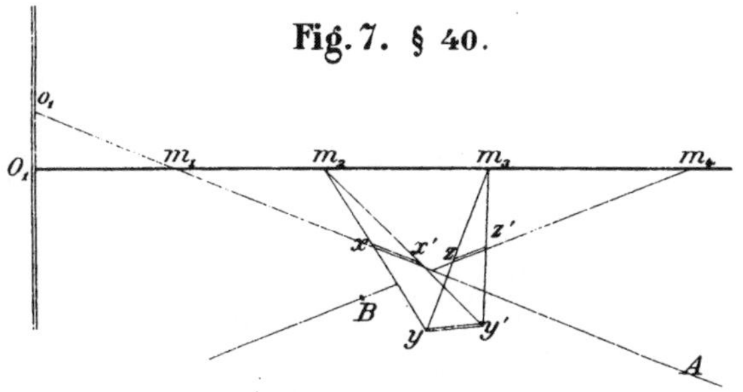

Fig. 7. § 40.

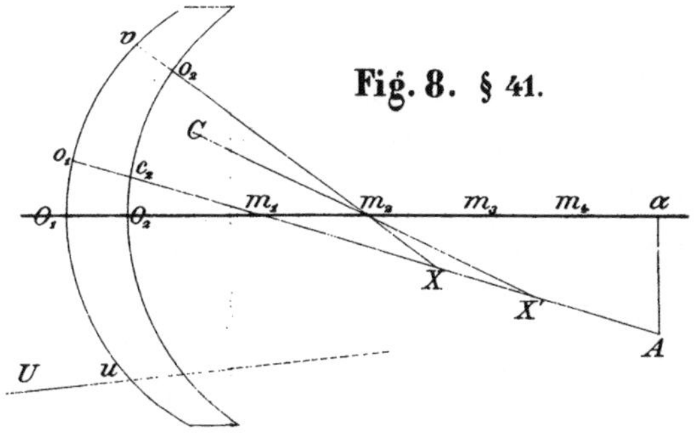

Fig. 8. § 41.

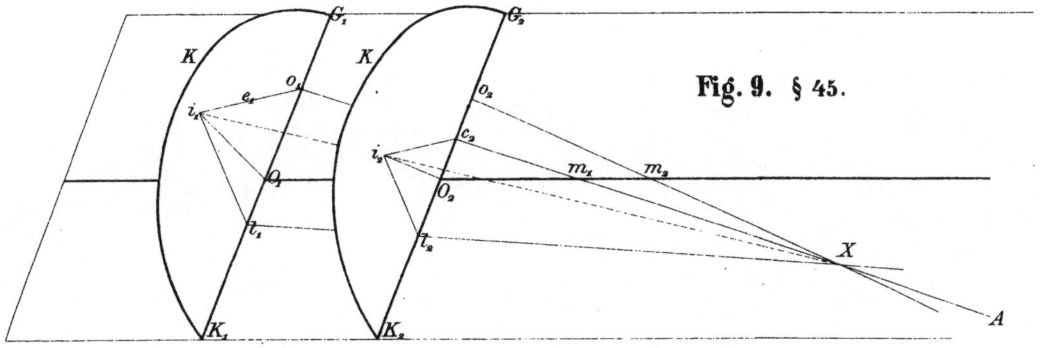

Fig. 9. § 45.

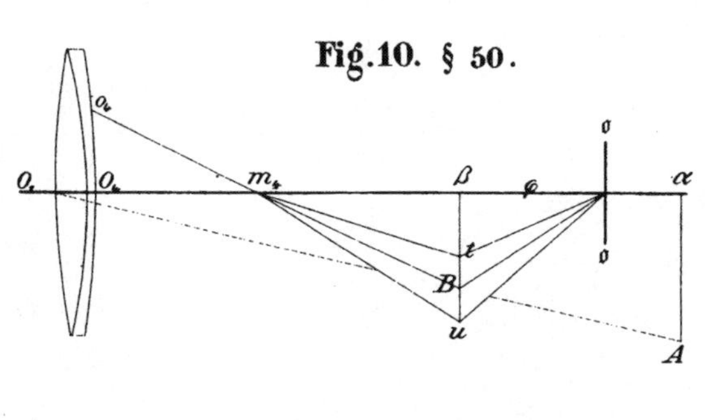

Fig. 10. § 50.

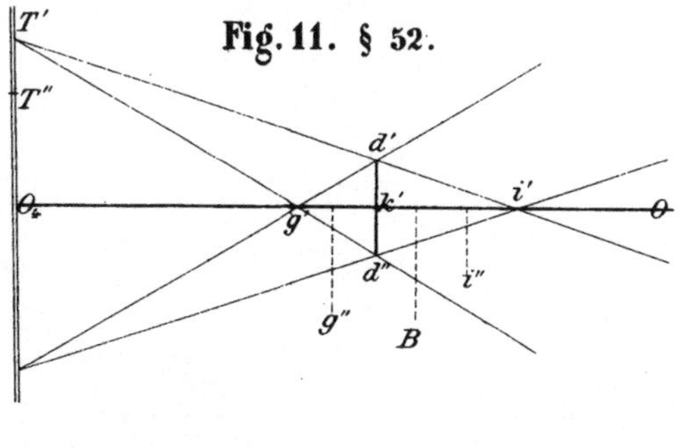

Fig. 11. § 52.

Verlag von Georg Reimer in Berlin. Lith. Anst. v. Leop. Kraatz, Berlin.

FSC
www.fsc.org
MIX
Papier | Fördert gute Waldnutzung
FSC® C083411

Kolibri 360 GmbH
Ferdinand-Jühlke-Straße 7
99095 Erfurt, Deutschland
produktsicherheit@kolibri360.de